科技创新与地方科技治理

黄庆学 等 著

科学出版社

北京

内 容 简 介

本书针对我国创新主体动力不足及创新生态建设尚不完备等问题,构建了科技创新治理促进地方治理能力和治理体系提升的理论框架,并分析了面向治理现代化的科技创新治理改革方向,为提升创新体系效能,加快形成多层次、各具特色的区域创新格局提供了决策参考。

本书理论联系实际,适用性强,既可供企事业单位、科研院所、相关机构、社会公众阅读参考,也可作为高等院校管理科学与工程、政治学、法律等专业的教学参考书。

图书在版编目(CIP)数据

科技创新与地方科技治理 / 黄庆学等著. —北京:科学出版社,2023.1

ISBN 978-7-03-072699-5

Ⅰ. ①科… Ⅱ. ①黄… Ⅲ. ①技术革新–研究–中国 Ⅳ. ①F124.3

中国版本图书馆CIP数据核字(2022)第115197号

责任编辑:吴凡洁 冯晓利 / 责任校对:王萌萌
责任印制:赵 博 / 封面设计:赫 健

科 学 出 版 社 出版
北京东黄城根北街 16 号
邮政编码:100717
http://www.sciencep.com

北京中科印刷有限公司印刷
科学出版社发行 各地新华书店经销

*

2023 年 1 月第 一 版 开本:720 × 1000 1/16
2024 年 1 月第二次印刷 印张:15
字数:298 000

定价:198.00 元
(如有印装质量问题,我社负责调换)

党的十八届三中全会首次提出了"推进国家治理体系和治理能力现代化"这个重大命题，在此基础上，党的十九届四中全会明确了推进国家治理体系和治理能力现代化的总体目标和重大战略，标志着国家治理体系和治理能力现代化进入"解题"阶段。

国际竞争很大程度上是创新体系的比拼，而科技体制机制是决定国家创新发展水平的基础。十九届四中全会把"完善科技创新体制机制"作为推进国家治理体系和治理能力现代化的一项重要任务，这既体现了党和国家对科技创新治理的重视，也对新时期新形势下我国科技创新治理体系发展提出了新的更高要求及奋斗方向。通过体制机制完善激发科技创新活力，更多掌握科技发展的主动权，可以为高质量发展和现代化经济体系建设提供新的成长空间。因此，科技创新是提升综合国力和国家治理能力现代化水平最根本、最关键、最可持续的力量。

目前，我国创新主体动力不足和创新体系效能整体不高，需要采取以协同创新与地方治理为基础的多学科理论进行系统研究；创新生态建设尚不完备和区域间发展不均衡，需要从构建系统、完备、高效的国家科技创新体系，畅通国内大循环角度加以解决。本书构建了科技创新促进地方治理能力现代化的理论框架，并分析了面向治理现代化的科技创新治理改革方向，为激发科技创新活力，加快形成多层次、各具特色的区域创新格局提供了决策参考。主要内容包括：面向治理现代化的科技创新改革的战略方向、目标规划及重点领域研究，科技创新促进地方治理能力体系提升的路径研究，地方科技创新发展现状研究，国内外科技创新的案例与启示研究，以及地方科研院所建设对地方治理的促进研究。

研究科技创新治理体系，以释放全社会、各领域的科技创新活力，将有助于从根本上推动治理能力体系现代化的目标实现。研究体现了科技创新治理的新成果，反映了地方治理的新模式和新趋势。从系统和创新角度完善了地方治理理论框架和寻求自主创新的对策，可以催生新发展动能，拓展新的发展空间，对于促进形成国内大循环、顺应新一轮科技革命和产业变革趋势具有重要价值。

本书体现了国家治理的创新思想，以科技创新的发展特点和需求来构建科技创新治理体系。在对科技创新制度体系进行系统研究的基础上，确定面向治理现代化的科技创新改革的战略方向，明晰科技创新对地方治理能力体系的提升路径。

在理论上，体现了近年来通过多学科融合与交叉以解决国家治理体系和治理能力问题的趋势，丰富和完善了科技创新管理、地方治理及科技创新治理研究理论，是对国家治理科学研究的重要拓展；在应用上，推进了科技创新体制机制研究与应用，将有助于在现有条件下提高地方自主创新和区域创新发展能力，优化地方科技创新政策体系，为经济发展和社会和谐稳定提供支持，具有重大现实意义。

作者撰写本书时进行了大量企业和科研院所科技创新现状及管理调研，参考了国内有关教材，借鉴了国外有关资料，结合各地政府科技创新治理现状，充分考虑了科技创新治理体系运行情况，内容全面，基本涉及科技创新体制机制的全部内容；采用最新科技创新成果，结合国内科技创新管理的现状，体系完善合理；结合地方科研院所推动地方治理案例，以及地方单位科技创新管理要求，实用性强。

本书得到中国工程院咨询研究项目"以科技创新推动地方治理体系能力新提升"（项目编号：2019-XY-63）的资助，在此表示衷心感谢。感谢栗继祖教授、陈怀超教授、贾燚博士、付轼辉博士、董泽瑞博士、靳杰博士、田小红副教授、李立功博士、张月婷博士生、何智敏博士生和李江鑫博士生为本书付出的辛勤劳动。

由于作者水平有限，书中难免存在不妥之处，敬请读者批评指正。

作　者

2022 年 10 月 30 日

目录

第1章

绪　　论

1.1　当前我国科技创新的时代背景

1.1.1　推进治理体系能力现代化进入"解题"阶段

十九届四中全会通过了《中共中央关于坚持和完善中国特色社会主义制度、推进国家治理体系和治理能力现代化若干重大问题的决定》,在党的历史上首次把推进国家治理体系和治理能力现代化作为大会的鲜明主题。党的十八届三中全会首次提出了"推进国家治理体系和治理能力现代化"这个重大命题,党的十九届四中全会使国家治理体系和治理能力现代化进入"解题"阶段。这是十八届三中全会提议的具体化和升级版,是推进新时代国家治理体系和治理能力现代化的指南针、行动令和愿景图。不但使中国模式的制度图谱日趋系统,而且使中国现代化的路径图谱愈加完整。从"入题"到"解题",既恰逢其时又具备充分的条件(徐奉臻,2020)。十九届四中全会围绕国家治理体系和治理能力现代化进行了一系列制度设计,提出了十三项制度建设的实践路径。当前,迫切需要围绕十九届四中全会的顶层设计,在各个领域、各个层次加快制定战略部署、明确战略任务、加强战略保障,为推进国家治理体系和治理能力现代化提供切实支撑。

1.1.2　科技创新成为地方治理体系现代化的核心动力

地方治理体系是国家治理体系的重要组成部分,实现地方治理体系和能力现代化是国家治理总体目标中的应有之义。科技创新是提升治理体系和能力现代化水平最根本、最关键、最可持续的力量。当今世界正经历百年未有之大变局,科技创新是其中一个关键变量。国家现代化的进程与科技创新发展紧密耦合,科技创新一直是支撑现代化强国建设的强大力量,领先科技流向哪里,发展的制高点和经济竞争力就转向哪里。十九届四中全会把"完善科技创新体制机制"作为推进国家治理体系和治理能力现代化的一项重要任务。2020 年 10 月,中共十九届五中全会把"坚持创新驱动发展,全面塑造发展新优势"列为未来五年十二项重要领域工作的首位,以专章进行部署。这一系列新思想、新论断、新要求表明,我国经济社会发展比过去任何时候都更需要科技创新作为第一动力。

1.1.3 激烈国际科技挑战下迫切要求打造自主创新生态

目前,各主要国家都把科技创新尤其是战略新兴技术作为竞争的焦点,纷纷出台了新一代国家科技创新战略(表 1-1),抢占新一轮竞争制高点。从国际来看,世界科技发展和竞争进入"百年未有"之新阶段,关键技术领域的角力更是呈现出越来越激烈的倾向。近年来,科技摩擦、技术脱钩、科技"新冷战"现象迅速抬头,在国际高端技术垄断竞争、全球技术供应链断裂、我国对外开放格局发生重大变化的条件下,党中央做出了"把科技自立自强作为国家发展的战略支撑,完善国家创新体系,加快建设科技强国"的战略部署。当前,迫切需要下功夫培育自主、可控的创新生态体系,走出一条适合我国国情的创新路子。只有把构建系统、完备、高效的国家科技创新体系放在更为重要的位置,才能畅通国内大循环,推动形成国内国际双循环相互促进的新发展格局。

表 1-1 各主要国家的科技创新战略

国家创新战略	战略目标	主要内容
美国 《关键与新兴技术国家战略》 (2020 年)	在最高优先级的关键与新兴技术领域发挥领导作用	确定了两大支柱:推进国家安全创新基地(NSIB)建设;保护技术优势
德国 《高科技战略 2020》 (2018 年)	以"为人研究和创新"为主题,加强德国核心竞争力,保证可持续发展	智能诊疗;减少工业温室气体排放;循环及可持续发展的经济体系;保护生物多样性;电池制造;安全、互联和清洁的移动网络等十二个领域
日本 《综合创新战略》 (2019 年)	实现超级智能社会(Society 5.0)	大学改革;加强政府对创新的支持;人工智能;农业发展;环境能源
英国 《国际研究和创新战略》 (2019 年)	确保英国未来仍然是新兴技术的世界领导者	全球合作伙伴;人才汇集;全球性创新中心;一揽子激励和财政支持;未来技术全球平台;可持续发展的合作伙伴;研究治理、道德和影响
俄罗斯 《俄罗斯联邦国家科技发展计划》 (2019 年)	依靠所建立的有效体系,提高并充分利用国家智能产业潜能,确保国家的独立性和竞争力	发展国家智能产业;提高俄罗斯高等教育的全球竞争力;实现国家科学研究的长期发展和基础保障;广泛发展科学、技术和创新领域;完善科学、学术和创新活动的基础设施

1.1.4 新一轮科技革命为创新驱动发展提供了历史机遇

当前,新一轮科技革命和产业变革正在重构创新版图、重塑全球经济结构。

以人工智能、移动通信、物联网、区块链、智能机器人为代表的新一轮信息技术加速突破应用，信息技术与生物、材料等多学科、多技术领域相互渗透、交叉融合、群体突破，呈现出巨大的潜力和动能。以智能、绿色、泛在为特征的群体性技术革命将引发国际产业分工重大调整，颠覆性技术不断涌现，正在重塑世界竞争格局、改变国家力量对比，创新驱动成为许多国家谋求竞争优势的核心战略。我国实施创新驱动发展，与新一轮科技革命和产业变革形成历史性交汇，将为我国加快转型发展提供历史性机遇。在此契机下，顺应新一轮科技革命和产业变革趋势，破除阻碍新旧动能转换的体制机制障碍，显得正当其时。

1.1.5 我国科技创新整体"三跑并存"阶段需要新思路

当前我国创新驱动发展深入实施，创新资源投入、科技活动产出、科技成果转化等方面保持良好发展态势。"十三五"期间，我国主要科技创新指标跻身世界前列，科技进步贡献率从 55.3%提升到 59.3%，重大科技成果不断涌现。根据国际三大权威性国家创新能力评价体系报告数据来看，我国整体创新实力及竞争力均呈不断上升态势，我国已稳步进入创新型国家之列(图 1-1)。目前，我国科技实力正在从量的积累迈向质的飞跃，从点的突破迈向系统能力的提升，科技创新发生整体性格局性深刻变化，已步入以跟踪为主转向跟踪(跑)和并跑、领跑并存的新阶段。在历史新阶段，要实现整体水平正从量的增长向质的提升转变，把原始

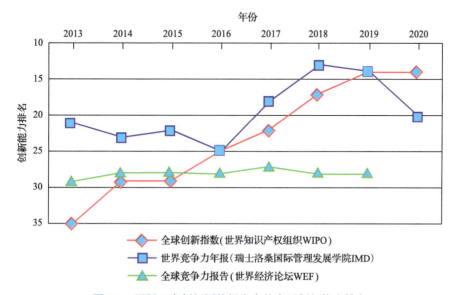

图 1-1 国际三大创新评价报告中的中国创新能力排名

创新能力提升摆在更加突出的位置，努力实现更多"从 0 到 1"的突破。特别是需要进一步释放科技创新活力，从机制体制上激发创新效率。

1.1.6 我国地方科技创新生态构建亟须新动能

构建国家创新生态体系需要加快形成多层次、各具特色的区域创新格局。目前，我国区域创新发展仍存在一定差距，我国东部省份仍然是创新能力前沿地区，中西部地区依然较弱(图 1-2)。必须解决发展不平衡不充分问题，形成更多新的区域创新增长点、增长极。尤其对于中西部地区，创新生态建设是实施创新驱动的关键。2020 年 5 月，习近平在考察山西时指出，要"大力加强科技创新，在新基建、新技术、新材料、新装备、新产品、新业态上不断取得突破①"。这是对推动地方转型发展、实施创新驱动、打造创新生态的重要指示，为地方高质量转型发展提供了战略新支点。然而，目前中西部地区的创新生态建设尚不完备，集中体现为创新理念、资源整合、组织协调、机制体制等问题。在此背景下，地方科技创新生态构建的战略重点、具体路径、支撑手段等一系列问题亟待解决。

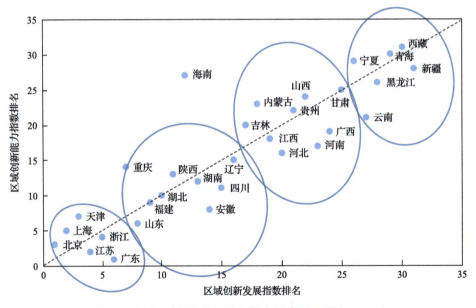

图 1-2　中国区域创新发展梯次格局(穆荣平和蔺洁，2020)

---

① 壮大新业态 凝聚新动能 引领新发展. (2020-09-10). http://www.qstheory.cn/dukan/hqwg/2020-09/10/c_1126477401.htm.

1.2 治理现代化目标下我国科技创新面临的难题

1.2.1 政府在科技创新治理中存"越位"和"缺位"现象

在计划经济体制下，政府在科技创新中起到"集中力量办大事"的主导作用；在市场经济体制环境下，创新资源和要素主要由市场所配置和决定。然而在由计划到市场的根本性变革中，我国政府在科技创新机制体制中的地位和作用的转变不够彻底，突出表现为同时存在"越位"和"缺位"问题。"越位"体现为政府与市场、社会的权责利安排不清晰，政府过多地介入到本应由市场和社会主导的事务，如创新产业化、科技评价、项目评定等。各级、各区域政府部门在科技资源配置和政策执行过程中缺乏有效的协同互动机制，导致了科技资源配置浪费、分散、重复现象。"缺位"体现在政府对科技创新生态环境的营造不够完善、对科技创新的制度化建设不够健全、对作为科技创新主体的企业的激励机制未落到实处、对科技创新组织的培育不够充分、对基础研究和科技创新基础设施的投入不到位等。政府的"缺位"和"越位"使得科技治理体系的效能无法得到充分发挥。

1.2.2 企业创新的能力、动力和活力未得到充分发挥

企业是科技和经济结合的重要力量。从各个发达国家的科技创新发展经验来看，企业在科技创新中发挥着决定性的主导作用。当下，我国企业承担了国家重点研发计划项目中的大多数，研发费用加计扣除比例不断提升，科技型中小企业和高新技术企业数量逐年增加。然而，从 2019 年基础研究和应用研究 R&D 经费支出结构来看，企业仅占 7.7%和 27.4%；从基础研究和应用研究 R&D 人员全时当量来看，企业仅占 8.4%和 34.0%(万劲波，2021)。由此可见，企业在基础研究中的参与和投入严重不足。这一现象的根本原因在于我国企业创新的能力、动力和活力未得到充分发挥，企业研发投入的积极性不高。尤其是中小企业的创新能力不强、领军型创新企业不够壮大、面向原始创新的投入不足等。在应对当前国内外环境深刻变化带来的新机遇和挑战时，必须克服以上顽疾，多方面着手和发力，增强企业创新发展的责任感、紧迫感和使命感。

1.2.3 大学和科研机构协同创新作用未得到充分体现

大学和科研机构是科技创新中的主要知识产出者。当前，我国科技创新处于从量到质转变的关键时期，一些大学和科研院所正在从跟踪、同行向竞走、领跑的方向转变。同时也要意识到，我国大学和科研机构的治理结构与功能的匹配程

度不高，限制了其作用的发挥。产学研的职能定位时有错位、融合程度不高，不同程度地存在"大而全""小而全"和低水平重复、同质化竞争、碎片式扩张等现象，导致基础研究急功近利、技术研发自娱自乐等问题，不利于组织承担重大科技任务、攻克解决重大科技难题，不利于出创新成果、出创新人才、出创新思想（白春礼，2014）。大学和科研院所的组织模式、资源配置方式、科技评价等、科技成果转移转化方面的治理结构和体制机制，依然没有根本性改变，制约了创新活力和能力提升。如果不能从根本上突破机制体制上的瓶颈，就难以建立现代化的科技创新治理体系。

1.2.4　科研人才的创新积极性未得到充分释放

科技创新的第一要素是人才，科学技术人才是创新活动中最为活跃、最为积极的因素。习近平总书记指出，我国拥有数量众多的科技工作者、规模庞大的研发投入，初步具备了在一些领域同国际先进水平同台竞技的条件，关键是要改善科技创新生态，激发创新创造活力，给广大科学家和科技工作者搭建施展才华的舞台，让科技创新成果源源不断涌现出来[①]。然而，目前我国科技人才的创新积极性未得到充分发挥，主要表现在科技人才评价制度不规范，"唯论文、唯职称、唯学历、唯奖项"的评价理念仍然存在；科研人员的负担大限制多，技术路线决定权、经费使用权等多方面的自主权受限；具有竞争力和吸引力的人才环境尚未形成，尊重人才、培育人才、汇聚人才的政策、机制和文化很大程度上还不完善。这些弊病抑制了原始性科技创新成果的产出，导致我国基础科学研究短板依然突出。

1.3　科技创新与地方治理的相互关系

科技创新本身是治理体系和治理能力现代化的重要对象，是治理现代化在创新领域的延伸。科技创新机制体制改革是"治理"理念和方法对科技创新公共事务进行管理，对科技创新的战略、规划、主体、评价等成体系建设和布局，促进各类创新主体系统互动和创新要素顺畅流动、高效配置。科技创新治理体系主要包括科技创新体制机制和组织结构体系。科技创新治理能力主要体现为创新方面的科学决策、制度建设和制度执行能力。在推进我国"五位一体"总体布局和"四个全面"战略布局的要求下，科技创新治理的战略着力点体现为三个面向，即面向世界科技前沿、面向经济主战场和面向国家重人需求。由此可见，完善科技创

---

① 习近平：在科学家座谈会上的讲话.（2020-09-11）. http://www.gov.cn/xinwen/2020-09/11/content_5542862.htm.

新体制机制是推进治理体系能力现代化的应有之义。

科技创新与国家治理体系和能力是局部与整体、手段与目的、核心引领和全局发展的关系(图 1-3)。基于此,本书聚焦于科技创新这一核心变量,目的是在全面推进治理体系和治理能力现代化的总体要求下,以科技创新作为"破题"的钥匙,破解地方治理体系能力现代化的关键瓶颈。根据当前我国地方科技创新现状、问题与要求,研究新形势下地方科技创新政策优化策略,通过科技体制机制改革进一步激发创新活力,加快创新驱动地方发展的步伐。

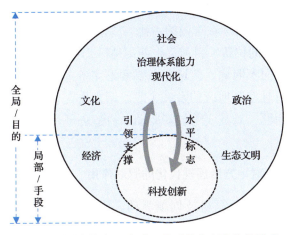

图 1-3 科技创新与地方治理体系能力现代化的关系

1.4 研究以科技创新促进地方治理的意义

1.4.1 探索新形势下激发科技创新活力的新举措

在"科技脱钩"的国际形势和以"内循环"为主的大格局下,我国提出了"把科技自立自强作为国家发展的战略支撑"的目标。然而,当前我国科技创新领域还存在诸多问题,突出表现为创新主体动力不足、创新人才活力不够、适应创新驱动的体制机制亟待建立、创新生态亟待健全、创新体系效能整体不高等问题。因此,本书将探索新形势下科技创新机制体制改革的需求、方向与具体举措,为进一步激发科技创新活力提供制度支持。

1.4.2 为提升地方科技创新政策供给精准性提供支撑

我国区域间创新要素分布差异较大,在科技创新治理体系和能力发展方面呈现出不同的态势。为更好地制定针对性的规划、战略和措施，就要密切联系地方实际，对我国地方科技创新治理体系能力的现状、问题进行切实调查，才能因地制宜地制定地方的科技创新具体措施。本书在紧密结合国家创新能力建设布局的基础上，调查不同地区科技创新发展指数，探究其科技创新治理体系存在的差异化问题和挑战，为提升创新政策精准性提供依据和支撑。

1.4.3 探索"后发追赶型"地区创新驱动发展的实践模式

从我国创新格局上来看，中西部地区近年来创新能力虽然有明显提升，但"十三五"时期的各项指标在全国的占比与"十二五"时期相比并无明显变化，仍处于"后发追赶"的位置。目前，中西部地区仍存在创新平台发展水平不高，人才流失、主导方向不明确、区域创新要素不完备等突出问题。因此，本书着重聚焦于"后发追赶型"地区的发展实践，调查研究后发地区科技创新机制体制改革的现状与问题，对其实施创新驱动、打造创新生态并实现高质量发展提出策略建议。

1.4.4 强化科技创新对地方治理现代化的驱动作用

地方治理现代化是要靠科技创新驱动，而不是传统的劳动力及资源能源驱动。在由高速增长阶段转向高质量发展阶段，科技创新效能不高是当前制约地方迈向治理体系和能力现代化的关键瓶颈。科技创新能够拓展新的发展空间，带来新一轮的增长周期，以科技创新催生新发展动能是关系发展全局的重大问题，也是形成以国内大循环为主体的关键。本书聚焦于科技创新机制改革，助推创新驱动地方发展，有助于强化科技创新在地方治理现代化的核心驱动作用。

1.5 本章小结

本章介绍了研究的背景和意义。本书主要基于以下六点背景：①推进治理体系能力现代化进入"解题"阶段；②科技创新成为地方治理体系现代化的核心动力；③激烈国际科技挑战下迫切要求打造自主创新生态；④新一轮科技革命为创新驱动发展提供了历史机遇；⑤我国科技创新整体"三跑并存"阶段需要新思路；⑥我国地方科技创新生态构建亟须新动能。

本书聚焦于科技创新这一核心变量，目的是在全面推进治理体系和治理能力现代化的总体要求下，以科技创新作为"破题"的钥匙，破解地方治理体系能力现代化的关键瓶颈。研究成果有助于探索新形势下激发科技创新活力的新举措，为提升地方科技创新政策供给精准性提供支撑，探索"后发追赶型"地区创新驱动发展的实践模式，强化科技创新对地方治理现代化的驱动作用。

第 2 章
科技创新与地方治理的现状及理论基础

2.1 科技创新与地方治理的现状

2.1.1 科技创新

1. 科技创新内涵及类型研究

1)科技创新内涵

"科技创新"一词的内涵因时代背景不同而存在差异，100 多年来，随着创新理论不断演进，学术界逐渐完善并赋予该词新的内涵。"创新"的概念最早由经济学家熊彼特于 1912 年提出(约瑟夫·熊彼特，2009)。1939 年，熊彼特进一步阐述了其创新概念和理论："创新"即建立一个不同于以往的新生产函数的过程，通过将生产要素与生产条件进行重新组合来获取更好的"生产成果"(约瑟夫·熊彼特，1979)。此后，其他学者逐渐对创新主体(彼得·德鲁克，2009)、创新起源(Schmookler，1966)、创新过程(Rosenberg，1982)、创新系统(Freeman，1995)、生产函数(Solow，1957)、技术创新过程机制(Rosenberg，1972)、技术经济进化论(Nelson and Winter，2005)、技术进步论内生增长模型(Lucas，1988)等进行了探讨，极大地推动了创新的理论研究和社会传播。

早期关于创新概念的界定并不清晰，多数学者都将其默认为技术创新，科技创新也常和技术创新同时被提及，但在强调两者内在联系时也不应淡化两者的区别。"科技"既包含科学又包含技术，技术以科学作为其理论基础并将其实践化。因此，技术性创新可以被认为是科技创新的重要组成部分。科技创新本质即通过技术的手段使潜在价值对象化、物质化，成为直接的、现实性的、能够给社会带来一定效益的价值形态(约瑟夫·熊彼特，2009)。这些转化并非简单的"机械性"过程，而是包括技术因素、经济因素、社会因素和人的因素在内的创造性的综合过程。随着创新理论的不断演进，"科技创新"越来越成为世界各国经济发展实践及学界研究的焦点。但需要注意的是，尽管国外很多研究都涉及了科技创新概念的内涵，但"科技创新"概念是从我国改革开放实践层面提出的新兴词汇，并没有直接明确地出现在西方经济学的理论著述中。我国经济学家和学者分别从不同角度对科技创新的内涵和外延进行了界定，比较有代表性的观点如表 2-1 所示。

表 2-1　我国学者对科技创新内涵的界定

学者	基本依据	结论
刘诗白(2001)	劳动价值论	科技创新是劳动生产实践中的生产技术革新，它基于人对客观事物及其规律认识的深化，且具有人类劳动的特征
康胜(2003)	科技要素	科技创新是指科技知识、生产的物质技术条件、人力素质和劳动技能，以及科技活动组织方式的创新
宋刚等(2008)	双螺旋理论	从内部看，科技创新是创新主体及其要素相互作用的成果；从外部看，科技创新是技术进步与应用创新"双螺旋结构"共同演进催生的产物
洪银兴(2011)	科技创新线路	科技创新包括上游、中游、下游三个环节：上游为知识创新，中游为创新知识孵化，下游为新技术应用
张来武(2011)	三螺旋理论	科技创新是一种三螺旋结构演进的产物，包括科学发现、技术发明与市场应用协同推进
王亚平等(2017)	双螺旋理论	科技创新就是科学、技术创新实现其市场价值并相互促进、螺旋上升的过程
黄诗华(2020)	科技创新线路	科技创新是一个从新观点的发现、新知识的产生、新技术的开发、新方法的应用到新产品的生产、新产业的形成到新价值的实现等一系列具有动态性和相关性的过程

2) 科技创新类型

(1) 基于创新程度的划分。

基于创新的程度，学者将创新划分为根本型创新、适度创新和渐进型创新(Garcia，2002)。其中，根本型创新是指引入了一项新技术，从而产生了一个新的市场基础，具有宏观和微观上的不连续性。根本型创新不是为了满足已知的市场需求，而是要创造一种尚未被消费者认知的需求(吴晓波等，2007)。渐进型创新则是为当前市场，运用当前技术提供具有新特色、收益和升级的产品。渐进型创新仅在微小的程度上改进或者改善市场与技术的 S 形曲线，但不会产生变革(Song and Montoya-Weiss，1998)。适度创新处于根本型创新与渐进型创新之间，Kleinschmidt 和 Cooper(1991)认为，适度创新是指在市场和技术的变革之间，或者是基于新技术扩张原来的产品线，或者是扩张现有技术进入新的市场。两种变革都具备的创新为根本型创新，都不具备的创新为渐进型创新，两种变革中具备一种变革的创新就是适度创新。

(2)基于自主性的创新划分。

对于自主创新，人们给予了极大的关注，尤其是在我国。总体上看，自主创新被划分为原始创新、集成创新和引进消化吸收再创新(也称为二次创新)(苏屹和李柏洲，2012)。三者的区别在于：原始创新是原创性创新，可以为未来发展打下坚实的基础，主要集中在基础科学和前沿技术领域。引进消化吸收再创新的本质是通过引进"别人"的先进技术，在消化吸收基础上进行创新，投入和风险相对较少，因而成为一种后发国家、后发区域、后发企业最常见、最基本的创新形式。引进消化吸收再创新与集成创新的相同点是，二者都立足于利用原有技术；不同点在于，二次创新主要在产品价值链的某些环节进行创新，集成创新则表现在其成果往往是一个大型、全新的产品(工程、装备等)。

(3)基于作用范围的创新划分。

从作用范围的层次性看，科技创新可分为企业创新、区域创新和国家创新(Dewangan and Godse，2014)。其中，企业创新是科技创新的最小单元，是指在企业层面进行的科技创新活动，一般而言是以市场为导向，以产品为龙头，通过新技术的开发应用带动企业科技力量的有效集成，实现科技资源的优化配置，进而提高企业经济效益，最终实现科技成果的商业化。区域创新是科技创新领域的中流砥柱，是科技创新最普遍的实现形态，通过加强对区域内创新成果的推广和普及，为区域内科技创新的开发和应用注入动力，从而实现区域内创新资源的有效配置，保证该地区的经济发展。国家创新是科技创新的高级形态，从国家战略安全层面出发，通过对新知识、新技术进行创造、推广和使用，为公共部门和私营部门搭建起创新发展的网络布局，其中企业是科技创新的实践主体，高校、科研院所是科技创新的智力担当和源泉，政府机构是科技创新的策划者、推动者和服务者(Youtie and Shapira，2008)。从总体上看，区域创新是企业创新与国家创新之间的"桥梁"，在国家的创新纵向链条中起着承上启下的作用。

2. 科技创新绩效评价研究

目前，学者对科技创新评价的研究主要包括科技创新能力评价和科技创新绩效评价两方面。其中，科技创新能力基于结果维度，是指创新活动的表现和成就，反映了创新主体的创新实力；科技创新绩效基于投入-产出维度，是指创新效率和效果，反映了单位研发投入对创新产出的贡献程度和对创新资源的运用能力，创新绩效表明了创新对经济发展的支撑程度。狭义的创新绩效主要指企业创新中，企业主体创新发明在市场上的引入及覆盖程度；广义的创新绩效是指从创新概念的产生到创新成果最终引入市场的整个过程中所取得的成果(Hagedoorn and

Cloodt，2013）。Farrell（1957）定义了"技术效率"，使用生产前沿面进行了技术效率的测量，被认为是创新绩效的开山之作。此后，创新绩效评价研究先后经历了起步阶段（20 世纪 50 年代）—规范化、科学化发展阶段（20 世纪 70 年代）—快速发展阶段（20 世纪 80 年代）—全面综合阶段（20 世纪 90 年代至今）四个阶段（向坚等，2011）。

国外学者对创新绩效相关问题的探讨比较早。Nasierowski 和 Arcelus（2003）通过采用数据包络分析法对 45 个国家和地区的创新效率进行研究，结果表明一个国家或地区的 R&D 效率受到创新项目的规模及资源配置的影响。Lee 和 Park（2005）评价了亚洲国家的创新效率，发现中国创新效率与效率最高的新加坡相差较远。Sharma 和 Thomas（2008）对发达国家和发展中国家的 R&D 效率进行研究，研究表明 R&D 资源使用效率较低的国家可以通过学习效率较高国家的资源配置来提升自身的使用效率。Broekel 等（2015）通过对各地区数据的剖析，归纳总结了德国各地区的创新情况的影响因素。Thomas 等（2011）对 2004～2008 年的五年期内美国各州的研发效率进行分析，研究发现，相对于亚洲四国来说，美国 R&D 效率的提升情况较为缓慢。国内学者主要在绩效评价体系和指标构建方面进行了相关探讨，较有代表性的研究如表 2-2 所示。

表 2-2　我国学者对创新绩效评价的主要研究

文献	研究对象	指标
李石柱和李刚（2002）	我国地区科技资源配置现状分析	科技活动经费支出、人均科技活动经费、科技活动人员数、专利申请授权量、国外主要检索工具收录论文数和技术市场合同成交金额
刘顺忠和官建成（2002）	区域创新系统创新绩效的评价	R&D 经费、发明专利授权量、国外三系统收录科技论文数、新产品产值率、亿元投资新增 GDP 和万元 GDP 综合能耗
魏守华和吴贵生（2005）	区域科技资源配置效率研究	科技活动人员、科技经费筹集额、专利申请受理量、技术市场成交额、国外主要检索工具收录论文数、新产品产值、高新技术产业增加值
Wang 和 Huang（2007）	30 个国家	R&D 资本、人力资本、专利数量、发表的学术期刊数量、高素质人才、计算机普及程度、英语水平
白俊红等（2009）	区域创新效率	R&D 经费支出、R&D 人员投入、发明专利申请授权量、科技论文发表数、技术市场成交合同金额、基础设施、市场环境、劳动者素质、金融环境、创业水平
赵文平和徐劲松（2015）	丝绸之路经济带区域创新效率	各省份 R&D 经费内部支出、R&D 人员全时当量、加权的发明专利、实用新型和外观设计三类专利平均值、科技论文、高技术产业的新产品销售收入
陈耀等（2019）	农业科研院所科技创新能力	科技创新技术基础、投入水平、科研活动、成果产出、转化扩散

3. 科技创新模式相关研究

1) 科技创新模式

中国经济发展的研究表明，依靠资源投入的要素驱动方式已经难以支撑经济的持续增长(陶长琪和彭永樟，2018)，中国的经济发展模式已由过去的经济主要由传统要素(如能源、资源等)驱动转换为科学技术创新驱动(何思静，2019)。科技创新模式是指为了促进科技创新活动，对创新活动参与主体、人才、资金、设备等进行配置而形成的组织范式和运作规律。

一般认为，创新模式可分为自主创新、模仿创新和协同创新，还有学者提出"引进(消化)再创新"的模式(李娟伟，2016)，实际都属于模仿创新的范畴。此外，按照企业边界可将创新模式分为内部创新模式和外部创新模式，或封闭式创新和开放式创新(Chesbrough and Crowther，2010)；按照引发创新活动的诱因分为理论成果推动型、市场需要拉动型、理论成果与市场需要的推拉互动型(李廷铸和肖百冶，2001)；按照科技创新活动的组织方式分为政府组织型、自组织型或联合组织型(李廷铸和肖百冶，2001)。影响创新模式选择的主要因素包括以下几个方面：一是创新环境，包括国家科技政策及激励机制、市场竞争程度及行业集中度、技术及金融市场环境、法律环境等(孙早和宋炜，2013)；二是企业自身因素，包括企业竞争战略、企业规模、企业技术开发能力、企业文化等(陈伟等，2020)；三是技术特点，包括技术的复杂性、缄默性和技术外部供给的可信性等(梅姝娥，2008)。

目前，国内外学者对科技创新模式的研究主要集中于协同创新模式，协同创新是科技创新的新范式，它是官产学研用与中介机构等以知识增值为核心，为了实现重大科技创新而开展的大跨度整合的创新组织模式(刘辉，2020)。其先期基础是协同制造和开放式创新，开放式创新为创新资源的利用，为自主创新推进带来新的启示(陈劲和阳银娟，2012a)。总的来说，协同创新是以产学研为核心要素，以政府、金融机构、中介机构、创新平台等为辅助要素，将多种要素进行联结所形成的多元创新主体协同互动的网络创新模式，具有整体性和动态性特征，是一个由沟通、协调到合作、协同的过程(于天琪，2019)。在协同创新研究的初期，学者主要关注组织内部的协同。随着产业价值链理论的兴起和复杂化，以及其为企业带来的协同效应，协同企业间及不是形成价值链的、分属不同产业的、产学研之间的协同创新引起了学者的广泛研究。其中，在国内主要形成了两要素协同创新、三要素协同创新和多要素协同创新的三代模式(曲洪建和拓中，2013)，第三代模式广泛涉及技术、市场、组织、文化、战略、制度、人力、信息等诸多要素。Janszen(2000)在更广的国家、地区范围内，开展包括技术、组织、制度、管理、文化等要素的综合性创新研究，推动了创新研究领域的融合发展。

基于协同创新的产学研合作是国家创新体系中最为重要的创新模式，王进富等(2013)指出，在协同创新中，产学研的协同是尤为重要的，因为它是解决创新主体技术和资源不足的有效途径。目前，产学研协同创新模式的内涵已基本达成了共识，它是以高校、科研机构和企业为核心，政府、金融机构、中介机构等共同参与形成的分工合作关系，其本质是创新主体间的能力互补与融合，目的是实现知识共享和价值创造，协同方式包括将联合研发、专利许可、正式与非正式研讨、联合培养人才、共享科技资源等(夏红云，2014)。按照主体类型，可分为政府主导型、企业主导型、高校主导型、科研机构主导型、共同主导型(白雪飞和王雪艳，2015)；按照合作类型，包括技术转让、委托开发、合作开发、技术许可、共建研发基地或创新平台等多种方式(王章豹等，2015)。

2)科技创新运行机制

一般而言，科技创新有五大运行机制，分别是动力机制、风险机制、激励机制、扩散机制、互动机制(鲁继通，2016)。

(1)科技创新动力机制。

在科学界，无论是科研成果评价还是职称评定，知识生产者的贡献是与其劳动成果紧密相连的，几乎都采用"同行评议"制，即由从事该领域的专家按照一定的规则对研究成果进行评价，科学创新的动力要得到同行的认同，并被赋予"优先权"(叶继红，2004)。技术成果则不同，因为技术成果能快速转换成生产力，所以可以依据其应用效果进行评价。市场是技术创新的造血机制和动力机制，技术成果在市场中所获得的经济和社会效益代表着该成果可以达到的水平，市场是技术成果的"仲裁人"。

(2)科技创新风险机制。

创新是要冒风险的，科技创新更是一项高风险性的行动。风险机制的建立，为科技创新风险资本的退出提供了保障(Mao and Xu，2018)。科技创新依赖于资本市场，主要有以下两点原因：一是创新企业做大做强需要直接的融资场所，需要资本的干预为企业科技创新活动提供原动力，而发达和完善的资本市场体系正好弥补了这一发展短板和空白；二是企业创新需要风险投资，顺畅的退出渠道能为风险投资机构提供投资保障，能化解投资风险，增强投资机构的投资信心，这便需要资本市场体系的建立和形成，而稳定健康的资本市场体系也正是发达国家风险投资得到迅速发展的主要原因。研究表明，世界上科技发达的国家大都具备基本完备的科技创新体系，且与资本市场形成了稳定的良性发展关系(李俊霞和温小霓，2019)，而我国科技创新尚未形成体系，所以导致资本市场不完善，发育缓慢。

(3)科技创新激励机制。

对于企业而言，市场是激励的最主要来源。市场能推动企业的创新行为，市场收益良好的企业会不断增加科技研发投入，其产品和服务因此会越来越领先于市场，能充分抢占技术先机；而市场收益较差的企业会缩减研发投入甚至终止研发投资，最终导致技术越来越落后，直至被市场彻底淘汰。当然，在激烈的市场竞争中，政府也扮演了重要角色，它是创新系统的支撑主体。政府可直接通过政府财政补助、税收优惠及政府采购等手段对创新活动进行扶持，还可通过建立和完善促进创新的法律法规、设立协同创新平台、改善营商环境等措施营造良好的创新氛围(Borrás and Edquist，2013)。

一般而言，激励机制对科技人员投入科技创新起到非常重要的作用，包括以下两个方面：一是对科技人员的奖励，如物质奖励、技术入股、持股经营等，是对其劳动成果的承认，可激发其创新的积极性；二是给予科技人员的专利保护，如对其发明专利、软件著作权、实用新型等方面的知识产权保护。实质上，奖励制度更多偏行政管理，专利制度更多偏法律保护。由于技术成果的商品属性，因此，在技术领域，以专利制度为基础，辅以奖励制度的激励机制已逐渐被广泛采用。

(4)科技创新扩散机制。

科技创新扩散不仅包括科研成果的商业化生产和流动，还包括技术本身的扩散和传播。扩散机制是创新主体将其思想、知识和技术等要素，通过一定的社会流动渠道，在不同主体之间进行流动和传播，实现知识和技术彼此间的相互吸收和利用。研究表明，技术扩散能现实商业化的效果，对行业的生产率提升有积极的影响，能快速推动行业的知识迭代更新和技术发展(刘刚和刘晨，2020)。在当今瞬息万变的商业环境中，公司必须掌握最新的技术发展信息和科技创新信息，需要有效的扩散机制，享受科学、技术和其他信息的流动和互动所产生的发展红利。

(5)科技创新互动机制。

互动机制在集成科技创新中尤为重要。互动机制能促使研究机构、大学和企业间建立紧密联系，能将高校和科研院所等机构的科研成果通过企业的市场化运作机制快速商品化、成果化。同时，互动机制能将企业在生产实际中需要的技术瓶颈和科研难题迅速地反馈给研究机构和大学，使科学研究能更专注和集中于实际问题。在科技创新的互动机制中，专业化科技创新平台可以为科技创新活动提供必要的场地、科研仪器设备及相关的科技咨询服务，并根据企业的不同需求研发出不同的产品，从而提高资源的配置效率(Chursin et al.，2021)。大学科技园有效地整合了政府、企业和高校的资金、技术、人才、知识等各类资源，集研发、中试、生产、营销为一体，可以为小型企业开展科技创新活动提供办公场所、管理人员、科研经费支持等，还可以将高校、科研院所及其他高新技术企业的科技成果在小型企业内实现产业化，帮助小型企业逐渐发展成为高新技术企业 (Mcadam and Mcadam，2008)。

3) 科技创新保障机制

科技创新的顺利进行离不开相应制度的支撑，其运行机制本身就带有制度安排的内容，制度创新是科技创新的基础和保障(王玉婷，2021)。制度创新的关键在于转变政府管理职能，需要使所建立的科技管理体制更加有利于科技创新。从我国科技发展的情况来看，科技发展的速度和规模与西方国家存在一定差距，发展速度较为缓慢，其原因是多方面的，除了受传统文化和市场缺位的影响外，更在于计划体制下科技制度的先天缺陷。要加快科技创新步伐，保障科技创新顺利开展，必须从制度上保证政府作为科技创新的"领导者"和"监管人"而非"参与人"的角色到位。

具体而言，创新制度安排应包括以下几个方面：一是在科技投入方面，其主要来源应该是企业而不是政府(李娜娜，2020)，企业作为市场经济的主体，能结合自身情况在应用研究和开发方面进行科技攻关。另外，吸纳民间机构的赞助和支持也是充实科技投入的必要途径。二是在科技创新主体方面，需要由政府主导型向企业主动型发展(贺德方等，2019)。三是在科技成果评定和保护方面，尽量由市场去判断，并建立服务于创新成果的知识产权保护制度(马一德，2014)。这不仅从法律上保护了发明创造者的合法利益，还通过界定产权以有效规制产权交易。四是在科技管理和调控方面，政府的职能是设计基本的竞赛规则，只在基础研究的"公共物品"领域进行投资，对于那些市场需求间接性的公共产品或准公共产品的研究，只需要在该领域投放足够的"货币"。总之，科技创新的保障机制应该是建立适应市场经济的科技管理体制，其改革总体方向是：建立以政府间接调控为主、以市场交易为导向、以知识产权为纽带、以创新人才的激励和开发为根本，替代以计划为导向、以政府行政管理为主导、以部门所有为中心的科技管理体制(江博，2018)。

4. 科技创新推动经济社会发展研究

科技创新将新知识、新技术、新生产方式与经营管理模式应用到生产过程，通过改变产品结构和生产结构推动整个社会经济基础和制度结构的大变革与大发展。关于科技创新与经济增长之间关系的阐述最早出自亚当·斯密的《国民财富的性质和原因的研究》中。随后，学者对科技创新与经济社会发展之间的关系展开了广泛的研究。理论探索方面，约瑟夫·熊彼特（1979）提出的创新理论、以 Solow（1957）为代表的新古典经济增长理论以及以 Romer 和 Paul（1986）为代表的新经济增长理论都证明了创新是一国经济长期增长的动力、是国际竞争的重要推手。Şener 和 Sarldoğan（2011）指出在日益激烈的世界经济全球化背景下，科技创新为导向的战略不仅是各国增强其全球竞争力的最重要因素，还是各国实现经济可持续增长的唯一途径。Akinwale 等（2012）认为经济增长并不能完全被劳动力和资本投入解释，研发和创新活动在经济持续稳定增长的影响因素中占据重要位置。在实证研究方面，Adak（2015）通过对一国经济增长与科技创新关系的量化分析，得出科技创新正向作用于经济增长。Christensen 等（1973）以美国 1929 年到 1969 年 40 年间的经济增长为研究对象，对影响经济增长的因素进行了定量分析，表明技术进步已成为决定经济能否保持增长的一个重要因素，并基于此提出了增长因素分析理论。Griliches 和 Lichtenberg（1984）在对美国制造业企业和产业近 10 年的相关数据分析基础上，发现研发经费投入对提升一个国家或地区的经济增长水平起着重要作用。D'Antone 和 Santos（2016）运用三元分析框架，对创新产出和经济增长关系中知识密集性服务业的作用进行了分析。

Cameron（1996）认为，科技创新不仅会对经济增长产生直接影响，还可以通过企业间、行业间、国家间的技术溢出效应对经济增长产生间接影响；此外，科技创新还通过作用于产业结构升级对经济增长起关键作用，发展创新系统对增强高技术模仿、提高原始创新能力和提升产业竞争力均具有积极作用，能加速产业结构合理化进程（克利斯·弗里曼和罗克·苏特，2004）。同时，由于技术具有极强的渗透性和替代性，新技术会促使一系列新兴产业诞生，大规模集结和组合新的生产要素将引起产业结构变动和传统产业的改造与更新，从整体上带动产业结构转型升级，进而实现经济可持续增长（Metcalf，2011）。

国内学者关于科技创新对经济发展影响的主要从理论探索和实证研究为主。芦苇（2016）通过对经济增长影响因素的分析与研究，证实了科技创新能够正向促进经济增长。在实证研究方面，李翔和邓峰（2019）发现产业结构升级对经济存在负效应，而科技创新可以化解这一效应并推动经济增长。李林汉和田卫民（2020）对全国经济的数据分析结果也表明，通过促进科技创新可以助力经济增长。除实证研究外，部分学者从理论角度分析科技创新对经济社会发展的作用。龙小宁（2018）基于概念界定，认为实体经济能为国家发展提供长久的经济动力，其发展最终要通过科技创新达到更高水平。在基于地方经济的探索上，李源（2016）对广东省及其各地级市近 10 年的科技创新与经济增长相关数据进行分析,得出科技创新投入、产出及创新效率均可对经济增长产生正向影响的结论。上述的实证研究均证实了技术创新对经济增长有促进作用,然而有的学者却得出了相反的结论,如罗雨泽等(2016)对高新技术产业技术创新的影响因素进行分析时,认为科技创新研发投入对高新技术产业生产效率的作用并不显著。

2.1.2　地方治理

1. 治理与地方治理内涵及特征研究

1) 治理内涵及特征

"治理"(governance)一词源于国外。1995 年,全球治理委员会首次明确界定了"治理"的含义:"治理是指各种公共的或私人的个体和机构管理其共同事务的诸多方式的总和。"目前为止,治理的概念接近两百个,以下是当代西方最有影响的学者对治理概念的界定。Rosenau 和 Czempiel(1995)认为治理是让活动有效开展的管理机制。罗茨(2000)认为,治理不仅是新的统治过程,更是对传统统治手段、方法的升级。Wanna 和 Weller(2003)从公共政策结构和过程的变化角度指出,治理就是变革现有"单中心的"政策框架,建构多中心、多角色互动合作的政策过程。

俞可平(2000)认为,治理意味着政府不是唯一的公共权力中心,治理更像是一种规则体系,只有大部分公民及社会组织的接受才会推动其产生作用。周光辉(2014)从决策民主和寻求社会共识角度对治理进行了阐述,他认为决策民主化可以促进社会公平正义,进而增强政治合法性,提高政府决策能力,推动国家发展。周少来(2013)认为,包括政府、企业和公民在内多主体的广泛参与、多方合作、合力共赢是现代化治理的本质特征。

2) 地方治理内涵及特征

地方治理是治理思想和理念在地方行政改革及地方公共事务管理中的应用过程。地方治理思想最早出自英国,后随着环境的复杂化,西方出现早期的政府失灵,学术界才对地方治理这一研究主题逐渐重视起来(图 2-1)。全球治理委员会根据地方政府所负责事务的特征,将地方治理划分为自我治理、共同治理和层级治理三个方面。英国著名学者 Miller 等(2000)认为,地方治理是地方政府对所负责区域内的教育、卫生、基础设施、安全等公共事务方面的组织、管理及控制,以实现地方经济、社会、环境及公民素养的全方面发展。

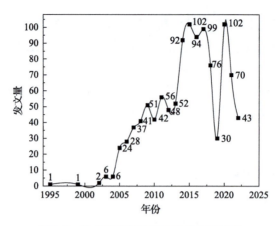

图 2-1　地方治理相关论文发表年度趋势

数据来源：https://kns.cnki.net/kns8/defaultresult/index

孙柏瑛(2020)将"地方治理"定义为在公民生活的地理空间内，政府及社会组织等多元主体共同应对地方公共问题，并推动公共服务和社会事务管理发展与变革的过程。丁辉侠(2014)认为，地方治理是指地方政府在尊重其他主体权益及意见的基础上，对地方事务的决策、管理及提供公共服务的过程。徐邦友(2018)通过对浙江地方治理实践的分析总结，从治理主体、层级、体系、过程、方式及行为等角度概述了其治理体系的变化趋势。

2. 多元治理研究

国外相关研究多以"多中心治理"表述，其理念与"多元治理"是相通的。Ostrom(2009)指出，公民拥有足够的动机和能力来解决社会困境，因此多中心主体的合作可以更好地提升政策的有效性、公平性及可持续性。Bovaird(2004)认为，随着治理主体相互关系的变化，多元治理主体理应共享公共事务权力、共担公共事务责任。此外，埃莉诺·奥斯特罗姆(2012)发现多中心机制在发达国家公共事务管理中更为普遍，并列举了美国加利福尼亚州南海岸平原地下水供问题来说明多中心复杂管理制度的优势。在社区治理方面，理查德·莱斯特(1990)认为，公民参与对提高社区公共服务能力有重要作用，建议培育社区居民的合作意识，并推动公民积极参与社区管理实践。格里·斯托克(2006)认为，多元主体间通过协同合作共同参与社区公共事务可以有效解决问题，并强调政府与其他主体的地位是平等的。文森特·奥斯特罗姆(2009)发现，多元治理主体之间的平等互动与协同发展是提升社区治理能力的关键。Bovaird 等(2016)认为，在社区公共服务中，公共政策的制定得益于多元主体之间的协商互动，传统的制定模式已不适应发展需要。

党的十七大报告提出"要健全党委领导、政府负责、社会协同、公众参与的社会管理格局"。随后，十八大报告进一步提出，要围绕构建中国特色社会主义社会管理体系，加快形成党委领导、政府负责、社会协同、公众参与、法治保障的社会管理体制，加快形成政府主导、覆盖城乡、可持续的基本公共服务体系，加快形成政社分开、权责明确、依法自治的现代社会组织体制，加快形成源头治理、动态管理、应急处置相结合的社会管理机制。这些举措标志着我国社会管理模式向多元主体合作管理模式的转变（张亦男，2017）。

在多元治理内涵及主体研究方面，俞可平（1999）在《治理与善治引论》中总结了"善治"的本质特征，提出善治体现的是治理主体之间的关系，在这种关系下，国家与其他公民社会组织均处于最佳状态。此外，俞可平（2000）认为，统治与治理的区别之一就体现在治理主体上，统治的主体是单一且排他的，而治理的主体是包括政府、企业组织、社会组织等在内的多元且协同的系统。郑巧和肖文涛（2008）认为，多元协同治理是指政府、公民及其他社会组织等构成的以维护和增进公共利益为目的开放系统。张康之（2014）认为，在非政府组织等社会自治力量迅速成长及社会管理越来越复杂的背景下，社会治理的主体应当是一个行动者系统，其中包括政府、其他社会自治力量及公民等。在创新社会管理需求的推动下，学者纷纷展开对政府与其他部门组织协同治理公共事务的研究。

分权制度是多元治理模式确保企业等社会组织及公民参与到社会公共治理、推动社会问题有效解决的"法宝"，只有给予参与者一定的权利，才能让多主体的管理模式得以维系。学者主要从中央与地方关系、政府与社会关系、政府与公民关系，以及政府权力运行四个视角展开多元治理模式的研究。

在中央与地方关系方面，学者主要是解决中央与地方的权力配置以及地方政府组织结构塑造问题。徐晨光和王海峰（2013）指出构建地方政府、社会及公众等多元主体参与合作的治理模式是解决地方政府治理结构和治理形态存在的问题的可行办法，这就要求必须在理顺中央与地方政府权力关系的基础上形成协同、互动的权力-市场-社会关系。

在政府与社会关系视角方面，学者主要致力于调整政府与社会关系，推动主体之间的互动和沟通，以实现合作共治的目的。李超和安建增（2005）把政府治理模式分为以社会为中心的注重公民个人权利的多元主义模式和以国家为中心的强调国家主导性的合作主义两类。在此基础上，肖文涛（2006）提出政府主导-社会合作型模式可以有效应对各级地方政府治理过程中的挑战。邵宇（2011）在分析经济社会发展过程中面临的风险和不确定因素基础上，阐述了多中心治理模式的必要性。杨宏山（2015）将地方治理模式划分为全能、自主、整合及协同四种治理模式，并认为由于政府与社会关系的不对等使得地方治理实际上是一种会产生社会组织行政化负面效应的整合治理，只有推进协同治理才可以避免这样的风险。

在政府与公民关系的研究方面，要求重视民众在政府治理中的作用，提升公民参与治理的积极性。孙萍和王秋菊(2012)认为，网络时代下应该构建以公众为中心的多元治理模式。王叔文(2016)按政府与社会组织及公众参与治理程度的大小将政府治理划分为政府支配型、社会组织和公众支配型、多方参与型以及贫乏型四种治理模式。

在政府权力运行关系方面，燕继荣(2011)认为，我国的政府治理是一种包含权威与民主的混合模式。魏淑艳和英明(2015)认为，当前政府治理模式仍然以政府全能为主，政府应当给自身限权的同时推动民主、法治等多元价值并重的多元治理模式。

此外，我国学者主要将多元治理模式运用于社区治理领域。叶笑云等(2015)在《社区协同治理》中提出，基层社会治理的变革就是要推动建立协调合作、良性互动的机制，以及多元化的治理主体结构。史柏年和郭伟认为，社区治理指的是推动多元主体协同合作处理社区公共事务的管理机制。黄小梅和徐信贵(2014)认为，处于快速城镇化进程中的社区多元治理应该聚焦于界定多元治理主体构成内容、创新运行制度及规范管理机制等方面。傅利平等(2017)指出，实现社区的多元治理，要在确保党的领导地位和依法治理的基础上，因地制宜地走出一条主体多元化发展到多元化共治再到实现自治的路径。赵小燕(2013)、陈宝胜(2015)在分析邻避冲突治理模式的基础上，结合具体案例分析，认为多元协商治理模式可以更好地处理邻避冲突。

3. 地方治理能力研究

地方治理能力体现在地方治理主体处理社会事务的能力与水平方面。在治理能力研究方面，部分国外学者从制度层面或国家能力层面进行界定和分析。加布里埃尔·阿尔蒙德(1987)主要关注治理能力的适应性和整体性，他认为政府治理能力指在环境变化的背景下，政府能通过政策措施制定与实施维护公共秩序的能力。Almond(1988)认为，政府治理能力就如同弹簧一样所能承受外部力量压迫的程度，具体指通过设置行政机构、制定政府政策并加以执行来维持社会秩序的能力。Pierre(1995)指出，政府治理能力是指政府为维护社会秩序和实现社会生产目的而采取计划、组织、指挥、控制和协调等手段的能力。而部分学者则认为，政府治理能力是政府为维护自身利益和达到某种社会目的，通过管理社会事务来降低外来因素造成损失的能力。此外，还有学者从治理需要和治理能力的关系层面对政府治理能力进行探索研究，如鲁·库伊曼(2000)认为，政府与社会是统一的整体，政府在治理过程中根据社会需要不断地调整治理能力,以此维持治理能力和治理需要长期处于平衡状态。在地方治理能力方面,Clarke(2003)认为地方治理能力是指地方政府实现地方目标、提高地方利益、推动地方发展的能力。Wallis 和 Dollery(2002)认为,地方政府治理能力还包括挖掘政府发展潜力,推进及提升地方政府公共事务的治理进程及质量等方面的内容。柯尔曼(2009)指出,地方治理能力是指政府为满足公民的基本需求和生产生活发展,运用行政权力来分配各种社会公共资源,为公民提供服务的能力。综上可以看出,国外学者倾向于认为地方政府治理应当更多地致力于提升自身的治理能力,为更好地实现本身利益和地方利益服务。

国内部分学者认为,政府能力就是从目标、管理及资源角度寻找并解决政府问题的能力(楼苏萍,2010)。而另一部分学者则认为,政府能力即为政府利用职能所赋予的权利完成目标的能力(肖建华和游高端,2011)。随着全球化发展,公共事务的复杂性对政府能力提出了更高的要求,为了更好地衡量政府工作,政府能力逐渐被治理能力取代。地方治理能力是一个系统概念,沈荣华(2015)提出地方治理能力是治理主体系统协作互助解决公共事务过程中不断完善的,这个过程离不开对市场规律的把握,以及地方政府的适当放权。地方政府治理能力建设不仅可以有效支持和保证分权,更是衡量政府绩效的重要因素,然而,地方政府治理能力受多因素的影响。程秋旺和林楫荷(2018)对乡镇政府财政治理能力和公共服务能力进行了研究,发现大部分乡镇存在财权和事权管理不规范、财政资金管理机制不完善、公共服务意识淡薄、能力供给数量不足、质量不高、效率低下等问题。黄柏玉(2018)发现缺乏创新、财政困难、管理体制不健全等问题是我国地方治理存在的问题,并提出参与式治理模式和整体性治理模式有助于解决上述问题。在提升地方治理能力路径方面,高玉贵(2005)认为内部监督管理制度和机构的设立以及公开民主绩效评估体系的建立可以有效约束地方政府治理。夏小江(2006)指出,建立科学全面的规划机制有利于地方政府制定符合当地实情的政策方针,提高地方治理能力。张紧跟(2016)指出,地方政府可以在地方政府治理制度、健全地方政府和市场与社会的协同治理机制、发展有效民主和践行法治三个方面进行创新,推进地方治理能力和体系的现代化。张锟(2019)认为,通过基层组织建设的加强、乡村法治体系的完善可以提升地方治理能力,进而实现乡村治理的现代化。常晶(2020)提出多民族国家地方治理能力的提升需要建构考虑互动结构、情境、主体及机制四个核心要件的现代化治理体系。杨志军(2021)通过对一省级旅游优惠政策过程的分析,提出地方治理中的政策接续有助于推进地方治理现代化。曹凌燕(2021)运用博弈方法研究城市空气污染地方治理系统的运行机制，并在此基础上提出培育环境协同治理意识等建议，以提高地方政府治理能力及绩效的正向预期。

4. 地方治理评价研究

与治理评价或治理测度相关的文献主要分国家层面和地方层面两类。最早对国家治理能力展开评估的是以联合国开发计划署、经合组织、世界银行等为代表的一些国际组织，目前为止，这些组织建成了大约 140 种治理评估指标体系。其中，世界银行及联合国人类发展中心的"世界治理指标"和"人文治理指标"最具影响力。随着实践的深入，这个方案越来越不适应当前社会的发展，这是因为"最佳价值"评价指标数量太多，且评价结果只局限于纵向比较（包国宪和周云飞，2010）。2002 年，英国在最佳价值指标的基础上，通过改进和完善，推行出"全面绩效评价"（Audit Commission，2008）。Arcidiacono 等（2016）为长期测算某国的治理情况，构建了以 AMSE（assessment, monitoring, sustainability, expansion）路线图为基础的治理评估体系。而在地方层面，虽然众多国际组织和专家展开了积极的研究，但由于地方治理相关的数据比较难以搜集以及地区之间存在着差异的现实，加大了指标选取的难度和复杂性，使得目前很少有系统、全面的指标用来测度地方治理水平，更多的是基于地方实际背景从实践方面展开对政府治理能力的评价。1986 年，美国佛罗里达州通过法案要求特定社会组织和人群对州政府项目的执行情况进行评估，使得政府工作人员更加注重服务，提高了州政府治理能力（U.S. Government Printing Office，1993）。美国地方治理能力评价秉承着"顾客至上"的核心理念（周伟和练磊，2015），在此基础上建成包括地方政府在内的多元评价主体的治理能力评价体系（马佳铮和包国宪，2010）。

在国家治理测度方面，国内学者黄强等（2009）基于网络治理理论，从 16 个维度构建了一套包括社会管理目标的制定、社会管理目标的执行等 27 个评估指标在内的政府治理能力评价指标体系。李文彬和陈晓运（2015）运用客观和主观相结合的方法建立了政府治理能力现代化的评估指标。胡鞍钢（2014）主要从事关经济、社会及科技等方面建立了中美治理绩效比较的基本框架，通过对两国十年数据的实证分析，发现中美政府的治理绩效差距在逐步缩减。汪仕凯（2016）从权利约束和治理产出角度构建了国家治理评估体系，该体系注重客观性，在学术界获得了较高的认可。在地方治理评价方面，施雪华和方盛举（2010）从政策、体制、行为三个角度设计了省级政府公共治理效能指标体系。樊纲等（2011）在建立基础指标评价体系的基础上，通过对 31 个省级行政区近 11 年数据的测算，对东、中、西部和东北地区以及各省的市场化综合指数和分项指数进行评分和排序。范逢春

(2014a)通过构建地方政府治理质量测度标准,对 5 个县级政府的治理情况进行了量化评价,并分析出制约其治理能力提升的具体原因。吴若冰和马念谊(2015)从政府规模、公信力等方面构建了地方政府治理能力评价体系,量化结果发现政府质量与治理能力有强相关关系。在樊纲等(2011)的研究基础上,王小鲁等(2017)根据现实情况调整了评价指标体系,并采用相同的方法对各省及区域的情况进行了测算。姜扬等(2017)借鉴全球治理指数(WGI)思路,通过法治水平、政府绩效、监管质量、腐败控制四个维度测算中国省级政府的治理质量。此外,在指标选取原则和评价标准方面,俞可平(2008)探讨了民主治理的评价标准,他认为民主治理的主要评价标准应该包括法治、公民的政治参与、多样化、政治透明度、人权和公民权状况等。马得勇(2013)强调,中国地方治理指标体系开发应坚持四大原则,并在此基础上构建了中国乡镇治理质量评估指标体系。王爱民(2013)在其研究中建立了治理危机"积累、放大、爆发"的三阶段动态评估模型,认为如果某一地区能够对风险程度进行有效预估便能够较好地防止和改进。彭国甫(2005)认为为了确保地方治理评价的可操作性和实际意义,在构建指标对其进行评价时,要重点选择以治理目的为导向的指标。周伟和练磊(2014)认为,在地方治理能力评价的取向定位方面,公共安全及社会福利等强调的是评价的目的定位,而多元合作、依法治理等注重的是评价的工具定位。彭锻炼(2015)认为,地方治理能力评价指标的选取要遵循明确性、可衡量性、可实现性及现实性等原则。赵豫生等(2020)认为,指标评价体系的构建可以有效发挥大数据治理机构对地方治理能力现代化的促进作用。

5. 地方治理创新研究

地方治理创新的相关研究包括协同治理、协商治理、契约治理等。协同治理指代政府与其他组织之间跨部门的合作共治。协商治理是不同利益主体之间在协商、沟通基础上达成共识的治理方式。契约治理与协商治理和协同治理的区别主要体现在政府参与程度、产生动因、目的一致性上。协商治理与协同治理中,政府都必须作为其中一方,而在契约治理中,政府可以作为第三方间接推动治理;协商治理与协同治理往往是由于单一主体难以完成,因而需要共同合作,而契约治理中包含政府能自己处理,但为了高效率而进行的治理;协商治理与协同治理中的治理主体目的一致,而契约管理的目的却不一定一致。

1)协同治理

国外学者主要从协同政府的定义、协同治理的概念和类型、网络化治理、协同治理面临的障碍以及实现协同治理所需要的条件和实现路径展开研究。协同政府的定义方面，Newman(2001)认为，协同政府的运作主要为克服部门间的障碍，通过共同协调与整合的方式来降低交易成本，以获得中央、区域、地方及社区等层级治理的成果。协同治理概念方面的研究，美国哈佛大学学者 Donahue 教授最早在 2004 年一篇名为"On Collaborative Governance"的文章中最早使用"协同治理"这一概念的。Emerson 等(2012)认为，协同治理是指为实现共同的公共目的，治理主体通过协作互助方式参与公共政策制定和事务管理的过程。在协同治理类型方面，尤金·巴达赫(2011)将协同治理分为紧急状态和常态化两种类型，并指出两者之间的主要区别在于社会关注度、资源配置机制、协同机制及产生的后果四个方面。在网络化治理研究方面，英国学者 Rhodes(1998)认为，治理的政策网络所具有的特点同网络化治理内涵相近，因此，可以认为治理的政策网络与网络化治理的理念是相通的。在协同治理障碍的研究方面，Pollitt(2003)认为，协同治理存在责任不够清晰、问责难度大、管理成本高等障碍。在协同治理所需条件及路径的研究方面，Putnam 和 Leonardi(1994)发现，公民参与有助于协同治理。David(2007)认为，信任是推动政府与其他组织合作的重要因素，没有信任，任何合作都不能展开。

国内学者的研究主要涉及协同治理的产生背景、内涵阐述、特征分析、现实意义、发展阶段、运行机制、平台建设及理论反思等方面。在产生背景上，张成福和党秀云等(2007)指出，多变的治理环境、复杂的公共治理问题，以及社会行动之间的相互依赖性，均增加了治理的难度。在内涵阐述上，刘光容(2008)认为，协同治理就是在一个既定的范围内，政府下放一定的权利，促成政府、私营部门等社会组织及公民等主体利用规则、机制和方式共同合作处理公共事务，以增进公共收益。杨华锋(2013)从系统论角度分析了协同治理的内涵，他认为治理的本质是各治理主体在合作过程中其子系统的相互融合和建构。在特征上，谭英俊(2009)总结了协同治理的三个典型特征，即关系的依赖性、行动的自组织化以及结构的网络化。田培杰(2014)将协同治理的特征概括为六个方面：公共性、多元性、互动性、正式性、主导性及动态性。在现实意义上，鹿斌和周定财(2014)认为，协同治理是现代社会治理中的最佳范式选择，因为其能够实现社会公共事务的协同效应。从发展阶段来看，郁建兴和任泽涛(2012)将我国协同治理研究的发展分为三个阶段，并指出网络化治理作为治理理论的一种发展，整合了协商民主理论、资源依赖理论、政策网络理论等内容和核心思想，成为区别于科层制和市场治理方式的治理模式。在运行机制上，闫亭豫(2015)认为，协同治理机制的构成要件包括归纳为沟通、共识、信任、资源等方面。朱春奎和申剑敏(2015)在批评借鉴相关理论的基础上，提出了包括初始条件、结构、治理、过程、结果五个维度的跨域合作与协同治理的 ISGPO(initial conditions, structure, governance, process, outcomes)模型。在平台建设方面,欧黎明和朱秦(2009)认为,信任在协同治理中至关重要,因为只有利益需求相同的主体才能建立起信任关系,促进协同合作关系的形成,反过来,只有协同合作带来了利益,各治理主体才能够在维持合作中加深了解,增加信任。在理论反思方面,刘伟忠(2012)指出,协同治理为政府带来了一系列新的管理挑战,如目标不一致、监管不到位、沟通协调不畅、政府合法性流失等问题。姬兆亮等(2013)认为,我国区域协调发展就是协同治理理论在实践中的创新。沙勇忠和解志元(2010)将协同治理应用到公共危机上,指出理念的转变、结构的调整、机制的构建是公共危机协同治理的主要路径。

2)契约治理

契约治理的概念来自经济学,威廉姆森在《资本主义经济制度》中就将治理同契约关系联系起来。在早期西方政府失灵的背景下,新公共管理理论将契约治理的理念从企业治理扩展到了政府公共治理和政府内部治理,自此,契约治理被大量应用于政府治理领域,这时期的代表著作为简·莱恩(2004)所著的《新公共管理理论》和奥斯本和盖布勒(2006)所著的《改革政府:企业家精神如何改革着公共部门》。美国学者朱迪·弗里曼在其所著《合作治理与新行政法》一书中将行政契约与治理在一定程度上进行了关联,主要介绍了美国及欧洲部分国家在公共治理的协商与共治过程中,行政契约作用的发挥。江必新(2012)对我国政府在治理时所采用行政合同内涵、外延及法律范畴进行了深入的研究,有助于形成独立的政府治理行政契约体系。丁轶(2017)认为,传统的分权模式容易引发组织失灵,而契约式分权的引入,可以实现中央与地方关系平衡,实现等级体制下的契约式治理。胡敏杰(2015)在《作为治理工具的契约:范围与边界》中对政府在治理过程中使用的契约进行了现象描述,从行政职能、对公民的影响等角度分析了政府的契约治理,并划定了契约使用的范围和边界。周婧飔(2017)、张玲玲(2017)分别研究了社区治理、城市管理两个案例中所具有的契约式治理属性。

2.2 理 论 基 础

2.2.1 科技创新的相关理论

1. 协同创新理论

创新理论最早是由熊彼特提出,之后随着社会的进步发展,在创新理论的基础上诞生技术创新理论和制度创新理论。从技术创新理论的历史发展过程中可以看出，创新理论的每一次发展都离不开技术创新。技术创新模式经历几代变化与演进(表2-3)，社会经济发展的现实需要促使该模式进入第五代时，技术创新在研究学者的探究下得到进一步发展，他们认识到现技术创新会受到多种因素的影响，是一个复杂的相互作用的非线性过程，并且当代技术创新对整合资源和参与主体之间的合作互动的要求更高，协同创新理论正是在技术创新逐步向集成一体化、网络一体化转变的背景下发生的(张丽娜，2013)。

表2-3　技术创新发展模式

时间	模式	内涵
20世纪50年代到60年代中期	科技助推模式	科学发现、技术发展、企业的生产、新商品加入市场是有先来后到的顺序的
20世纪60年代到70年代早期	需求拉动模式	研发是被动产生并由市场引导的
20世纪70年代后期到80年代中期	耦合互动模式	一定程度上突破线性模式的局限
20世纪80年代后期到90年代早期	一体化模式	有助于解释复杂产品开发过程中技术创新周期的缩短
20世纪90年代中期到当前	系统集成和网络化模式	企业不仅内部部门的交互与共享很重要，而且与其他知识源的联系也很重要

资料来源：依据张丽娜(2013)和艾少伟(2009)的研究整理。

　　协同创新理论的诞生，离不开协同理论奠定的基础。Ansoff(1957)将协同定义为企业组织内部各部门之间的协同，是在分析企业的多元化问题的基础之上提出的。"协同"概念被Haken在1971年首次提出，他认为协同意味着在外部能量和物质流动的情况下，不同具体的业务应用之间的相互合作、互动配合，以及团队集体行动，从而形成宏观上更有序的结构和更强大的功能，进一步产生相互配合的互动作用，实现"1+1>2"的效果。学者在协同理论的基础上，纷纷对其进行更加深入的研究与分析，以此丰富协同理论的内涵与机理。Georg(1998)及Miles等(2005)指出，"协同"与"合作"不是一个概念，两者有明显区别。合作是指在集团活动中，各个主体往往追求自己利益最大化，不从大局方面考虑，因此合作的结果往往不可预知；而在协同概念中，它往往要求各个主体既要关心自己的利益也要兼顾对方的利益，同时有较为明确的预期目标。Corning(1998)在对认识复杂系统发展前景的基础上，发现协同效应作为自然界或自然界中不同系统间的组合功能效应取决于人类社会、不同的元素或者个人之间的相互依赖，而复杂系统可以通过协同作用来发展，从而使协同理论得到更进一步的完善和扩展。为适应社会经济和科技创新蓬勃发展的现实背景，协同理论引入创新理论，与引领经济发展的根本驱动力相结合,产生出"协同创新"这一全新的创新管理内涵(梁超,2018)。

协同创新受到诸多学者的关注与研究,而概念首提者是彼得·葛洛。他认为协同创新意味着能为设定目标自我努力工作的人们组成网络小组,在小组中通过思想碰撞、交流,产生大家共同想要实现的目标,然后采取行动、相互配合,促进目标的实现(Gloor,2006)。之后,学者纷纷从不同角度解释协同创新的内涵。Ketchen 等(2007)认为,将机会、信息、知识等领域的资源相互交流分享、突破组织边界所产生的创新是协同创新,并且协同创新能够提升个体的创新能力。陈劲和阳银娟(2012b)从产学研角度出发,认为协同创新是产业、国家、高校等为在科技领域取得突破性创新而进行相互合作所建立的生产组织方式。项杨雪(2013)基于"协同"和"创新"的概念,将"协同创新"定义为将创新资源和要素聚集在一起,突破协同创新合作过程的参与者的壁垒,并且将主体间的创新资源要素活力得到足够发挥,进一步推动参与者进行更加深层次的合作。

协同创新理论最初运用于企业内部,郑刚等(2008)以海尔集团为例,在研究企业内部技术创新过程中以及协同创新理论基础上,提出"全面协同",认为各种技术与非技术要素互相配合,能产生更好的协同效应。肖琳等(2018)基于探索企业协同创新的新理论模型的目的,创造性地将协同创新进行三阶段划分,其阶段划分如表 2-4 所示,并与知识互动相结合,建立并分析其影响因素模型,使协同创新理论在企业层面得到延伸。

表 2-4　协同创新阶段划分

阶段	目标	内容
构建阶段	期望降低交易成本和追求先进技术	政策信息感知环节; 协同创新伙伴选择环节; 协同创新目标定位环节
发展阶段	实现创新组织中的知识协同与资源协同	资源及知识分解环节; 资源及知识流动环节; 资源及知识吸收环节
成熟阶段	实现知识创造及成果转化	知识融合环节; 协同创新环节; 创新成果应用环节

资料来源:依据肖琳等(2018)的研究成果整理。

之后,协同创新理论从企业组织内部逐渐运用到高校、企业、政府三者的合作关系中,其作用得到更好发挥。林雨洁和谢富纪(2013)考虑到产业联盟参与主体的内外两种因素,将协同创新理论纳入产业联盟评价指标体系,以此寻求能使各种创新要素的作用得到更好发挥的产业联盟伙伴。刘子曦(2020)研究大数据产业认为，协同创新主要依托参与主体之间的人际网络。此外，协同创新理论还扩展到社会治理领域。范如国(2014)将协同创新理论延伸到社会治理领域，构建中国社会治理协同创新机制，对社会治理具有重要意义。互联网带来的井喷式信息丰富人们的生活，但随之而来的治理问题引起社会学者的关注。李志刚和李瑞(2021)则利用协同创新理论构建共享型互联网平台的治理框架，为其治理框架提供完善路径。

2. 三螺旋理论

三螺旋理论最初用于生态学领域，用于解释基因、生物体、环境之间存在的辩证关系。在此基础上，Etzkowitzh 和 Leydesdorff(1995)提出三螺旋模型，用来研究大学、产业和政府三者之间的动力关系。三螺旋模型是指通过组织结构和机构设计等机制，改善官产学之间资源的充分分享和信息的传递，以高效地利用科学和技术资源(王军成，2006)。自此，三螺旋理论成为创新理论中的一个全新范式。之后，方卫华(2003)通过溯源三螺旋概念的起源，梳理三螺旋理论历史发展过程中的标志性事件，基于全球各个国家的制度背景不同，根据参与主体的功能作用将三螺旋模式的结构进行分类，提出三种发展模式，包括国家主义模式(图 2-2)、自由放任模式(图 2-3)、重叠模式(图 2-4)，对三螺旋理论进行补充。

三螺旋模型主要强调参与主体高校、企业、政府在创新过程中的有效互动和紧密配合，并且这三个主体保留着各自独特的身份以维持主体独立性，此外这三个主体组织中的每一个都具有其他两个主体组织中的某些能力(吴卫红等,2018)。三螺旋理论将高校、企业、政府三者的功能结合起来，打破传统学科的界限，在交叉学科领域充分发挥三者作用，从而为国家发展奠定理论基础。

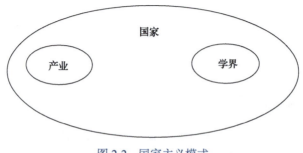

图 2-2　国家主义模式

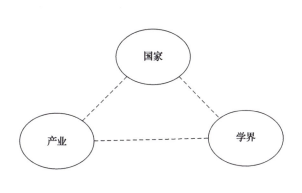

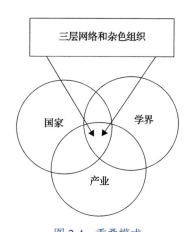

图 2-3 自由放任模式

图 2-4 重叠模式

资料来源:据方卫华(2003)研究成果整理

　　三螺旋理论能够将不同层面和不同创新参与者之间发生的复杂互动和相互作用覆盖解释(魏春艳和李兆友,2020)。并且在三螺旋模型中,参与的三方主体所重合的地方——三层网络和杂色组织被认为是区域、国家创新系统的关键之处,在三螺旋模型中的参与主体或二或三地合作互动,关系越融洽,越有利于发挥其作用,越有利于产生创新活动。在三螺旋理论中,充分认识各个主体的功能对实现协同创新具有重要作用。就其具体功能来说,政府可以提供政策支持,例如,着力加速基础设施建设、加快促进新建公司进程等;大学则主要承担培养更多具有创新精神和能力的人才来满足市场经济的需求;企业则承担将科技成果转换成生产力的责任,并要加强市场开发的科研投入力度等(许长青,2019)。以学校为主导的知识链、企业为主导的生产链、政府为主导的制度链,通过初始、执行、持续三个阶段不断纵向升华与发展(邵彦和许世建,2021),使各个主体在合作中发展,在发展中合作。

　　三螺旋理论的内涵随着社会现实的发展而逐渐得到丰富与发展,并且与其他诸多理论结合在市场环境中进行实践与运用。产学研理论在三螺旋模型的基础上,突破以往研究中学者注重研究参与主体中两大主体之间的相互合作及合作关系模式,逐渐提高对其他参与者功能与地位的关注,从而在政府、企业、高校之间建立全新的创新合作平台,并且充分肯定企业、高等院校和科研院所以及国家等参与主体在联合发展中互相配合、紧密合作、共同制胜的作用,各个主体在不同情境下根据现实情况充分发挥主观能动性,或根据发展实际加强合作互动,最终实现短期或长期总体发展目标(何华沙,2014)。王涛(2018)站在三螺旋理论基础之上,在产学研合作中主要从政府的角度出发,梳理产学研政策的发展演变,并以辽宁省为例，找出共性问题并提出针对性措施。在协同创新理论领域，吴卫红等 (2018)结合当前创新发展的现实需要，探索性地构建"政产学研用资"协同创新三三螺旋模式，为建立发展创新型国家提供理论借鉴。柳剑平和何风琴(2019)则将协同创新合作模式与三螺旋模式相结合，突破传统创新模式，建立立体三螺旋协同创新模式，开辟新区协同创新路径。

随着理论的逐渐成熟与发展，三螺旋理论的应用发展到人才教育、技术创新、孵化器建设等领域。在人才教育领域，三螺旋理论主要运用到高校创新创业教育中，为人才培养提供温床。周倩等(2019)指出，三螺旋理论强调高校、政府、企业三者之间的螺旋递进，为高校创新创业教育政策提供全新的理论视角。陈延良和李德丽(2018)研究政产学协同教育下的人才培养，在三螺旋理论基础上构建"政府-产业-大学"相互交叉影响、螺旋上升协同育人模式。在技术创新方面，魏春艳和李兆友(2020)运用三螺旋理论，研究三螺旋中参与者在创新的不同阶段的合作规律和各自的作用，激发三螺旋中参与主体的创新作用，对产业共性技术创新的困境解除与矛盾化解有一定作用。在孵化器建设层面，赵东霞等(2016)从三螺旋理论视角，研究国外科技园区的建设，为中国科技园区的建立与发展奠定基础。陈红喜等(2020)则在三螺旋理论框架下运用网络层次分析法(ANP)探究三螺旋理论中各创新主体对孵化器的融合作用，对于孵化器实现创新经营具有重要意义。利用三螺旋理论，促进人才、技术、孵化器等的发展，更能充分发挥大学、产业、政府三个主体之间的交互作用。

3. 创新驱动发展理论

熊彼特的创新理论和波特的创新驱动理论对创新驱动发展理论的形成与发展起到一定的启蒙作用。创新是经济增长的本质驱动要素，社会经济的发展离不开创新能力的推动。迈克尔·波特在书中提到经济发展的四个阶段，由此"创新驱动"这一概念诞生。并且迈克尔·波特认为当一个经济体形成完整的钻石体系，如图 2-5 所示，当各要素交互明显时则可实现创新驱动发展(迈克尔·波特，2002)。

后来学者们纷纷在熊彼特和波特提出的相关理论基础之上进一步探索，使创新驱动发展理论的内涵得到丰富与发展。目前政府领域和学术界两个领域对创新驱动发展进行较多解释，使人们对其有初步认识与了解。新常态是当前中国经济发展所处阶段，推动经济发展的动力从资源要素、财富要素逐渐变成创新要素，创新驱动成为中国经济腾飞、国力提高、社会进步的必经之路。创新驱动发展在国家层面上得到认可与重视，党中央在十八大上提出"实施创新驱动发展战略"，

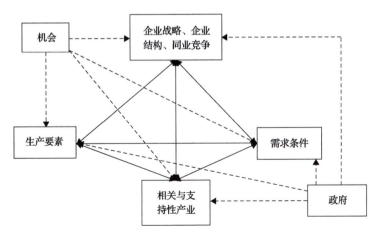

图 2-5 波特提出的竞争优势的"钻石模型"
资料来源：参考刘颖琦等(2003)的研究

对创新驱动发展的重要性与影响力给予高度认可，认为创新是中国解决在改革开放深水区所面临的困难的方法，必须将创新放在国家发展的重心之处。基于此，政府将创新驱动作为国家战略布局的重中之重，于 2016 年发布的《国家创新驱动发展战略纲要》指出，创新驱动是让创新成为引领发展的第一动力，这是国家命运所系，是世界大势所趋，是发展形势所迫[①]。中国学术界最早在 20 世纪 90 年代接触创新驱动理论，结合中国经济的实际情况，对创新驱动发展理论进行不断补充与完善。刘志彪(2011)认为，在研究经济发展的动力时，不能简单地将创新驱动与要素投入对立起来，要明白创新驱动离不开资源、资本等诸多要素的投入，因此要根据社会现实的需要以及发展要求和重心的相互依赖性调整国民经济的投入结构。洪银兴(2013)认为，创新驱动发展就是利用多种创新要素重组现有物质资源，提高国内经济增长和创新能力，并且创新驱动发展归根结底是技术创新在起作用。刘刚(2014)通过梳理中国经济发展战略的变化，并与发达国家进行对比，认为中国创新驱动型经济存在过度依赖国外技术和要素投入等问题，并且要清楚地认识到从要素到创新发展战略的转变是一个结构变革过程，包括商业、工业、政府、组织和机构在内。王海燕和郑秀梅(2017)通过文献梳理，发现创新驱动在有关政策提出后逐渐成为学者关注的重点，提出将多种创新要素投入生产中可以最大实现资源的有效利用，激发各个创新资源的活力，为中国经济发展投入新的活力，以此实现创新驱动发展。霍国庆等(2017)从研究区域创新驱动发展理论角度入手，探究创新、驱动、发展三者之间的关系，认为"创新"是发展的动力，

① 中共中央 国务院印发《国家创新驱动发展战略纲要》. (2016-05-19). http://www.gov.cn/xinwen/2016-05/19/content_5074812.htm。

"发展"是"创新"的最终目的，而"驱动"是促进"创新"更好地服务于"发展"的手段。

创新驱动发展理论是创新经济理论的重要组成部分，其实质是经济发展动力的更新迭代，从高投入高耗能的资源型经济增长逐渐转变为创新型经济增长，着力提高全要素生产率从而提高经济增长率的转换过程(于凡修，2017)。对创新驱动发展理论科学内涵的正确认识有利于充分发挥其积极影响，并针对面临的具体问题提出有效措施，从而促进社会经济的蓬勃发展。学者为探讨如何使创新驱动发展的影响力得到有效发挥，从诸多方面进行分析。邵传林(2015)利用区域层面的数据，从地方政府能力入手，发现不同类型的政府能力对创新驱动当地经济发展的作用不同，因此创新驱动发展离不开地方政府能力的支持。此外，邵传林和王丽萍(2017)还发现在创新驱动发展中，企业家精神的有效发挥可以促进科技成果的转化及新兴产业的发展，从而使区域经济的发展得到创新要素的注入，因此可见企业家精神在创新驱动发展中起到不可磨灭的作用。章文光等(2016)通过回顾创新发展理论，分析融合创新的组成部分，梳理探讨新常态背景下创新驱动发展战略的演进与发展，认为融合创新是创新驱动发展的重要影响因素。

除分析创新驱动发展的相关影响因素外，进行创新驱动发展评价模型构建对学术界乃至社会建设发展具有一定的影响，由此使创新驱动发展理论的内涵得到进一步的丰富与发展。李燕萍等(2016)站在区域层面角度，建立创新发展模式，激发创新驱动活力，将创新环境与发展驱动创新的全过程有机结合，从而认清创新驱动发展的影响机制，为区域经济发展提供有效措施。霍国庆等(2017)在创新驱动发展的理论基础上明确分析"区域创新"在实施中国发展战略中的必要性，基于区域创新驱动发展路径，融合区域自主创新和全面发展两种理念模式，在双层驱动的结构中利用六种关键要素建立区域创新驱动发展的理论模型。杨阳(2017)则在双层非线性的结构中，利用自主创新等的 5 种关键因素及企业进步等的 4 种核心要素，建立理论模型来认识创新驱动发展，以此实现社会的全面转型。李黎明等(2019)利用省级数据，设计创新驱动发展的评价指标体系，检验我国各个省份是否进入创新驱动发展阶段。李旭辉等(2020)借助 DPSIR 模型，从创新驱动的驱动力(drining)、压力(pressure)、状态(state)、影响(impact)、响应(response)五个方面构建并借此梳理出创新驱动发展评价指标体系，以此了解长江经济带的创新能力。

4. 自主创新理论

自主创新是一个新概念，由中国首次提出，建立在国家实际发展情况的基础之上，国外不存在这一概念。但是自主创新理论的诞生离不开熊彼特等的创新相关理论的奠基作用，因此国外学者对自主创新的研究大致涵盖在技术创新研究的范围之内(钟俊杰，2012)。内生经济增长理论是国外对于自主创新相关概念研究的理论起源。Arrow(1962)在内生经济理论基础上，将技术进步作为影响经济发展内部原因进行研究，把技术进步纳入模型中，使其部分作用内生化。Grossman和 Helpman(1994)站在内生经济增长理论上，将经济增长模型纳入技术进步这一要素。国外与自主创新概念最为相近的是集成创新(integrated innovation)和内生创新(endogenous innovation)。关于集成创新，Rothwell(1992)通过追溯工业时代创新模型的发展，提出集成创新这一观点，从而对区域创新系统理论与国家创新系统理论进行扩展与延伸。关于内生创新，Anderganssen 和 Franco(2005)认为内生创新作为一种新技术，比起传统的模仿创新和引进创新更强调系统内部的自发性。综合梳理国外学者的相关研究，可以看出这些理论与自主创新理论有相似之处，但并不能完全等同于自主创新。

国外学者对自主创新的相关研究与深入分析比中国早几十年，但自主创新这一组合名词最早出现在中国，这是结合中国是最大发展中国家的国际背景以及缺乏原创性、自主性技术的社会现实所提出的。在中国，认识并分析自主创新的第一位学者是陈劲，他认为自主创新是从技术进步逐渐发展而来，并且在这一进程中离不开学习。随着中国国情的不断变化，学者结合中国国情对自主创新这一概念的解释逐渐从微观发展到宏观。傅家骥(1998)主要是从企业角度出发，认为企业通过加大科技投入进行技术开发与研究，或者引进先进技术，建立合作关系，取得技术突破，从而推动技术创新以完成技术的商品化，进一步取得经济效益，以达到最初设立的愿景，所采取的创新行为是自主创新。张荣峰和章利华(2006)认为，由于激烈的市场经济竞争压力和巨大的经济收益诱惑，各个创新参与者为实现目标而采取各种措施来进行自主创新，并且其理论最关键的特征是创新行为具有开放性。张炜和杨选良(2006)认为，自主创新是在解决技术面临问题的过程中，依靠自己的创造性努力，应用新技术等因素，研究开发一系列被社会认可的活动组合。关于自主创新的主流观点是：一是原始性创新，在科学技术领域获得自己原创性成果；二是集成创新，将各种创新要素汇聚在一起，形成创新成果并能在市场竞争中脱颖而出；三是学习吸收消化世界各种科技成果，引进国外先进技术，博采众长，充分进行消化吸收和再创新(魏久檗，2008)。

自主创新是每个国家战略布局中的重点，是关乎国家命运的重大课题，对于缺乏原创性技术的发展中国家来说更是至关重要。作为世界上最大的发展中国家，改革开放为我国经济发展带来活力，但是随着社会经济的飞速发展，国家政府逐渐意识到自主创新的重要性，只有通过自主创新，掌握关键技术，才不会受制于人。《1963—1972 年科学技术发展规划》确定了"自力更生，迎头赶上"科学技术发展的方针，中国特色自主创新理论逐渐形成。经历七十多年的探索与研究，习近平总书记基于往届领导人关于自主创新领域的研究与探索，站在巨人的肩膀之上，提出新时代自主创新理论，丰富自主创新理论的内涵。王君也 (2019) 以 11 个省市为例，对其实施的创新驱动发展措施进行比较分析，并且还对创新发展战略的未来发展方向进行展望。在国家政策的指引下，学者对自主创新理论进行补充与完善，为自主创新理论促进经济发展奠定基础。

自主创新理论不仅应用于中国特色社会主义建设之路，还扩展到其他领域，得到进一步发展和创新，丰富自主创新理论的内涵。王鹏等 (2011) 在区域经济发展过程中提出自主创新理论，为我国区域经济发展和创新型国家建设提供理论借鉴。吕璞和林莉 (2012) 在比较新旧科技企业竞争力对比中，提出开放式自主创新理论，为研究校企合作模式奠定理论基础，并进一步分析影响其合作创新能力的因素。在工业企业建设方面，尹伟华和张亚雄 (2016) 以企业自主创新理论为指导，发现我国工业企业的自主创新能力受到其产出能力和活动能力的影响，进而对企业自主创新能力的发挥产生影响。

5. 创新生态系统

21 世纪以来，科学技术的快速发展，为创新理论的进一步突破奠定技术基础，在创新系统理论提出并得到一定发展的情况下，学者提出生态系统这一概念并从生态系统角度解释创新系统理论，为创新生态系统的提出奠定理论基础。Moore (1993) 对创新生态系统的研究有一定的奠基作用，他在企业 (商业) 的基础上，从生态仿生学的视角将创新系统进行价值耦合，指出创新生态系统的关键之处在于主体相互依赖，一起发展。Fukuda 和 Watanabe (2008) 选择两个世界经济大国，对其创新生态体系进行对比分析，探讨其实质原理，奠定其未来发展的思想基础。基于此，美国总统科技顾问委员会于 2003 年正式提出"创新生态系统"概念 (刘静和解茹玉，2020)。其理论起源归结为 2004 年的两份报告[①]：第一份报告认为，一个国家的技术创新可以快速发展以及在创新领域中获得领导地位离不开其有效的创新生态系统；而在第二份报告中则表明，创新生态系统的强大是美国成为世界经济强国的重要支撑。

创新生态系统是创新范式发展到第三阶段的产物，各界学者都纷纷对其展开

[①]《维护国家的创新生态体系、信息技术制造和竞争力》和《维护国家的创新生态系统：保持美国科学和工程能力之实力》。

研究，以此丰富创新生态系统理论。认识创新生态系统的内涵对学者研究并运用其解决实际问题具有重要意义。Iansiti 和 Levien(2004)以生态位理论为研究视角，提出关于创新生态系统的定义。Adner(2006)认为创新生态系统是能够将系统中的创新生态系统来对各自的投入以及不同企业所创造的创新成果进行整合的协同机制，能够创造面向客户、统一的协调的解决方案。

李万等(2014)基于创新范式 3.0 研究，认为创新生态系统意味着通过物质、能量和信息流之间的联系，在不同区域内的不同创新群体和创新的环境之间，形成开放而复杂的共生竞争体系。刘畅(2019)则从系统角度解释创新生态系统，认为创新生态系统是创新理论发展的一个新概念，是在对创新群体进行生态描述的基础上，由于技术的不断进步、竞争的日益激烈以及基于可持续发展等社会变革因素的发展而产生的。许冠南等(2020)将创新生态系统的概念解释为：在市场经济的某一领域里，以实现创新价值创造与捕捉为目的，以大学、产业、科研院所为关键主体，具有价值共创、合作共生等生态特征的复杂交互系统。此外，搜索 1995 年至目前关于创新生态系统的文献，按关键词对其内涵进行整理分析，如表 2-5 所示。

表 2-5　创新生态系统的相关内涵

时间	范式发展	内涵演进	基本观点
1995~2006 年	企业生态系统、自然生态系统、类比创新系统	生态位持续发展	强调组织获取长期竞争优势的关键在于创新能力
2007~2012 年	技术创新生态系统、自然生态系统、商业生态系统	外部环境、技术标准、垂直整合	主体突破传统组织边界，引入创新能力，实现优势互补
2013 年至今	创新理论研究新范式	开放式创新、价值创造、协同创新	强调网络协作，实现主体共赢。协同创新、价值创造

资料来源：参照王卓(2020)的研究。

在了解创新生态系统的内涵后，学者对其进行深入探讨与分析。对于创新生态系统的研究可以划分为四个不同的层面，分为企业、产业、区域以及国家四个层面(张敏，2018)。从企业层面讲，苏策等(2021)通过对 4 个典型案例企业的编码分析，提炼出创新生态系统战略构成维度及其对竞争优势的驱动机理模型。杨升曦和魏江(2021)以海尔集团为例，归纳出创新生态系统参与者角色、前瞻资源化类型和焦点企业协调机制的匹配逻辑关系。从产业层面进行研究，则发现创新生态系统多运用于高新技术型(尹洁等，2020)、知识密集型(牛媛媛和王天明，

2020)等产业。站在区域层面,学者多从区域创新生态系统的运行机制与评价出发,研究其产生效果(李晓娣和张小燕,2018;王德起等,2020)。关于国家层面的创新生态系统的研究,陈劲和尹西明(2018)提出高效开放协同的新型国家创新生态系统的内涵与框架,并从创新生态系统角度提出可以使国企的创新能力得到发展的措施。而当前数字经济的盛行,创新生态系统也将数据纳入研究框架中,梁正和李佳钰(2021)基于创新生态系统的价值创造和价值共创逻辑,分析得出数字创新生态系统的作用发挥需要建立在行业数据、公共数据、商业价值、公共价值的基础上。从不同角度探讨对创新生态系统的评价与应用,对国家经济的快速发展与社会安宁的平稳运行都具有重要意义。

2.2.2 治理理论

1. 地方治理理论

治理理论是研究协作性公共管理的重要渊源(张利萍,2013)。吉梅(2017)根据治理理论核心概念涉及的具体范畴将治理理论分为国家治理理论和地方治理理论两个层面。地方治理理论起源于 20 世纪 80 年代,顺应了全球化和多层治理结构发展趋势,超越了科层制等级关系的局限,发展了政府与公民、组织间广泛的合作伙伴关系,成为地方治理改革的一个重要方向。

地方治理理论依托英美两国原生或次生政治理论,糅合了"多中心"治理理论、集体行动理论、社会资本理论、协商民主理论、社群主义理论等理论(陈潭和肖建华,2010),关注地方政治与民主制度,企图打破一个中心主导、政府与市场二元对立的治理模式,设计一种完全不同于传统政府行政管理方式的地方治理模式(刘荷,2011)。它主要强调以下几点:

第一,国家的碎片化属性。地方治理理论强调国家进行区域化、碎片化管理,地方政府及各自职能部门间、政府与其他社会主体间存在碎片化现象,认为国家是作为一套既联系又分割的复杂机构与制度展开行动的(杰瑞·斯托克等,2007)。碎片化政府管理模式是为满足工业时代效率最大化需求的产物,适应工业社会的效率要求,顺应社会组织结构管理原则,使得工业化时代经济快速发展与政府高效管理相契合(周伟,2018),体现竞合思想,是地方治理的重要模式之一。

第二,多元治理,构建协调合作网络关系。地方治理理论认为地方治理依赖于多主体的共同参与和多种制度安排(王一川,2010),综合利用政府、私营部门和公民社会多元主体形成的合作网络,强调地方政府的公共权力和资源在政府外部充分流动使得资源得到合理配置,通过权力多中心协调合作治理和自主治理,适应各种不确定因素的挑战,满足公共利益,实现地方优化公共产品供给、提升公共行政效率以及促进政府现代化改革，推动地方高质量发展。地方治理理论发源于西方，体现了西方社会治理特色，非常重视地方政府、各类社会组织、市场组织和公民自组织的互动合作。虽然地方治理理论以"多中心"共同治理为基调，但地方政府在实施多元合作共同治理的同时，还扮演着"元治理"的重要角色(范逢春，2014b)。

第三，地方治理模式多样。地方治理理论与后现代主义的观点趋于一致，认为信息起主导作用的复杂社会呈现出多元化、分散化的特征。地方治理理论不再研究设计地方治理的普遍模式，不主张构建统一的治理模式和固定不变的机构设置，主张"没有模式的模式"，提出遵循因地制宜原则，地方治理模式要根据不断变化的环境进行调整(范逢春，2014)。

一方面，一个地方有属于自身特性的政治、经济、社会、文化等因素构成的环境，不同地方就有属于不同地方特性的政治、经济、社会、文化等因素构成的不同环境(戴昌桥，2011)。另一方面，地方治理根植于地方实践，需要从地方实际出发选择适合的治理模式，这就使得地方治理带有区域性色彩，不能完全照搬某一模式发展。

2. 整合治理理论

中国地方治理研究起步较晚，参照西方经典社会科学理论来研究中国地方情况，丰富了相关知识并促进带有中国特色的地方治理理论发展。值得注意的是，纯粹以西方经典社会科学理论为依据来解释中国地方治理情况不可避免会出现误解，在相当程度上脱离了中国地方治理实际。而整合治理理论是基于中国地方政府与社会合作新实践而提出的一种理论解释。地方政府通过构建跨界治理运行模式，运用迂回、无形和现代化技术管理工具，逐渐发展成为一种新型公共治理形态，即整合治理模式(杨宏山和李娉，2018)。

现有整合治理模式注重政府与社会和政府与市场之间的整合，即将社会组织和市场力量整合进由政府主导的治理体系，以实现特定的治理目标，提升地方治理能力。整合治理致力于形成政府主导、多方参与、共同治理格局，主要关注以下几点：

第一，政府主导。在跨界整合治理模式中，地方政府起主要支配作用，是跨界治理的发起者、动员者和协调者，其他主体需要行动协作，配合政府工作，不能按照自己的意愿而实施对立活动(康晓光和许文文，2014)。由政治权力引领和驱使，它反映了政治权力在中国地方治理中居于主导支配地位。此外，在市场主体、社会主体等体制外力量的配合下，公共部门居于主导地位，可以采取动员手段如提供财政补贴、资源支持、政策激励诱导跨界协作行动达到更好地实现地方政府治理的目标。

第二，注重发挥多方主体作用。如图 2-6 所示，整合治理通过资格认定、资源支持、精英吸纳、党群嵌入、项目合作等可持续手段构建运作机制，搭建公共部门与其他社会部门合作伙伴桥梁，逐渐发展为地方政府与社会组织合作的常态化机制。整合治理同样注重发挥多元主体的作用，在短期内汇聚多元主体力量，合理安排多方资源，形成多措并举、多策并用、携手共治格局，更好地促进地方发展，更有效地维护地方稳定(杨宏山，2017)。

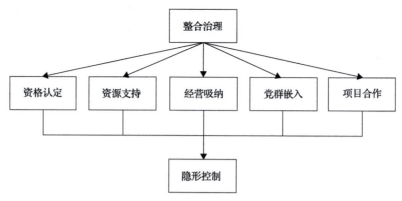

图 2-6　整合治理的运作方式
资料来源：参考杨宏山和李娉(2018)的研究

第三，同一层级运作。整合治理发生在同一层级，同一层级的机构间存在着许多差异化利益需求和价值导向，不同的利益需求和价值导向，以及利益最大化动机的驱使和采取的行动就引发了机构之间的摩擦、矛盾和冲突，从而使政府机构进退两难，增加组织间协调成本(曾凡军，2012)。整合治理理论引导地方构建跨界运作机制，全面协调政府内外的各类社会组织及其掌握的资源，更多地采取隐性运作方式来间接迂回地干预社会组织活动，贯彻居安思危、有备无患理念，注重事前预防风险，提升治理成效。

3. 网络治理理论

随着全球化和本土化浪潮的掀起以及信息技术水平的提高，在治理理论的启示下，理论界开始反思以政府科层制为基础传统公共治理模式，积极探索回应与行政生态相适应的新型治理模式。为规避传统自上而下纵深发展的治理层级构建的信息滞后问题，网络治理模式治理主体的多元化、治理机制的网络化及治理责任的分散化符合当下时代发展的需要(刘亚飞，2018)。科层治理与网络治理的比较如表 2-6 所示。

表 2-6 科层治理与网络治理的比较

比较对象	科层治理	网络治理
组织形式	正式组织、权威结构	正式与非正式组织
治理时效	滞后	及时
治理渠道	少	多
治理成本	高	低
治理行为	被动与消极	主动与积极
治理形态	体制内的制度安排	参与者之间的关系安排

资料来源：参考彭正银(2002)的研究。

网络治理是指一种新创的通过公共部门与私人部门合作，非营利组织、营利组织等多主体广泛参与提供公共服务的治理模式(杨博，2015)。

1) 治理主体多元化

内外部环境面临着复杂性和不确定性的背景下，任何一方都不可能单独实现管理目标，相应地治理的主体宏观上包括政府、市场以及社会这三个层面，从微观上看，涵盖政府、企业、社会组织、公众等多元主体，在这其中公民参与是必需的(邢梦雪，2018)。这些平等的多元主体共同解决公共事务(李亚鹏，2017)。

2) 治理机制网络化

网络治理遵循的是分权导向和多中心治理规则(张群和宋迎法，2021)，政府的主要职责是进行网络管理，致力于建立高效的信息共享机制及沟通协商机制。与传统公共部门提供公共服务或公共服务外包形式不同，网络治理提倡多主体构建的复杂治理网络为社会提供公共服务。网络由公共部门和私人部门构成，公共服务由二者根据自身的核心能力分工合作、择优而取。一方面，可以更好发挥专业化分工的优势，提高公共服务供给水平和效率；另一方面，可以合理配置社会资源，减少社会管理成本支出。因此，网络化治理实际上是运用资源整合的战略调整手段构建物尽其用、人尽其才的高效治理模式(田华文，2017)。

3) 治理手段信息化

以信息技术为支撑的网络治理简化和加速了个体与组织间信息沟通的效率，提升了对超大规模信息的采集与处理能力，这些都有利于实现组织结构的扁平化和网络化，有利于使社会问题的解决和社会服务的供给更加精细高效(臧文杰，2016)。此外，网络治理多元主体间签订的定期合同、辅助管理的多样化网络数据库和功能齐全的信息系统等为整个网络化治理过程提供了更为便捷的治理工具

（韩兆柱和单婷婷，2015）。

2.2.3 公共管理理论

1. 新公共管理理论

20 世纪 70 年代，经济全球化使得国际竞争与合作加强，新技术革命为建立高校、灵活、透明的政府提供了基础的技术支持，传统官僚制政府绩效低下要求政府提高效能（李维宇和杨基燕，2015），西方社会掀起了新公共管理运动。新公共管理理论改革的主要方向是重新建构政府与市场的关系，研究的内容也主要是围绕探讨转变政府职能、创新政府公共服务的提供方式、推动政府行政体制改革以及引进社会私营部门技术进行地方治理四个方面来展开的（徐增辉，2005）。

新公共管理理论（new public management）强调放松管制、权力分散、顾客导向、绩效考核，提倡在公共事务管理方面引入市场机制和非公共主体参与，主张政府应多掌舵引领方向、少划桨凡事亲躬，发展公私伙伴关系（PPP）（杨宏山，2015）。它的核心要素包括以下几点：

第一，政府的管理职能在于"掌舵而非划桨"。"新公共管理"理论跳出传统公共管理理论惯性思维，提倡政府要把握精细化管理与执行具体事务的界限，政府需要提供公共服务的方向，从具体的管理事务中脱身，而具体的服务供给可以交给政府机构、企业组织或其他非营利性、志愿性的合法组织（包国宪和赵晓军，2018）。新公共管理理论认为，要建设服务型政府，使规划管理和执行实施相分离，鼓励私营部门广泛参与公共管理并引入竞争激励机制，提高地方治理体系质量效率，避免官员冗余和官僚主义泛滥。

第二，以"效率"为价值取向。把利用市场竞争机制和引进企业管理方法作为政府改革的关键（鞠连和，2009），在公共部门间和公共部门与私人部门间中引入市场竞争机制，增强政府成本控制意识，提高办事服务效率，推动公共服务质量提升。

新公共管理理论的效率价值取向呈现出两个特点：一是进行综合性成本管控，在明确公共服务质量目标和保证办事效率的基础上全面缩减行政成本。二是不仅关注行政效率的高低，更关注行政效率的方向。新公共管理理论主张顾客导向，因此还必须是能洞察理解并满足顾客需求的正向高效。通过正向高效的服务方式塑造具有亲和力的政府，提高政府公信力和凝聚力。此外，绩效评估也是新公共管理运动的重点关注内容。新公共管理理论提出根据"3E"原则（economy, efficiency, effectiveness，即经济、效率和效益）实行绩效管理，强调地方政府应当通过绩效审查评价成为责任政府、效率政府，达到改善政府管理效率、提升服务质量、强化社会责任意识和提高公众满意度的目的(王学军，2019)。

第三，倡导"顾客"导向。借用私营部门为顾客服务摆在第一位的管理理念，新公共管理理论指出，政府服务的对象其实就是政府的"顾客"，政府与社会公众的关系类似于企业与顾客的关系，主张以公民为中心的政府而非居高临下出于政治需要的官僚机构，政府要换位思考，从"顾客"角度办理事务(申喜连和仲敏，2020)。根据"顾客"需求提供服务，将各种资源交到公众手中，给予公众更多参与权，让他们选择服务的提供者。与此对应，公共服务的效果也由公众来检验，注重政府与顾客之间的换位思考(李治，2008)，保证公共服务与"顾客"需求相符，提高政府公共服务的品质和公众满意度。

2. 新公共服务理论

新公共服务理论建立在新公共管理改革成效不显著，政府腐败、公信力不断下降的基础之上，是对新公共管理理论的批判继承发展。它肯定了新公共管理理论对效率的追求提高了公共管理的有效性促进社会发展，并改善新公共管理理论缺乏民主理论基础的缺陷，提出并建立一种新的理论，该理论意在重点维护公共利益和实现民主价值的基础上，希冀更加符合现代公民社会发展的需求，并满足公共管理实践的需要(曾保根，2010a，2010b)。

新公共服务理论将公共服务、公共利益、民主治理、公民参与作为核心思想构建一套不同于官僚制和企业型政府的公平合作治理体系。

第一，政府的角色是服务的提供者。行政人员的重要职能不再是方向带头人，而是协助公民进行有效的利益表达，实现公民共同利益(唐兴霖和尹文嘉，2011)。当今社会是多元异质化的社会，存在广泛的社会互动和利益之争，充满了不可预料性，因此，社会发展是不同利益群体谈判协商、相互妥协的结果，政府不能主宰社会中的所有事务。尤其在积极倡导以人为本的当今社会，政府分饰多个角色，不仅仅是服务的提供者，还承担着矛盾调节、裁判评审的任务。政府的职能从把控社会发展方向转向了流程设置，使差异化利益主体有沟通交流的平台达成利益共识(辛静，2008)。

第二，探寻公共利益实现。登哈特(2003)指出，在新公共服务治理模式中，政府行政人员不能单独决定公共利益。相反，政府行政人员在融合公民个体、社会团体、民选代表及其他社会成员在内的地方治理体系中发挥着关键作用。政府的主要功能在于确保公共利益能够实现，确保公共问题的应对措施及其产生的过程都符合正义、公正和公平的民主规范(吴玉良，2008)。

第三，政府服务的对象是公民。新公共服务理论认为，政府服务的对象应该是公民而不应将二者关系简化为"顾客"观。国家和社会的所有者或主人是全体公民，把公民比喻为市场关系中的顾客属于将政治生活经济化，降低了公民的社会责任感。政府应该紧跟大局，实时关注公共服务供给，而不仅仅是针对提出需求的个别顾客提供服务（曾保根，2010a，2010b）。此外，政府要有整体意识、大局意识，不应该只是关注顾客的短期利益，而是要重视全体公民的利益需求，并鼓励公民履行公民义务和承担社会责任（辛静，2008）。新公共管理理论和新公共服务理论的比较如表 2-7 所示。

表 2-7　新公共管理理论与新公共服务理论的比较

项目	新公共管理理论	新公共服务理论
理论基础	经济学理论、私营部门的管理理念	民主民权理论、社区与公民社会理论、组织人本主义思想、后现代公共行政理论
普遍理性与相关的人类行为模式	技术及国际理性，"经济人"或自立的决策者	战略理性或形式理性，对政治、经济和组织的多重检验
公共利益的概念	公共利益代表着个人利益的聚合	公共利益就是共同价值观进行对话的结果
公务员的回应对象	顾客	公民
政府的角色	掌舵（充当释放市场利益的催化剂）	服务（对公民和社区团体之间进行协商和协调，进而创建共同的价值观）
实现政策目标的机制	创建一些激励机制，进而通过私人机构来实现政策目标	建立公共机构和私人机构的联盟，以满足彼此都认同的需要
负责任的方法	市场驱动——自身利益的集聚将会导致广大公民团体所希望的后果	多样化的——公务员必须关注法律、社区价值观、政治规范及公民利益
行政裁量权	有广泛的自由去满足具有企业家精神的目标	具有所需裁量权，但裁量权需要受限制且要负责任
采取的组织结构	分权的公共组织，其机构内部仍然保持对当事人的基本控制	合作性机构，在内部和外部都共同享有领导权
行政官员和公务员的假定动机基础	企业家精神，缩小政府规模理念的愿望	公共服务，为社会做贡献的愿望

资料来源：参考曾保根（2010a，2010b）和罗伯特·B·丹哈特等（2002）研究。

3. 公共决策理论

以美国政治学家拉斯韦尔（Harold Dwight Lasswel）为代表的公共决策理论学者希望通过研究公共政策的制定和执行，一方面不断提高政府应对风险的能力，另一方面为政府提高公共产品和公共服务供给的质量提供理论依据。公共决策理论主要包括集团理论模型、精英理论模型、系统决策模型等（张林星，2014）。

1) 集团理论模型

集团理论模型注重研究不同社会集群通过何种方式对政治施加影响达到自身目的，重点关注不同集团之间、集团与政府之间的关系以及集团对政府公共政策决策的影响(郭湘楠，2018)。集团理论模型认为，每项公共政策的制定和实施都是不同的利益集团相互冲突、相互妥协的结果。现实中，公共政策过程也遵循着各类利益、影响力各异的集团之间不断博弈的原则，政府的作用只在于制定各利益集团竞争的规则，平衡不同利益集团之间相互冲突的利益。

2) 精英理论模型

精英理论模型体现了现代国家民主化建设的基本理念，是广大人民将决策权交给掌管国家行政权的少数人来决定。社会上层人员组成了精英队伍并影响国家政府决策的制定(贺娜，2014)。因此，公共政策是社会上层掌握权力的少数精英价值偏好的体现，而没有掌握权力的公众则只能被动接受，他们对公共政策不产生决定性的作用，公共决策反映的是精英的价值观而非公众的要求(张宇鹏和牛伟伟，2014)。

3) 系统决策模型

系统决策模型是一种将公共政策看作政府对外界环境变化作出的反应。系统决策模型强调宏观环境对政府决策的影响，它将公共政策的制定放在政治、经济、社会与文化环境中进行考察研究。系统决策模型认为，公共政策是地方政府与外部环境因素相互作用的结果。在系统决策模型下的公共政策是整个系统的产出，它被视为地方政府根据社会的需求与偏好(投入)作出的价值再分配方案(产出)。系统决策模型只重点研究外部环境与地方政府的相互作用和解决方案，强调要与环境相统一，达到动态平衡(贺卫和王浣尘，2010)。

人工智能作为新一轮科技革命重要影响因素，为社会治理提供了新的发展方向和技术支撑，为地方治理提供了新的治理工具。刘成和李秀峰(2020)基于此提出了"AI+公共决策"模型，其内涵是以互联网、大数据、云计算、智能设备等海量数据采集、存储、处理平台为基础，以智能算法(深度学习、机器学习、神经网络等)为核心，以最优化决策方案为目标,建立在消除信息不对称之上的自主化、交互化、智能化的决策模式，推进公共决策模式向智能决策变革。

2.3　本章小结

本章主要是对科技创新与地方治理进行文献回顾并梳理理论基础。通过文献回顾，本章介绍了科技创新的内涵及类型，有助于读者了解国内外学者关于科技创新的绩效评价以及创新模式等研究发展脉络，并且明晰科技创新推动经济社会发展的相关研究。随后，本章梳理了地方治理的相关内涵和特征，并且介绍了多元治理、地方治理能力与地方治理评价的相关研究，着重讲述地方治理创新中的契约治理和协同治理。

科技创新理论、治理理论、公共管理理论是本书的三大理论支撑。其中，科技创新理论主要包括协同创新理论、三螺旋理论、创新驱动发展理论、自主创新理论、创新生态系统五个理论，治理理论主要包括地方治理理论、整合治理理论、网络治理理论三个理论，公共管理理论主要包括新公共管理理论、新公共服务理论、公共决策理论。这些理论为本书奠定了理论基础，使本书的相关研究有理可依，有据可循。

第 3 章

科技创新对地方治理能力体系的作用机制

3.1 科技创新、地方治理能力体系现代化的内涵

3.1.1 科技创新的体系框架

科技创新是现代化的发动机，是一个国家的进步和发展最重要的因素之一。重大原始性科技创新及其引发的技术革命和进步成为产业革命的源头，科技创新能力强盛的国家在世界经济的发展中发挥着主导作用。自然，一项新技术的诞生、发展和应用，最后转化为生产力，离不开观念的引导、支持和制度的保障，可以说，观念创新是建设创新型国家的基础，制度创新是建设创新型国家的保障；但发明一项新技术并转化为生产力，创造出新产品，占领市场取得经济效益，这是只有科技创新才能实现的。科技自主创新体现出国家的创新能力，只有不断提升自主创新能力，才能使经济建设和社会发展不断迈上新的台阶，真正实现可持续发展。

一般意义上，科技创新是原创性科学研究和技术创新的总称，是指创造和应用新知识和新技术、新工艺，采用新的生产方式和经营管理模式，开发新产品，提高产品质量，提供新服务的过程。科技创新可以被分成三种类型：知识创新、技术创新和管理创新。原创性的知识创新与技术创新结合在一起，使人类知识系统不断丰富和完善，认识能力不断提高，产品不断更新。信息通信技术发展引领的管理创新作为信息时代和知识社会科技创新的主题，是当今时代科技创新的重要组成部分，也是新知识、新艺术的一部分，它自身也是电子信息或新概念、新思想、新理论、新方法、新发现和新假设的集成。

科技创新涵盖两个方面的创新，即技术创新和制度创新。技术创新属于生产力范畴，而制度创新属于生产关系范畴。科技创新的制度创新是推动技术进步的内生性力量，要实现技术创新的进步，必须着力增强科技体制改革的整体性，形成系统、全面的改革部署和工作格局。由此，科技创新中的制度创新是

本书关注的重点。科技创新的制度体系可概括为"四梁八柱"的整体框架(陈强,2020)(图 3-1)。

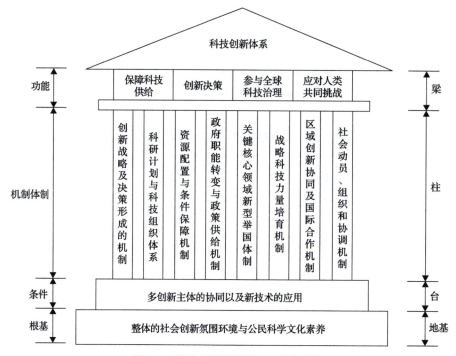

图 3-1　科技创新制度体系的总体框架

在科技治理体系中科技创新涉及的主体包括政府、企业、科研院所、高等院校、国际组织、中介服务机构、社会公众等,涉及的要素包括人才、资金、科技基础、知识产权、制度建设、创新氛围等。科技创新是各创新主体、创新要素交互复杂作用下的一种复杂涌现现象,是一类开放的复杂系统。一方面,科技创新的成果推动地方经济发展,为地方治理体系和能力现代化创造了先决条件与物质保障。另一方面,科技创新的发展对地方治理现代化也提出了新的要求,只有不断提升地方治理能力,完善地方治理体系才能最大程度上促进科技创新的持续发展。在科技治理体系中,基础建设和条件保障起着潜移默化而又至关重要的作用。具体可以分为两个层面:

"地基"指社会文化环境与公民科学素养。前者包括公众对科学的敬畏和对科学家的尊崇,鼓励创新突破、宽容失败的社会氛围,较为成熟的科研诚信体系及科技伦理环境等方面。后者更多指向公民的科学精神和态度、知识和技能储备、认识和分析问题的方法以及面向未来的创新能力。社会文化环境和公民科学素养是科技创新治理的"根基"，是创新生态的"土壤"。

"台基"指的是科技创新治理依托的各种基础条件，包括高水平大学和科研机构、活跃的新型研发组织、前瞻布局的重大科研基础设施、运行良好的功能性平台、充沛的创新创业空间、专业化的科技创新服务体系等。当然，5G、工业互联网、人工智能、大数据、云计算等新型基础设施也包括在内。相对于"地基"而言，这些基础条件的建设并不需要很长时间，但在投入产出效率、服务质量、运行可靠性、可持续发展等方面，提出更高要求。

"四梁"是科技创新必须形成四个方面的体系能力，包括：①确保科技创新活动围绕国家重大战略意图和经济社会发展现实需求展开，保障高质量科技供给；②"源""策"并举，增强创新策源能力，不断催生学术新思想、科学新发现、技术新发明、产业新方向；③主动布局和融入全球创新网络，参与和组织国际大科学计划和工程，提升我国在全球科技治理中的影响力、贡献度和话语权；④面向世界，面向未来，谋划科技创新治理的总体布局，为应对人类共同面对的挑战贡献"中国智慧"（陈强，2020）。

在此目标要求下，要建成八个方面的科技创新体制机制建设。一是科技战略及决策形成机制。既要发挥国家科技领导小组在研究国家科技发展战略规划等方面的重要作用，以及国家科技咨询委员会为重大科技决策提供咨询建议的作用，也要调动专业智库和研究机构在完善科技决策机制、提升战略决策能力方面的积极性。二是科技计划与科研组织体制。具体指的是对国家科技计划的顶层设计、总体部署和贯通管理，并组织各方力量推进实施，落实国家战略意图，保障经济社会发展的一整套制度安排。三是资源配置与条件保障机制。具体指的是把握科技创新发展新趋势，打造科技创新资源集聚的"强磁场"，并将有限的科技创新资源配置到最能发挥作用、效率最高的方向和领域。四是政府职能转变与政策供给机制。一方面须厘清政府和市场在科技创新中的角色关系，另一方面须确保科技进步加速背景下政策和制度供给的质量和效率。五是关键核心技术领域的新型举国体制。通过构建更加自主、协同、开放的新型举国体制，集中和部署优势力量，实现关键领域自主可控技术的突破。六是战略科技力量培育机制。以重大科技专项和产业化项目为抓手，强化机制建设，构建若干支贯通不同类型组织，跨产业、跨领域、跨区域，能够直面全球科技前沿竞争的战略突击力量，着力形成系统突破能力。七是区域创新协同及国际合作机制。加强京津冀、长三角、粤港澳等创新区域之间的科技创新合作交流和协调发展，探索各具特色的区域创新协同机制。同时，在国际科技交流与合作背景发生深刻变化的特殊时期，探索更高水平国际合作的模式和途径。八是社会动员、组织及协作机制。在科技创新日趋网络化、平台化、数字化、社会化的新形势下，提升社会动员水平，创新组织和协作方式，合力攻克科技创新领域的"急难险重"问题(陈强，2020)。

3.1.2 地方治理能力体系现代化的内涵

治理体系和治理能力现代化是一个内涵丰富的系统工程。党的十九届四中全会围绕国家治理体系和治理能力现代化进行了一系列制度设计，首次系统绘制了包括"坚持和完善党的领导制度体系"等在内的 13 个领域的制度图谱。地方治理是国家治理在地方层面的延伸，是推动国家治理现代化的重要组成部分。在地方治理现代化这"一体"之中，可分为地方治理体系和地方治理能力"两面"。

地方治理体系主要指党委领导和政府主导为核心的多元主体在依法对地方事务和社会公共事务进行管理和处置的过程中所形成的目标体系、组织体系、制度与政策体系、方略体系以及运行体系等的总称。地方治理能力主要指多元主体在特定地方行政辖区内解决地方性公共问题、化解地方性公共矛盾、处置地方性公共事务中所展现出来的本领。

地方治理体系和地方治理能力是一个有机整体，相辅相成，有了好的治理体系才能提高治理能力，提高治理能力才能充分发挥治理体系的效能。地方治理体系与治理能力之间的关系是内在统一的。首先，地方治理体系为治理能力的实现提供条件。地方治理体系越符合现代化的要求，由此衍生的地方治理能力就越接近现代化的标准。在地方治理体系不合理、不完善、不科学的情况下，难以形成现代地方治理能力。反之，则会提高地方治理能力，改善地方治理结构。因此，必须在地方治理实践中不断发展、调整、重塑和优化地方治理体系。

其次，地方治理能力体现出地方治理体系在地方治理实践中的效率和实际运行的有效性。地方治理能力的现代化促进了地方治理体系的现代化，成了地方治理体系现代化的现实表现。地方治理能力持续提升，结构不断优化，既保证了地方治理体系效能的最大化，又促进了地方治理体系进一步创新发展、深化改革。为了切实实现地方治理体系的有效性，只有不断提高地方治理能力，完善地方治理结构。由此，地方治理体系和能力现代化可表现在以下 4 个方面：

(1)有限的治理范围：从"全揽"到"有限"。现代化的地方治理强调有效政府的角色定位，"全揽型"政府，即无所不能、无所不在的政府，是事无巨细、大包大揽的政府，奉行的是包办的"家长主义"。"全揽型"政府带来了政府治理效率低下、政府与各社会主体关系对立的弊病。"有限"政府适应现代化社会发展要求，意味着地方政府向市场分权，各社会主体积极参与到地方事务中。

(2)规范的治理标准：由"人治"走向"法治"。在以人治为治理标准的情形下，政策往往是由少数人组成的领导层制定出来的，体现的是个人的意志与利益。法治是指政府治理依赖于明文规定的宪法和法律。法治优于人治的机制在于，法治奠基于民主，所以其治理失误的可能性小；人治缺乏民主的机制作保障，所以其治理的效果可能要大打折扣。我国地方治理要现代化，改善治理效果，根本途径在于治理实现由人治向法治的转变。

(3)人本的治理职能：从"管制"走向"服务"。在传统的地方治理格局下，政府的主要功能在于控制社会，政府通过强制性的公权力来实现自身意志，但其天然的公共服务职能却被忽视。服务型政府，是以公民权利为本，一切社会管理行为都是围绕着保护和实现公民权利而展开的政府；服务型政府，是具备法治、民主、责任、效率与有限等现代化特征的政府。地方政府通过改革和创新来建设服务型政府，这是走向地方治理现代化的必要前提之一。

(4)开放的治理格局：从"封闭"走向"透明"。地方治理要有效率和活力，要保持开放的状态。地方政府把自己置于阳光之下，有利于激发公民对该区域社会事务的参与热情，有利于政府权力得到有效约束，提高地方政府治理的效果。因此，地方治理由封闭走向开放，积极接纳新思想、新观点、新主体；公共决策过程与执行过程的公开透明；依法把各项公共政策、法规、规章、条例、数据等公共信息公开，是地方治理现代化的重要标志之一(唐天伟等，2014)。

3.2　面向治理现代化的科技创新体系改革的战略方向

在治理现代化的目标导向下，当前我国科技治理体系要在理念、主体、过程和手段上进行根本性的变革。理念上，从政府控制向政府协调转变。传统的科技管理强调政府控制其他主体，自上而下地配置创新资源，组织创新活动。现代化的科技治理强调国家科技治理体系，建立政府、市场、社会协调对话的制度体系。主体上，从政府主导转变向多主体共同参与转变。在传统的科技管理中，政府起着主导作用。在现代化的科技治理中，大学、科研机构、社会组织、公众等治理主体被纳入治理体系，与政府共同发挥主导作用。这种由多个利益相关者组成的网络化结构已成为科技治理体系和能力现代化的重要结构特征。过程上，从单一的线性向完整性、系统性转变。在传统的科技管理中，科技管理往往是各级政府之间，或者是政府与其他主体之间进行控制和实施。政府与其他主体之间缺乏协调和互动。在现代化的科技治理中，主体之间的相互联系、相互作用和演化是科技治理的主要方面，整个治理过程呈现出集成化、系统化的特征。手段上，由强制行政手段向经济、政策、法律、市场手段转变。传统的科技管理往往采取强制控制措施，而科技治理则综合运用信息披露、直接供给、联盟构建、补贴激励等方法来引导各主体的行为，从而实现治理目标。具体地，包括由政府主导向企业主导的创新模式改革、由单一向立体的科技人才评价改革、由多点向以点带面的区域创新体系改革、由分散向协同的产学研创新体系改革四个战略方向。

3.2.1 由政府主导向企业主导的创新模式改革

(1)由企业主导创新决策。创新是需要冒险的，需要企业判断科学创新成果是否具有应用价值。在创新决策的过程中，企业要发挥好主导者的作用，引导新发现与新技术的成功转化。一方面，企业要参与市场竞争，从中了解科技创新需求、市场需求以及国家战略的需求，从而科学准确地把握和确定产学研合作创新的主要方向。另一方面，只有将企业作为决策的核心，引领开展一系列科研项目，才可以快速且成功地转化科技创新的成果。因此，企业首先要引领产学研协同创新中的决策。对于在创新中发挥着主导作用的创新型领军企业来说，其创新决策不仅要适应市场供需，更重要的是要熟知新发现、新技术等与工业产业技术的交叉融合趋势以及未来产业的兴起与发展，超前性地引领新科技与新产业的发展趋势，持续形成一种对广大人民生产生活具有重大影响的、对经济社会具有全局性的引领和带动作用的新业态与新局面，从而促进未来经济可持续增长，指明未来产业发展方向，在未来国家科技和产业竞争中发挥支撑的作用。

(2)由企业主导研发投入。企业创新技术的关键在于科学有效的研发投入。作为创新主导者的企业，需要不断与一些高校及科研院所进行合作，通过科学有效的投入，积极参与一系列由基础科学发现转化为新技术的过程，甚至要在产生新的科学思想之际就深度参与，为新技术的产生进行投资。只有这样，企业才可以抢占先机，有效实现科学创新。前提是，企业的这种投资应当符合国家发展战略、符合产业与科技的变革方向、符合企业长期发展战略目标。创新活动是具有风险的，企业在提前参与基础研究、研发新技术时所承担的投资风险比较大。企业如果想要确定正确的创新投资方向、模式及策略，一方面要求企业家具备勇于创新的决心、敢于决策的勇气、良好的心理素质及敏锐的洞察力；另一方面企业家们还应该制定科学的规划，严格谨慎地按照流程来实施。

(3)由企业主导科研组织。企业要想主导创新，就应该主导科研项目的实施。创新型领军企业要想主导产学研协同创新，不仅要有强大的科研攻关能力，还要求有效地领导目标定位不一致的高校和科研院所提供的基础科研，这就给企业的创新组织能力带来了极大挑战。为了有效面对这些挑战就需要综合运用购买科研时间和科技悬赏制等新机制，国家技术创新中心、创新联合体、企业中央研究院等新平台以及集成式创新和融通创新等新范式。

(4)由企业主导成果转化。科技成果的转化具备较强的专业性、较长的周期性、较大的不确定性。达成交易通常需要半年甚至更长的运营投资。目前，高校以及科研院所对科技成果的转化主要依靠的是高校教师学者与科研人员之间的产学研合作，而职务发明者依靠自身并不能高效出售科技成果或自行实施转化，这就需要最终用户企业控制成果转化，从而达到高效转化。在企业的实施过程中，要以市场为导向，重点发展一批知识产权运营服务机构，在买卖方之间引入中介会员机构。通过中介会员机构管理和技术交易市场形成价值链，为知识产权运营服务机构建立长期的利益保护机制，鼓励专业运营服务机构开展技术路演、专利收储、技术推广、专利整合等市场化经营业务。在政策方面，积极支持专业化运营服务机构的发展，如根据技术交易额对中介机构给予一定比例的奖励，支持成立知识产权的运营基金，设立引进技术经纪人才的政策等。从长远来看，创新型领军企业能够适时引领知识产权体系运行的基本逻辑，通过合伙制、联合体系和基于平台战略的多边共赢合作激励机制，推动知识产权价值垄断向价值创造和价值共享转化(陈劲和朱子钦，2021)。

3.2.2　由单一向立体的科技人才评价机制改革

(1)科技人才分类评价改革。科技人才评价是"指挥棒"和"风向标"，对增强人才创新动力、激发人才创新潜力、释放人才创新活力具有重要的作用。传统的科学技术人才评价标准已经越来越不切合实际，越来越不能准确评判人才的能力、价值、贡献。评价基础科学人才，应注重学术贡献，注重同行评价和国际评价。评价工程技术人才，应该以技术成果为核心，注重行业评价和三方评价。评价创新型人才要以效益指标为主，注重市场和用户评价。在基础理论、工程技术和应用开发三大类中，应该对评价体系详细分类，充分考虑跨领域科技创新成果的评价。

(2)科技人才多维评价改革。科技创新贡献不再归因于个人的努力，而是强调发挥团队合作精神。这意味着科技创新中的贡献便难以进行量化，对于科技人才的评价就需要综合考虑个人实际贡献与未来发展潜力、科技创新质量、团队合作精神等诸多因素。要对科技人才全面合理地评价，科学合理地衡量各个参与者的实际贡献，突出对科技创新成果的质量和原创性进行评价。科学灵活地采用答辩、评审、考核、展示绩效、工作报告、实际操作等多种方法。通过构建合理多维的科技人才评价体系，使得评价结果适应科技人才的实际贡献。

(3)科技人才动态评价改革。客观认识科技人才与科技活动是建立合理有效的科技人才评价体系的基础，要求科技人才评价体系要随着科技活动的变化而具备一定的调整反馈机制，使评价体系不断更新优化。具体来说，要通过评判科技创新成果、检验科技产出收益、考察科技人才能力，优化评价体系。

(4)科技人才互动评价改革。要充分听取科技创新人才的意见和建议来制定评价规则。在具体评价标准上，做到客观、合理、全面；在评价机制上，要注重沟通与协商，形成最大、最广泛的共识；在评价过程中，要尽可能做到公开、公平、公正、高效、透明、务实；在评价结果的应用上，要注重支持科技人才的发展。构建起与科技人才良性互动的评价体系，将客观评价与主体识别相统一。

3.2.3 由多点向以点带面的区域创新体系改革

(1)从点到面构建高水平科技创新中心网络。一个创新型强国不仅需要多个具备国际影响力的全球性科技创新中心网络的支持，还需要一些区域科技创新中心的支持。在美国，真正支持美国这一科技创新超级大国发展的是世界上屈指可数的几个领先的科技创新中心。而德国的科技创新体系则依靠中介机构，借助其强大的专业服务能力，促进各类创新主体之间的能力与知识等方面的共享。日本科技创新体系的构建则利用地方化的集群网络内部蕴蓄的产学研协同体系，形成了从基础与应用研究到工程与产业化的优势互补链。由于中国各区域间的创新能力与资源存在较大区别，要依托北上广深等创新资源相对集中的区域中心城市，着力提升山西等中西部创新资源相对滞后的创新能力。建设各错位发展、以点带面的开放式区域创新网络，走一条多元网络建设的道路。在国家层面，构建跨部门、区域与国家的协同合作创新体系，实现不同创新体系之间的资源共享与相互依托。

(2)布局面向新技术革命的高水平的区域创新基础设施。目前，我国各地都想对 5G、人工智能等新兴技术进行投资，加快引领未来产业。然而，成功转化新兴技术更多取决于当地进行基础研究的能力。因此，在一些创新型领军企业中加大了对新技术的基础研究，并提出一系列重大举措以达到建立创新型强国、提升区域创新基础设施的社会服务能力、加速发展新兴产业的目的。基础科学研究具备较强的社会性、外部性与公益性等特点，但在促进应用创新方面发挥着重要作用。区域化创新基础设施建设的主要投资者应该是中央与地方政府。不仅如此，还应提高国家创新平台的自主性，提升应用产业化的能力。同时，区域创新基础建设应与高校、企业以及科研院所等建立密切合作关系，逐步形成基础与应用研究密切结合的相对稳定的区域创新体系。

　　(3)推动区域传统产业集群转型升级。高水平的开放式区域协同创新体系是一种产业链和创新协同发展的体系。我国所具备的明显的制造业优势不仅体现在大企业的综合优势上，也体现为中小微企业的集群优势。传统产业集群具有较强的生命力，从而对市场环境变化有较强的适应性。传统产业集群应根据发展阶段和环境变化对其进行分类、升级与改造。判断这些集群是清理淘汰、持续发展还是转移发展。对于处于产业快速增长期的集群，由于它们具备较高的技术水平、较强的创新能力，应当注重解决尖端技术的研发与转化问题。在"十四五"时期，无论是传统产业集群还是新兴产业集群，地方政府应利用其发展形势，依靠产业集群自身所具备的知识水平、社交网络以及生产组织，不断吸引高质量的企业家与技术人才，让集群的大企业带动中小微企业共同发展。

　　(4)推动区域创新体系高水平地融入全球创新网络。在全球创新竞争格局中，我国肩负着向高质量发展的任务，但这一任务不应该闭门造车。高水平的开放合作创新体系不仅要在国内还要在国外实施开放式协同创新。我国要基于"双循环"体系开展国际创新合作，充分利用好国内外两种资源与市场。创新是否有效取决于创新资源的质量、存量与多样性。一个国家所拥有的国内外创新资源的质量越高、存量越多、多样性越丰富，那么这个国家就越能取得高效的创新成果。显然，全球的创新资源更加丰富，但也不能把区域创新体系完全建立在全球创新资源，不仅因为走这条路会面临关键资源缺失的风险，还因为任何成果的成功转让都与当地的学习能力与接受知识的能力密切相关，而转让技术则是一个复杂的学习过程。因此，在区域创新体系建设中，一方面，必须坚持国内外循环相互促进的政策；另一方面，也要注重投资与积累国内的创新资源(中国社会科学院工业经济研究所课题组　张其仔，2020)。

3.2.4　由分散向整合的产学研协同体系改革

　　结合我国创新现状和"十四五"规划的目标，产学研体系改革应基于以下两点：一是，企业应当将解决企业技术能力这一问题放在首位，技术能力是指获取促进和控制技术变革所需的包括制度结构、联系、相关经验和知识等资源的能力。不应当仅仅用最终产品是否成功这一标准来评判大学、科研院所对企业在技术方面的支持。在协同建设的过程中，我国产学研一体化政策应当注重提升企业技术能力，最终要破除主要依靠企业外部的智囊人物或智囊机构来获取相关技术知识以解决技术问题的这一窘境。二是，学与研方面，应把重点放在解决科研成果的转化问题，弱化科研成果对基础研究的挤出效应。目前，许多产学研一体化政策规定向企业转化科研成果这一任务需由大学和研究机构完成。然而，不应该为了实现科研成果的转化而设立大学的科研活动，而且基础研究的质量不一定与其商业化潜力有关。因此，产学研的结合不应该过多占用学者进行基础研究所耗费的时间与精力。科研技术能力较强的企业会积极地寻找科研成果甚至主动参与到科研过程中以便于解决自身的技术问题。企业便可转化科研成果，解决科研成果产出的难题。因此，应从以下三个改革方向入手：

(1)政府应起支撑产学研协作的引导作用。政府不应创造需求，而是要借助其自身熟悉政策，能够接触到大学、科研机构以及企业的优势，建立全国性数据库、专门机构、信息交流平台等，为科研人员寻找产业转化需求以及企业寻求解决技术问题的手段提供服务，从而真正实现产学研互动。

(2)将中小企业以作为产学研结合政策的重点扶持对象。无论规模大小，所有企业都可以参与到产学研计划中，但是，大型领军企业应当减少对这种公共资源的占用，在其内部发展相对成熟的科研机构。相关政策资源应以处于成长期的企业为重点。政府关注这些企业的目的并不是让它们为大企业提供服务，而是加快企业的成长，使之成长为技术能力强、能够独自面对市场竞争的领军企业。

(3)改革与产学研结合相关的考核指标。产学研结合有望提高企业的技术创新能力，减弱对基础研究的干扰，因此要求使用评估创新的指标对产学研结合进行评估，判断企业参与产学研结合后是否增加了科研投资和人员，是否增加了专利申请。对于企业科学技术的质量，应该设立一套科学有效的评估标准，保护原创知识产权。参与了产学研结合的科研人员，能够根据相关政策获取一定的物质与金钱奖励，但是在其所在的大学或科研院所的考核标准仍是科学技术的转化成果(付震宇和陈锡周，2020)。

3.3   科技创新对地方治理体系能力的作用路径

科技创新是地方治理能力提升的重要手段。科技创新不仅是工具，而是具有先导性和革命性的要素，作为第一推动力可以极大地引导并推动地方治理体系创新，乃至实现治理能力的跨越式发展。地方治理体系和地方治理能力是地方治理的两个范畴，二者分别从不同角度表征了地方治理内涵，反映了地方治理外延。知识创新、技术创新以及现代科技引领的管理创新为地方治理现代化的推进提供了新的契机。中国唯有坚持走科技创新发展道路，全面提升治理能力、完善治理体系才能推动高质量的发展，实现经济行稳致远和社会安定和谐。具体来看，科技创新对地方治理体系能力的作用路径主要体现在如下方面(图3-2)。

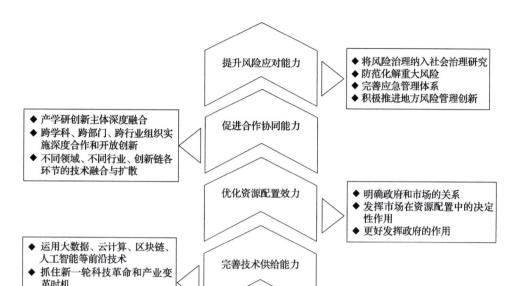

图 3-2　科技创新对地方治理体系能力的作用路径

3.3.1　科技创新通过激发创新主体活力作用于地方治理

深化科技体制改革，建立以企业为主体、市场为导向、产学研深度融合的技术创新体系，加强对中小企业创新的支持，促进科技成果转化，是进一步加快建立和完善技术创新体系，提升创新体系效能，以科技创新持续催生新发展动能、引领经济高质量发展的着力点。企业、高校、科研院所、政府等创新活力的激发有助于支撑创新型地方治理体系。近些年来，我国各创新主体的研发投入不断加大，研发能力得到增强，重点产业领域取得了一批创新成果。然而目前我国创新能力依然有待进一步提升。特别是面对国内外环境剧烈变化所带来的一系列新机遇与新挑战，要以科技创新催生新发展动能，充分释放企业等创新主体的活力，带动整个创新体系的发展。由此可见，加快推进科技创新体制改革，有助于理顺各创新主体之间的关系，提升创新体系效能，激发创新活力，为创新型地方治理体系建设提供有力支撑。

3.3.2 科技创新通过完善技术供给能力作用于地方治理

完善技术供给能力，推动科技创新管理模式，丰富科技创新工具箱，是运用大数据、云计算、区块链、人工智能等前沿技术推动城市管理手段、管理模式、管理理念创新，从数字化到智能化再到智慧化，是推进城市治理体系和治理能力现代化的必由之路。现代信息科技创新将极大地推进地方治理制度创新和治理能力提升。当前，新一轮科技革命和产业变革正在加速演进，科技创新的渗透性、扩散性、颠覆性特征正在重塑经济发展方式、社会伦理规范。特别是在当今的"互联网"时代，现代信息技术正改造着人类社会的组织和行为方式，将人类从事经济、社会和政治活动的场域扩展到虚拟空间，重构政府、企业、社会组织和个体等行为主体的行为模式及其关系。

现代科技已成为地方治理能力提升的重要手段，但它不仅仅是工具，而是具有先导性和革命性的要素，作为第一推动力可以极大地引导并推动地方治理制度创新，乃至实现治理能力的跨越式发展。依托大数据开展治理能力建设不仅带来了新技术和新手段，而且带来了将管理孕育于服务之中的新思想，极大更新了地方治理理念。借助大数据技术，地方政府能够充分了解和掌握经济社会运行信息，克服因信息不对称所产生的治理难题，提高地方政府行为精准性、适用性和科学化水平，实现政府决策科学化、治理精准化、服务高效化。网络信息平台也是地方政府提供政务服务的有效载体。地方政府部门通过对这些信息的收集和分析，能够更好地了解本地公众需求，有针对性地采取政策措施，提供公共产品和服务，及时发现和化解社会矛盾，不断提升治理效能。

3.3.3 科技创新通过优化资源配置效率作用于地方治理

当前我国科技资源供需双方均难以完全满足对方的要求和期待。完善创新体系、创新科研组织方式，提升资源配置的公平性和效率，弥合科技界与政府、企业和社会之间的需求差异，促进科技经济教育融合，是供需双方共同的目标。用改革的思路、创新的办法，统筹协调，盘活各类要素资源，可以达到"1+1>2"的效果。

资源配置效率提升可优化地方治理体系。在一些治理领域充分发挥市场作用，扩大公共服务市场开放，通过政府购买服务、健全激励补偿机制等多种办法，提高公共产品与公共服务领域的资源配置效率与效能，更好满足人们多层次多样化需求，最大程度激发市场活力和社会创造力。加强公共资源配置效能建设是促进和谐社会建设的客观需要，公共资源配置的最终目的在于实现好、维护好、发展好最广大人民群众的根本利益，使人民群众普遍享受经济发展的成果。

我国面临经济高质量发展、抢占高科技前沿高峰和攻坚化解内外部高风险的重大机遇与挑战，高端资源要素配置已成为影响我国经济社会发展的决定性因素。顺应时代发展潮流，需充分发挥科技助力资源配置的功效，提升政府与市场这"两只手"资源配置的预测力、优配力、化险力。与此同时，在资源配置的宏观调控和微观机制中，突出科技的主导作用和导向功能，才能推动我国在新一轮世界经济大发展、大变革、大调整中实现全方位崛起。

3.3.4　科技创新通过促进协同合作能力作用于地方治理

协同创新是实现区域协同发展的重要途径。目前，很多创新活动仍然存在"孤岛化""碎片化"现象，需要在增强企业、大学和科研机构各自科技创新能力的基础上加强产学研的深度合作、融合及开展协同创新，设计协同创新体系。调动企业、大学和科研机构等各类创新主体的积极性，跨学科、跨部门、跨行业地组织实施深度合作和开放创新，对于加快不同领域、不同行业以及创新链各环节之间的技术融合与扩散尤为重要。

由此，以大学、企业、科研机构为核心要素，以政府、金融机构、中介机构、创新平台、非营利性组织等为辅助要素的多元主体协同互动的网络创新模式，是盘活地方创新能力和经济活力的关键。企业充分利用高校、科研院所的创新研究能力，高校、研究院所借助企业实现科技成果的现实转化，可产生"1+1+1＞3"的非线性效用。多元主体的深化协商治理，在各个要素间形成一种结构稳定与动态均衡的状态，厘清和规范不同社会主体在不同公共事务、不同公共决策阶段的不同互动机制，可有效解决地方治理职能与权责的问题。

3.3.5　科技创新通过提升风险应对能力作用于地方治理

当前社会各类突发公共事件频繁发生，风险成为时代的典型特征，各种风险因素异常活跃，风险局面难以控制。我国俨然已进入现代意义上的风险社会。在风险社会背景之下，对于风险的治理成为地方治理的必然选择。

科技有助于提升地方风险治理效能。作出正确预测的前提是要有充分的科学的认识。"预则立、不预则废"，正确的预测必须依靠科学技术。科技创新有助于具体领域社会治理的"靶向治疗"和"精细化方案"应对。管理科技双创新是增强抵御风险危机能力必备条件。科技是防范化解重大风险的有力武器，谋求创新发展的科学方法和技术路径，通过科技创新寻求规避系统性风险，是地方化解复杂矛盾、谋划长线战略、实现长效治理的根本。

3.4 科技创新对地方治理体系能力的作用结果

科技创新是地方治理体系能力提升的重要手段。技术创新和科技机制体制改革对地方治理体系能力提升起到"双轮驱动"的作用：现代科技的发展推进治理理念、治理方式和治理手段发生全面而深刻的变革；科技机制体制改革则通过优化主体权责利配置提升地方治理效率。具体地，科技创新对地方治理体系能力的推动作用体现在以下四个方面。

3.4.1 科技创新推动地方治理体系规范化

科技创新机制体制改革是促进地方治理现代化的重要方面。科技创新机制体制改革推动政产学研创新主体权责利得合理安排。在科技创新治理体系框架下，可从制度层面对科技创新、技术进步等进行全方位的设置，通过建立以政产学研结合、科技服务、科技金融等为基础构成的科技创新动力支撑体系，实现知识创新、技术创新与实体性要素的相互结合。尤其是可以厘清政府和市场的关系，治理政府在创新活动中的"越位"现象，使政府为创新提供监管、服务，而不是设置障碍。总之，通过科技创新的机制体制改革，推进地方治理体系的规范化和有效化。

3.4.2 科技创新推动地方治理体系协同化

当前科技创新模式和科研组织形式正显现"并行化、网络化、平台化、协同化"的趋势，群体式、策略化、有组织的科技创新日益重要。科技创新的竞争态势发生根本性变化，开始从实体、组织之间的竞争，逐步演化为系统、生态之间的竞争。尤其是关键核心技术的研发涉及多种资源的协调、多个条块的协同和多个团队的创新，往往需要政府和科技部门的有效组织和引导。要适应当前科技创新的发展，就要加大协同创新力度，在科技创新机制体制改革中更加注重系统性、整体性、协同性，细化完善主体部门职责边界、协同配合机制等。在机构职责调整"物理重组"的基础上，促使各个层面发生深刻的"化学反应"，完善机构改革配套政策，进一步增强改革整体效应，实现治理体系的优化、协同、高效。优化就是机构职能要科学合理、权责一致，协同就是要有统有分、有主有次，高效就是要履职到位、流程通畅。

3.4.3 科技创新推动地方治理能力精准化

当前治理面临的形势和环境更为复杂多变，地方问题的专业性、多变性、关联性不断增强，对地方治理问题研判精准性的要求不断提高。大数据、物联网等新一代信息技术具有很强的关联分析和预测功能，可以充分挖掘纷繁复杂的数据背后蕴藏的客观规律，全天候、全方位感知社会运行态势，极大丰富了地方治理的方式，为全面感知和掌握社会运行动态提供了便利条件，为有效处理复杂社会治理问题提供了新的有力手段。在地方治理能力提升中着力推动大数据、人工智能、区块链等现代科技与社会治理深度融合，打造数据驱动、人机协同、跨界融合、共创分享的智能化治理新模式，能够实现对社会运行的精确感知、对公共资源的高效配置、对异常情形的及时预警、对突发事件的快速处置、对公众诉求的精准回应，提升地方治理的智慧化、精细化和高效化。

3.4.4 科技创新推动地方治理能力敏捷化

科技创新是对未知的探索，以高速度、高变革、高不确定性为特征。新兴技术特别是前沿技术的发展，极大地改变了人类社会的组织方式和运行形态，需要制定新的治理规则加以应对。传统的治理方式难以适应技术快速变化所带来的新挑战，治理效率落后于技术创新的节奏。在这种情况下，地方治理应采取"敏捷治理"的方式，以适应科技创新所具有的快速发展迭代的特点。敏捷治理强调在动态变化的环境下，重新思考和重计政策流程或服务。在制定治理规则时，既要求规则全面、准确、完整，又要求规则制定跟上创新的速度，能够根据创新特点进行即时反应，跟随科技创新的节奏和产业发展的速率调整政策的节奏和力度，避免产生阻碍、延缓前沿科技发展的不利情况。因此，科技创新的发展倒逼地方治理趋于敏捷化。

3.5 本 章 小 结

本章概括了科技创新和治理体系现代化的内涵与相互联系。治理体系现代化为科技创新提供了根本目标，科技创新为治理体系现代化提供了动能，科技创新现代化是治理体系和能力现代化中的应有之义。

面向治理现代化的科技创新改革的战略方向有：由政府主导向企业主导的创新模式改革；由单一向立体的科技人才评价机制改革；由多点向以点带面的区域

创新体系改革；由分散向整合的产学研协同体系改革。科技创新可以通过激发创新主体活力、完善技术供给能力、优化资源配置效率、促进协同合作能力、提升风险应对能力作用于地方治理。在结果上，科技创新将推动地方治理体系规范化、协同化，推动地方治理能力精准化、敏捷化。

第4章

科技创新的战略导向、目标规划和重点领域

党的十八大以来，以习近平同志为总书记的新一代中国共产党人成功开辟了中国特色社会主义新实践新局面新境界，形成了一系列治国理政新理念新思想新战略[①]，深化了对科技社会治理规律的认识。科技创新进入治理领域是对加快推进地方治理体系和地方治理能力现代化的技术回应，立足科技发展演化与新科技革命的时代背景，充分挖掘和发挥科技创新对促进地方治理体系和地方治理能力现代化的支撑作用。同时强调，科技创新是提高社会生产力和综合国力的战略支撑，必须摆在国家发展全局的核心位置。

党的十九大报告明确提出，创新是引领发展的第一动力，是建设现代化经济体系的战略支撑。要瞄准世界科技前沿，强化基础研究，实现前瞻性基础研究、引领性原创成果重大突破。加强应用基础研究，拓展实施国家科技重大专项，突出关键共性技术、前沿引领技术、现代工程技术、颠覆性技术创新，为建设科技强国、质量强国、航天强国、网络强国、交通强国、数字中国、智慧社会提供有力支撑。加强国家创新体系建设，强化战略科技力量。深化科技体制改革，建立以企业为主体、市场为导向、产学研深度融合的技术创新体系，加强对中小企业创新的支持，促进科技成果转化。倡导创新文化，强化知识产权创造、保护、运用。培养造就一大批具有国际先进水平的战略科技人才、科技领军人才、青年科技人才和高水平创新团队。

十九届四中全会关于《中共中央关于坚持和完善中国特色社会主义制度、推进国家治理体系和治理能力现代化若干重大问题的决定》指出，要完善科技创新体制机制。弘扬科学精神和工匠精神，加快建设创新型国家，强化国家战略科技力量。加大基础研究投入，健全鼓励支持基础研究、原始创新的体制机制。为此，本章从科技创新推动地方治理体系能力新提升的战略导向、目标规划和重点领域三个方面来阐述科技创新推动地方治理体系和能力现代化的推动作用，具体如图

---

① 深入学习贯彻习近平总书记治国理政新理念新思想新战略. (2016-10-17). http://theory.people.com.cn/n1/2016/1017/c40531-28785370.html?_=1493622163。

4-1 所示。

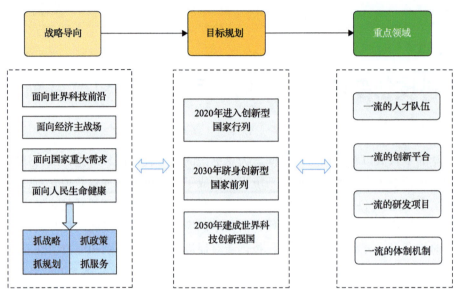

图 4-1　科技创新的规划和重点

4.1　科技创新的战略导向

4.1.1　"四个面向"

2020 年 9 月 11 日，中共中央总书记、国家主席、中央军委主席习近平在京主持召开科学家座谈会并发表重要讲话，就"十四五"时期我国科技事业发展听取意见。他强调，希望广大科学家和科技工作者肩负起历史责任，坚持面向世界科技前沿、面向经济主战场、面向国家重大需求、面向人民生命健康，不断向科学技术广度和深度进军[1]。

面向世界科技前沿，是指科技创新要以更好地认识世界和改造世界为目的，探索最具未知性、先驱性和挑战性的研究领域，促进人类认知边界的动态扩展和工具效能的迭代更新。世界科技前沿犹如科学技术领域的"珠穆朗玛峰"，瞄准世界科技前沿开展创新性科学研究，有利于抓住历史发展机遇，掌握新一轮全球科技竞争的战略主动权。更好地面向世界科技前沿，首先就是要坚持中国特色（汪长

---

[1] 习近平主持召开科学家座谈会强调 面向世界科技前沿面向经济主战场 面向国家重大需求 面向人民生命健康 不断向科学技术广度和深度进军. (2020-09-11). http://news.cnr.cn/native/gd/20200911/t20200911_525251428.shtml。

明，2020）。不同国家国情不同，所处发展阶段各异，决定了各国科技创新的模式和路径也不尽相同。中国特色自主创新道路是一条既顺应世界科技发展潮流、遵循科技发展规律，又紧密结合我国国情、符合我国实际的科技创新道路。坚持走中国特色自主创新道路，是历史经验的科学总结，是面向未来的必然选择，坚持走中国特色自主创新道路是我国不断提升科技实力和综合国力的重要经验，是把我国建设成为世界科技强国和社会主义现代化强国的必由之路，因此，面向世界科技前沿就要坚持中国特色社会主义道路，增强"四个自信"，不断提高自主创新能力。其次要加强基础研究的前瞻谋划和统筹布局，更加注重原始创新。当今世界正处于百年未有之大变局，科技创新已成为大变局中的关键变量。要想抓住竞争的主动权，推进科技创新从跟踪型研究向开创型、引领型研究的转变，最关键的就是要推动实现前瞻性基础研究、引领性原创成果重大突破。基础研究、应用基础研究、应用研究是科学研究的三个不同层次，三者既相对独立又相互关联。基础研究所要解决的是科学技术的基础理论问题，是科技创新的源头和根本动力，是应用研究和技术开发的先导（汪长明，2020）。没有基础研究做支撑，应用研究和技术开发将缺少最根本的理论依托。我国面临的很多"卡脖子"技术问题，根子就是基础理论研究跟不上。因此，在统筹布局时，一方面，要聚焦于攻克"卡脖子"的短期关键问题上；另一方面，要重点关注事关国家安全和长远发展的重点领域，抢占未来的发展制高点。同时，要坚持融合发展，处理好科技与其他领域的关系。科技创新是我国经济社会发展的首要推动力，要想在强化科技创新地位的同时推动与其他领域的融合发展，就要确保科技创新以各领域发展为导向，为各重点领域科学技术问题的解决提供有力支撑。最后，深化科技体制改革，完善科研生态，激发科技人员首创精神、创新潜力和创造动力，营造全社会创新创业的良性局面。根据世界知识产权组织评估显示，我国创新指数已经位居世界第14 位，整体创新能力大幅提升。然而，约束创新的体制机制障碍依然存在，如现行科技评价体系越来越不能满足国家对科技人员的现实需求。综观世界主要科技强国发展史发现，建立完善的科研体制是激发科技人员活力、提高科技创新产能的基础条件和根本保障，其中科研评价体系是科研的指挥棒和风向标，是营造崇尚创新良好科研生态的关键。因此，建立符合基础研究规律特点的科研评价机制，强化以学术贡献和创新价值为核心的评价导向，引导科研人员挑战科学前沿，重视面向世界科技前沿的基础地位和牵引作用，加强前瞻部署，可以为我国创新发展提供更加强有力的前沿科技供给。

面向经济主战场，强调的是科技创新的实用性。科学技术是第一生产力，实践性是科学研究的首要品质。科学技术渗透和作用于生产的过程本质上是其实现自身社会化即为社会所用的过程。在这一过程中，科学技术可以转化为现实的、直接的生产力，而生产力的发展反过来又可以推动和促进科学技术的进步。一个国家的科技创新水平和科技发展水平，很大程度上决定了这个国家生产力的基本状况和经济社会发展的基本面貌。科学研究的价值，理论上体现为对未知的探究、对已知的质疑、对真理的追求，实践上体现为以科研成果服务国家经济社会发展，并通过对国家经济社会发展的实效即"服务力"来检验(汪长明，2020)。习近平在全国科技创新大会、两院院士大会、中国科协第九次全国代表大会上指出："科技是国之利器，国家赖之以强，企业赖之以赢，人民生活赖之以好。中国要强，中国人民生活要好，必须有强大科技①。"面向经济主战场，抓好科技创新、加强科技成果运用于产业发展是推动科技工作与国家经济社会发展"无缝连接"、深度融合，打通从科技强到国家强、从科技事业发展到国家整体发展的通道。面向经济主战场，是新时代中国经济转型升级的内在需要，要把科技作为经济社会发展和国家战略安全的核心支撑。为更好地面向经济主战场，首先，要增强科技供给体系对经济需求的适配性。科技与经济"两张皮"困境的根本原因之一在于科技供给与经济需求的不匹配，表现在科技对经济社会发展的支撑能力不足，科技对经济增长的贡献率远低于发达国家水平，因此，只有技术的供给与经济发展规律和阶段相匹配时，生产力才能得到解放和发展，经济才能实现强劲增长。对此，要牢牢把握"集中攻关一批、示范试验一批、应用推广一批"的"三个一批"科技供给路径，使科技创新可以分层次、分领域、分阶段地对接经济主战场，发挥其应有的作用(邬欣欣和常庆欣，2021)。其次，要提高科技供给质量。科技供给质量不高仍然不能充分释放社会生产力，造成这一现象的原因在于科技创新中存在的"孤岛现象"。因此，要强化科技创新的全链条设计，形成科技创新支撑产业发展、产业发展拉动科技创新的正反馈效应，减轻甚至消除"孤岛现象"对科技供给质量的影响。最后，要提高创新技术的转化应用率，科学技术只有在应用中才能被发展和再创新，才能不断推动生产方式变革。①要激发创新主体科技成果转移转化积极性。科研人员积极性不高，是导致我国科技成果转移转化率偏低的根本原因，要想有效地提升科技成果转移转化效率，需要积极探索有效的奖励机制与模式，支持企业与高校、科研院所构建产业技术创新联盟、新型研发机构等协同开展成果转化。②要重视科技成果转移中间机构。一般来说，科技成果转移转化主要涉及科研机构、企业和中间机构，其中，科研机构提供前沿科技成果，有技术需求的企业提供技术支持，但是科研机构和企业之间信息不对等，无法高效沟通，而科技成果转移中间机构可以通过发挥其沟通协同的作用，让企业和高校能够各取所需，提高各自的工作效率。③要开展科技成果信息汇交与发布。围

---

① 习近平：科技是国之利器. (2016-06-06). http://www.xinhuanet.com/politics/2016/06/06/c_129043555.htm.

绕新一代信息网络、智能绿色制造等重点产业领域，以国家财政科技计划成果和科技奖励成果为重点，发布一批能够促进产业转型升级、投资规模与产业带动作用大的重大科技成果包，探索市场化的科技成果产业化路径。④要构建高效协同的技术转移体系，打造有利于成果转化的生态环境，创造有利于成果转化的良好法治环境。

面向国家重大需求，是指呼应时代是科技工作的使命担当，科技创新必须把国家需求尤其是重大战略性需求放在首位，坚持需求导向和问题导向。在面临国家经济社会发展、民生改善、国防建设存在的短板和弱项时，要想国家之所想、急国家之所急，努力破解国家发展的战略难题，构建国家先发优势，打造国家战略科技力量，发挥市场经济条件下新型举国体制优势。为更好地面向国家重大需求，首先，要突破科技创新的碎片化、零散化问题。改革开放以来，我国科技事业的快速发展离不开社会主义制度集中力量办大事的优越性，而现有科技领域的发展普遍存在着科技计划在布局、管理体制、运行机制及总体绩效等重叠、冲突、不相关、不完善等问题，集中体现在科技计划碎片化和科研项目取向聚焦不够两个问题上，表明科技发展有着不同的甚至矛盾的目标。同样，由于科技资源配置缺乏围绕国家需求的计划导向，导致了科研设施和设备的重复建设、购置，造成资源浪费。鉴于此，国家相继出台了《中共中央　国务院关于构建更加完善的要素市场化配置体制机制的意见》及《中共中央　国务院关于新时代加快完善社会主义市场经济体制的意见》，提出要改革科研项目立项和组织实施方式，坚持目标引领，强化成果导向[1]，使国家科研资源进一步聚焦重点领域、重点项目、重点单位[2]。其次，要聚焦国家战略问题，围绕国家战略需求来布局实施重大科技项目，实现重点突破，在战略必争领域抢占科技制高点，为国家的繁荣富强提供战略支撑。在依据国家需求进行科技创新时，除了要制定完善的、互相支持的科研计划，更要在科研实践的物质载体方面下足功夫，通过建设以国家实验室为引领的创新基础平台，夯实自主创新的物质技术基础，提高创新能力。最后，营造全社会共同创新的生动局面。国家目标和重大战略需求的明确对生产力发展的导向作用还体现在能够左右经济结构和发展方式的调整，推动产业变革（邬欣欣和常庆欣，2021），推动上层建筑的变动。上层建筑的完善，能够引导发挥举国体制的优势，促进科技创新资源配置方式的调整，提高科技创新资源的高效合理配置，推进协同创新和开放创新。同时，思想上层建筑的完善，能够引导广大科技工作者把自

---

① 中共中央　国务院关于构建更加完善的要素市场化配置体制机制的意见. (2020-04-09). http://www.gov.cn/zhengce/2020-04/09/content_5500622.htm.

② 中共中央　国务院关于新时代加快完善社会主义市场经济体制的意见. (2020-05-18). http://www.gov.cn/zhengce/2020-05/18/content_5512696.htm.

身的科学追求融入全面建设社会主义现代化国家的伟业中，使我国在科技革命和产业变革领域中由"跟跑者""并行者"转变为"领跑者"。

面向人民生命健康，是指人民健康是科技工作的现实归依，坚持人民至上、生命至上，体现对生命的尊重和对人民的关怀，折射出科技工作的人文关照和价值选择。这是中国共产党把群众路线运用于卫生防病工作的优良传统，把人民至上的全生命周期健康管理理念贯穿于国家规划、建设、管理全过程各环节，在保障人民健康中维护经济社会稳定。这也说明，科技的强大与发展不仅依赖人民，更可以造福于人民，因此，在科技创新发展中，不仅要顺应民心、关注民情、把保障人民健康放在优先发展的战略位置，又要从满足人民对健康生活的需求中汲取前进动力，探寻新理念、新设计、新战略，让良好生态环境成为人民生活的增长点，崭新发展健康产业。为更好地面向人民生命健康，首先，要把保障人民健康放在优先发展的位置。健康就是最大的民生，保障人民健康就是科技发展的出发点和落脚点。只有健康的人民群众才能实现全面发展，才能为经济社会的发展贡献力量。中国抗击新冠疫情的实践证明，正是在党领导下的科技创新才能使得人民群众取得疫情防控的重大战略成果，才能在全球主要经济体中率先实现经济正增长，才能形成全国上下统一的爱国风尚，凝聚起海内外华人的爱国统一战线。其次，让美好的生活环境促进人的全面健康发展。生态环境污染的日益严峻，影响着人类的生活质量和身心健康，而人作为社会发展运作的最大"生产力"，使得这些影响势必会妨碍到生产活动的循环，阻碍经济社会的发展。因此，更多更好的科技创新致力于破解绿色发展难题，形成人与自然和谐发展新格局，建设天蓝、地绿、水清的美丽中国对经济发展和人的全面发展至关重要。最后，积极发展健康产业。从近几年我国健康产业的发展现状以及未来的发展趋势来看，健康产业将会成为我国新的经济增长点。实践证明，积极发展健康产业不仅符合人民群众的现实需求，更是适应经济结构调整的需要。因此，要搞好战略规划，完善相关制度安排和政策体系，积极借鉴国际有益经验，突破健康产业关键领域技术难题，加快推进健康中国建设。

科技创新之所以要坚持"四个面向"，不仅仅是立足我国面临的深刻复杂变化的国内外环境的需要，基于推动高质量发展的需要，满足人民高品质生活的需要，构建新发展格局的需要，顺利开启全面建设社会主义现代化国家新征程的需要，更是"十四五"乃至更长时期内我国科技事业发展的根本遵循和重要指南。坚持"四个面向"，为我国深入实施创新驱动发展战略、组织科学研究和技术开发指明了方向，为我国谋划形成新时代科技工作的总体布局，加强科技创新的系统布局，提供指导性解决方案。

　　"四个面向"是缺一不可的整体，它明晰了促成科技转化为现实生产力的路径、动力、机制、价值根基。首先，"面向世界科技前沿"与"面向经济主战场"是相互作用的。如今，技术更替周期越来越快，这对市场利用技术的能力提出了更高的要求，只有不断提高科技利用速率才能发挥出技术促进经济增长的作用。从当前世界科技产业的发展趋势来看，新一轮科技革命蓄势待发，重大科学问题的原创性突破、重大颠覆性技术的创新会创造新产业新业态，在推动生产力不断发展的同时重塑着生产关系。历史经验也告诉我们，能够抓住科技革命机遇走向现代化、成为世界强国的国家，都是科学基础雄厚且在重要科技领域处于领先的国家。"现在，我们迎来世界新一轮科技革命和产业变革同我国转变发展方式的历史性交汇期"①。只有面向科技前沿与经济主战场的科技创新才能促成科学技术转化为生产力，在实现经济发展的同时确保高水平科技自立自强，才能抓住历史性交汇期的机遇。

　　"面向经济主战场"与"面向国家重大需求"是相互补充、互为一体的。习近平指出，"要推动有效市场和有为政府更好结合，充分发挥市场在资源配置中的决定性作用，通过市场需求引导创新资源有效配置，形成推进科技创新的强大合力"②。在市场竞争作用下，市场不断涌现出新技术，但是，一方面，将新技术应用到现实需要准确地把握产业发展规律和市场需求，这是一个需要探索和试错的过程，光靠纯粹的市场自发是很难实现的。因此，政府要在关系国计民生和产业命脉的领域积极作为，加强支持和协调，总体确定技术方向和路线，用好国家科技重大专项和重大工程等抓手，集中力量抢占制高点。另一方面，科学技术的不断发展，使得多学科专业交叉群集、多领域技术融合集成的特征不断凸显，如何有效地融合多领域多学科的资源对科技创新的影响日益显著。此时，如果政府能够通过相关政策、规划、体制机制等形成合作创新的良好基础和氛围，就可以助力科技创新，进一步释放市场活力。

　　"面向世界科技前沿""面向经济主战场""面向国家重大需求"与"面向人民生命健康"是融会贯通的。本质上，科技创新的科研目的、市场需求及国家需要均是为实现人民的高质量健康生活服务的。人民需要为科研目的、市场需求及国家需要指明了方向、提供了动力。科研要务、市场需求、国家需要与人民要求四者相辅相成，融会贯通，共同推动着科技向现实生产力转化，带动高质量发展。

---

　　① 习近平：努力成为世界主要科学中心和创新高地. (2021-03-15). http://www.gov.cn/xinwen/2021-03/15/content_5593022.htm.

　　② 习近平：在中国科学院第二十次院士大会、中国工程院第十五次院士大会、中国科协第十次全国代表大会上的讲话. (2021-05-28). http://www.gov.cn/xinwen/2021-05/28/content_5613746.htm.

四者的贯通性表现在：其一，掌握世界前沿先进科学技术可以为发展经济社会、改善民生、保障国防安全提供有力科技支撑。其二，围绕国家战略需要调整产业格局，围绕产业发展需要部署创新链，围绕创新链调集社会资源可以更好地服务国家战略目标，集中资源，形成合力。其三，人是创新的主体，也是创新服务的对象。高质量健康的人民有利于推动科技创新的发展事业，而科技的自立自强在支撑国家发展的同时提高了人民的生活质量，更好地造福于人民。因此，人民对美好生活的向往与科技自强的战略目标可以协同高效地激发全体科技创新主体的积极性、主动性和创造性。

因此，坚持"四个面向"，就要推动科技和经济社会发展的深度融合，打通从科技强到产业强、经济强、国家强的通道。坚持"四个面向"，需要进一步支持研究型大学的发展，培养更多更好的基础研究人才来加强基础研究和应用基础研究。坚持"四个面向"，要打好关键核心技术攻坚战，充分发挥政府职能，推动重大基础研究成果和原创成果转移转化。坚持"四个面向"，培养更多创新型人才，造就更多的世界顶尖科技人才，通过良好的体制机制，激发人才创新动力和活力。

当今世界正经历百年未有之大变局，在科技创新领域还有太多未知前沿问题需要探索，国家的发展对加快科技创新提出了更为迫切的要求，科技工作者负有不可推卸的时代责任。在此背景下，习近平总书记在科学家座谈会上提出"四个面向"要求①，不仅深刻阐明了科技创新在全面建设社会主义现代化国家中的重大作用，而且在我国发展新的历史关键点上指明了科技工作方向。与此同时，诸多专家从不同角度解读"四个面向"，更是表明了"四个面向"是融科技、经济、国家与人民于一体，它符合科学规律、经济规律、社会规律和政治规律，是中国特色社会主义制度优越性在科技领域的体现。做好"四个面向"，将夯实民族复兴的科技基石，打牢经济高质量发展的硬核支撑力，充盈国家富强的底气，奠定人民幸福的基础，从而有力地支撑起民族复兴的伟业。

4.1.2 "四抓"

在全球经济衰退背景下，科技的渗透性、引领性、扩散性、颠覆性等特征，正在对全球产业链和治理体系产生深刻影响。为了抓住跨越赶超的历史机遇，在新一轮科技革命和产业革命中占据一席之地，不断抢占科技创新发展先机，实现由"跟跑""并跑"到"领跑"的转变，就要建设好有利于创新链、产业链、资金

---

① 坚持"四个面向"加快科技创新——习近平总书记在科学家座谈会上的重要讲话指引科技发展方向. (2020-09-13). http://www.gov.cn/xinwen/2020-09/13/content_5543052.htm。

链和政策链相互交织、相互支撑、资源有效配置的新型国家创新体系。国家创新体系指的是在市场充分发挥配置资源的作用下，政府及各类科技创新主体协同高效互动的社会系统，其中政府发挥主导作用。新的形势下，建设好中国特色国家创新体系的重点就在于构建好新型科技创新管理体系。

2016 年 5 月，习近平总书记在"科技三会"上发表《为建设世界科技强国而奋斗》的重要讲话，明确要求"政府科技管理部门要抓战略、抓规划、抓政策、抓服务"[①]，为建设新型科技创新管理体系，转变科技创新管理格局指明了方向。

"四抓"要求下，新型科技创新管理体系要致力于构建科技创新战略决策体系、科技创新规划落实体系、科技创新政策制定体系、科技创新服务运行体系。

创新是牵动经济社会发展全局的"牛鼻子"，抓创新就是抓发展，谋创新就是谋未来。"抓战略"就是要把"实施创新驱动发展战略、建设创新型国家和世界科技强国"作为国家总体战略摆在国家发展全局的核心位置。科技创新战略是国家发展战略的重要组成部分，具有全局性、纲领性和方向性，是关乎国家和民族经济发展、文化使命等的百年大计。科技创新战略立足于国家安全与利益，定位于科技的长远发展，服从并服务于国家发展的需要。当前，党中央已经确定了我国科技面向 2030 年的长远战略，决定实施一批重大科技项目和工程，要围绕国家重大战略需求，着力攻破关键核心技术，抢占事关长远和全局的科技战略制高点。构建科技创新战略决策体系有助于实现科技创新的战略目标，因为科技创新战略决策体系有利于明确科研院所和大学科学研究的功能定位，令其在基础研究和应用研究方面以国家战略需求为侧重，有利于重点和稳定支持科研院所和大学科学研究在基础前沿和行业共性关键技术研发中发挥骨干引领作用，有利于对大学实行分类管理，调整完善建设方案，强化研发与国家战略目标的对接，最终推动建设一批世界一流科研机构、研究型大学、创新型企业，确保重大原创性科学成果的不断涌现，有利于推动军民融合、产学研合作、交叉学科融合、科技金融、双创联动等方面的有效结合，确保共同受益。同时，要建设国家科技决策咨询制度，既要对科技创新发展面临的重点难点问题及时提出意见和建议，又要瞄准世界科技前沿，从全球科技创新视角为国家经济社会发展、保障和改善民生、国防建设等方面重大科技决策提供咨询建议。

"抓规划"就是为了实现既定的战略目标，前瞻布局，选准实现路径，进行资源配置和体制机制设计，保障战略目标的实现。科技创新规划发挥着加强宏观管理、促进科技资源优化配置方面的重要作用，是国民经济和社会发展的重要支

---

① 习近平：为建设世界科技强国而奋斗. (2016-05-31). http://news.cnr.cn/native/gd/20160531/ t20160531_522287749. shtml。

撑。科技创新规划是面向未来的，是对未来科技创新发展的谋划，不仅明确了科技创新工作的主要目标和方向，还规定了行动的路线图，为科技创新工作发挥清晰的指引作用。同时，科技创新规划是财政资源配置的主要依据，是评价科技创新工作成效的主要标准，有利于加强对科技创新工作的评价与监督，最大限度地凝聚社会共识。为了构建完善的科技创新规划体系，首先，要健全组织领导机制。中央统一领导下各部门、各地方的规划协同推进实施机制有助于规划总体思路和主要目标的衔接、重大任务的分解和落实，充分调动和激发社会各界的积极性，凝聚广大共识。其次，要强化规划协同管理。规划符合性审查机制的建立有助于细化落实主要目标和重点任务，确保科技任务的部署实施与规划任务内容符合。部门间、地方间的沟通协调机制，有益于加强不同规划间的有机衔接。最后，要加强规划实施监测评估。阶段性地开展规划实施情况的动态监测和第三方评估，把监测和评估结果作为改进政府科技创新管理工作的重要依据，并在监测评估的基础上，根据科技创新最新进展和国内外经济社会需求新变化，对规划指标和任务部署进行及时、动态调整。

"抓政策"就是要围绕需求、供给与制度环境，强化普惠性和精准性政策供给，推动战略、规划落地实施，降低制度成本和创新风险，引导激励公共服务和专业化服务供给，最大限度激发各类创新主体的创新能力、潜力、动力和活力。科技创新政策的目的在调控科技创新活动，挖掘科技创新潜力，因此要适应创新所处的新形势，要适应科技体制及其相关体制的"深刻变革"，只有具备前瞻性和现实性，全局性和局部性，协同性和精准性的创新政策，才能聚焦重要领域关键环节，深化体制机制改革，破除束缚创新发展的制度障碍，引导科技创新走向时代前列。构建适应创新发展的政策和制度体系，首先，要建立以企业为主体的计划和政策体系。企业是创新活动的主体，建立以企业为主体的政策体系有利于强化企业在技术创新中的主体地位，有助于让不同性质、不同职能的机构在创新价值链中更好地归类、定位、互补，从而形成一种高校、科研院所与企业更紧密的创新合作关系。其次，要完善支持创新的普惠性政策体系，保障资源投入，增强国家总体科技实力和创新能力。再次，要强化创新法治保障，深入实施知识产权战略，改革评价制度，充分激发各类主体的创新活力，完善创新治理，营造创新友好制度及社会环境。最后，要加强统筹协调，强化政策协同，组织开展试点，督促工作落实。在此基础上，紧密结合我国创新发展遇到的瓶颈制约，深化科技创新供给侧结构性改革，破除束缚科技创新、成果转化和发展动力转换的制度障碍，最大限度激发科技创新潜能。

"抓服务"就是促进制度建设和治理效能更好转化融合，在服务中实施管理，在管理中实现服务。科技创新活动的顺利开展，离不开科技创新资源的投入，离不开良好的科技创新政策、制度和文化环境，离不开科技创新成果的转化运用，离不开各类创新主体之间的合作，而资源的投入、创新环境的营造、科技成果的转化应用以及创新主体的合作均离不开科技创新服务的支持，可以说科技创新服务贯穿于科技创新活动的全过程。根据我国创新发展情况，科技创新服务可以分为五种类型：科技创新活动服务、科技创新资源服务、科技创新环境服务、科技创新成果转化运用服务以及科技创新交流合作服务。科技创新服务要求政府职能由管理型向服务型转变，加大财政科技投入，积极运用合同外包和政府采购方式支持营利性和非营利性科技创新服务机构的建设和发展，以实现在提供高水平的纯公共科技创新服务的同时，大力支持社会化科技创新服务的供给。科技创新服务运行体系的构建有利于全方位、系统化的科技创新服务的提供。因此，首先，要推动科技管理部门"放管服"改革，转变政府职能，强化政府管理职责，下放创新自主权，激发人才积极性和创造性。其次，要大力发展科技创新服务业，并通过科技创新服务业的辐射和带动，引导科技资源向企业聚集，加快科技成果转化为生产力的步伐，推动产业和产品向价值链中高端跃升。最后，要加强和优化公共创新服务供给，提高科技资源开放共享水平和专业化服务能力。

根据习近平总书记提出的"四抓"要求[①]，中国科学技术发展战略研究院党委书记梁颖达认为，落实好"四抓"的关键问题是如何提高管理人员的水平。这对科技管理部门落实放管服和加强科技管理能力，提高管理效率提出了明确要求；对科技创新法律和政策体系提出新要求，其改革不仅要更新理念、制度和工具，更要提升协调性，完善整体功能。科技创新服务不是单一的概念，需要对多种服务加以集成才能解决现实问题。总之，"四抓"是政府科技管理部门学习贯彻落实十九届四中全会精神，完善科技创新战略体系、规划体系、政策体系、服务体系，推进科技创新治理体系和治理能力现代化总的要求。部门和地方要切实结合部门、地方实际，从"治理"视角来推进政府职能转变，明确职责分工，优化"四抓"的思想观念、工作思路、手段方法，改善制度供给，推动制度创新同科技创新相适应，促进科技创新治理体系实现整体性、格局性变化，提升科技创新治理能力和治理效能。

4.2　科技创新的目标规划

创新驱动是创新成为引领发展的第一动力，创新驱动是国家命运所系，创

---

① 以"新四抓"提升新时代科技创新管理水平. (2021-08-24). https://m.gmw.cn/baijia/2021-08/24/35104316.html.

新驱动是世界大势所趋，创新驱动是发展形势所迫。当前，我国创新驱动发展已具备发力加速的基础，如图 4-2 所示，中国全球创新指数和竞争力表现有了十足进步。

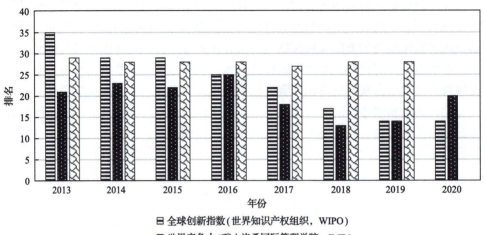

图 4-2　中国全球创新指数和竞争力表现

经过多年努力，科技发展正在进入由量的增长向质的提升的跃升期，科研体系日益完备，人才队伍不断壮大；经济转型升级、民生持续改善和国防现代化建设对创新提出了巨大需求；庞大的市场规模、完备的产业体系、多样化的消费需求与互联网时代创新效率的提升相结合，为创新提供了广阔空间；中国特色社会主义制度能够有效结合集中力量办大事和市场配置资源的优势，为实现创新驱动发展提供了根本保障。党的十八大提出实施创新驱动发展战略，强调科技创新是提高社会生产力和综合国力的战略支撑，必须摆在国家发展全局的核心位置。这是中央在新的发展阶段确立的立足全局、面向全球、聚焦关键、带动整体的国家重大发展战略。为加快实施这一战略，中共中央、国务院印发《国家创新驱动发展战略纲要》，指出要按照"坚持双轮驱动、构建一个体系、推动六大转变"进行布局，构建新的发展动力系统，指出科技创新的战略目标分三步走（图 4-3）。

4.2.1　到 2020 年时使我国进入创新型国家行列

创新驱动战略第一步，到 2020 年进入创新型国家行列，基本建成中国特色国家创新体系，有力支撑全面建成小康社会目标的实现。在此期间，创新型经济格局初步形成；科技进步贡献率提高到 60%以上，知识密集型服务业增加值占国内

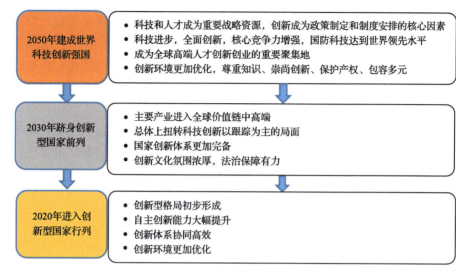

图 4-3　中国科技创新战略目标规划

生产总值的 20%；自主创新能力大幅提升；研究与试验发展(R&D)经费支出占国内生产总值比重达到 2.5%；创新体系协同高效，创新环境更加优化。到 2021 年建党一百周年时，中国将开始在创新型国家建设的道路上高歌猛进。

"十三五"时期，中国科技创新量质齐升，创新型国家建设取得重大进展。亮眼的科技成绩单为中国构建新发展格局、促进高质量发展提供了新的成长空间和重要支撑。中国着力加强基础研究和关键核心技术攻关，部署建设了一批国家重大科技基础设施，还出台一系列政策措施，加强基础学科建设。与此同时，中国加强高新技术重点布局，在诸多领域引领了新兴产业的发展，创新发展动力澎湃，创新活力全球认可。更为重要的是，中国企业的创新主体地位更加强化，企业创新能力持续增强，国家实验室、国家重点实验室等创新基地加快建设布局，重大科学基础设施建设稳步推进，科技创新的人才优势持续凸显。这些都表明，我国将深入实施创新驱动发展战略，充分发挥科技创新在构建新发展格局、促进高质量发展中的重要作用，推进创新型国家建设不断取得新进展。

4.2.2　到 2030 年时使我国进入创新型国家前列

创新驱动战略第二步，到 2030 年跻身创新型国家前列，发展驱动力实现根本转换，经济社会发展水平和国际竞争力大幅提升，为建成经济强国和共同富裕社会奠定坚实基础。在此期间，新兴产业进入全球价值链中高端，不断创造新技术和新产品、新模式和新业态、新需求和新市场，总体上扭转科技创新以跟踪为主的局面；R&D 经费支出占国内生产总值比重达到 2.8%；国家创新体系更加完备，创新文化氛围浓厚，创新法治保障有力，全社会形成创新活力竞相迸发、创新源泉不断涌流的生动局面。

我国与发达国家的差距显而易见，例如，科技支出结构亟待优化，在基础研究方面投入偏低；原始创新能力不足，关键核心技术受制于人的局面还没有彻底扭转；创新型企业研发强度较低，区域间创新环境差距较大，科技体制、政策不够完善。只有尽快补上短板，进一步缩小差距，实现第二步目标即"到 2030 年跻身创新型国家前列"才有坚实基础。因此，我国既要强化基础研究，也要加强应用基础研究；打好关键核心技术攻坚战，打好产业基础高级化和产业链现代化攻坚战；推动创新重要制度保障的知识产权制度，完善创新型国家法律制度框架，才能持续释放科技创新的活力，才能为科技创新提供强有力的保障，才能加快创新型国家前列的步伐。

4.2.3　到 2050 年时使我国成为世界科技创新强国

创新驱动战略第三步，到 2050 年建成世界科技创新强国，成为世界主要科学中心和创新高地，为我国建成富强、民主、文明、和谐的社会主义现代化国家，实现中华民族伟大复兴的中国梦提供强大支撑。在此期间，科技和人才成为国力强盛最重要的战略资源，创新成为政策制定和制度安排的核心因素；劳动生产率、社会生产力提高主要依靠科技进步和全面创新，国防科技达到世界领先水平，中国将成为全球高端人才创新创业的重要聚集地；创新的制度环境、经济环境和文化环境更加优化。到 2049 年，建国一百周年之际，中国将以世界科技强国的面貌诠释创新兴国和民族复兴的中国梦。

为实现科技强国目标，亟须从以下主要方面着力。一是打牢基础研究根基，持续加强"从 0 到 1"的基础研究，加大投资力度，完善对高校科研院所科学家的长期稳定支持机制。二是强化关键核心技术攻关，着力解决"卡脖子"技术难题，补短板的同时，加大对材料、能源、信息、生命等科研领域的攻关力度，重视打造长板。三是构建市场经济条件下关键核心技术攻关新型举国体制，按照集突破型、引领型、平台型于一体的建设标准推进国家实验室组建工作和国家重点实验室体系重组，使之成为攻坚克难、引领发展的战略创新力量。四是重视培育全球创新型企业，我国高技术产业与创新型国家的差距非常大，亟须奋发图强，迎头赶上。五是营造有国际竞争力的创新生态环境，在创新政策层面加强与国际接轨，培育宽容失败的创新文化，建立公平竞争的市场环境。六是加快培育高水平人才队伍，改革和完善人才使用和评价机制。

随着科学技术的加速进步，不可否认的是创新已经成为现代国家经济发展的主旋律，成为最重要的发展动能，而创新型国家的建设是整个中国"三步走"非常重要的内容。党的十九大指出，综合分析国际国内形势和我国发展条件，从 2020 年到本世纪中叶可以分两个阶段来安排。第一个阶段，从 2020 年到 2035 年，在全面建成小康社会的基础上，再奋斗十五年，基本实现社会主义现代化。第二个阶段，从 2035 年到本世纪中叶，在基本实现现代化的基础上，再奋斗十五年，把我国建成富强民主文明和谐美丽的社会主义现代化强国[①]。科技创新有"三步走"战略，到 2020 年进入创新型国家，到 2030 年左右进入创新型国家前列，到 2050 年要成为世界科技创新强国。就是说，中国的现代化进程必须把科技创新摆在核心位置，作为重要支撑和引领力量，也作为发展的重要动力。我国科技创新"三步走"战略目标，把创新驱动发展作为国家的优先战略，以科技创新为核心带动全面创新，以体制机制改革激发创新活力，以高效率的创新体系支撑高水平的创新型国家建设，推动经济社会发展动力根本转换，体现了党中央对国家发展和民族未来的历史宣示，体现了强大的道路自信和时代担当。我们要从实现中华民族伟大复兴的战略高度，充分认识建设世界科技创新强国的重大现实意义和深远历史意义，以只争朝夕的精神，为实现"两个一百年"的奋斗目标贡献创新的智慧和力量，把各方面力量凝聚到创新驱动发展上来，为全面建成创新型国家、实现中华民族伟大复兴的中国梦而努力奋斗。

地区科技创新目标分解：

（1）到 2023 年初见成效——新技术蓬勃发展，创新主体活力逐步增强。

到 2023 年为止，科技创新第二步战略应已初见成效，达到新技术蓬勃发展，创新主体活力逐步增强的成果。其表现如下：新一代信息网络技术、智能绿色制造技术、生态绿色高效安全的现代农业技术等新技术快速发展，"5G+"互联网平台逐渐建成，打造智能制造生态链，推动产业技术体系创新，创造发展新优势；革命性的新技术在人工智能、云计算、区块链等诸多领域均不断涌现；强化原始创新，增强源头供给，高校产业研究院建设得到深化，研发成果熟化及其转移转化联动，打造高校双创示范基地，深化高校科技园；打造行业领军型、世界一流型、产业平台型企业，发挥其引领重要产业发展、聚集高端创新人才、带动相关产业链发展的作用；科研院所在基础性技术、前沿性技术和行业共性关键技术研发中的骨干引领作用得到发挥，政策环境、机构建设、制度体系得以优化。

（2）到 2026 年创新生态极大完善——技术供给能力逐步完善，合作协同能力逐步形成。

---

① 十九大报告：科学的理论指导和行动指南.（2017-10-22）. http://news.12371.cn/2017/12/15/ARTI 1513300137909965.shtml?t=6364912344948443750 c4053129601742.html。

到 2026 年，科技创新第二步战略得到进一步发展，实现技术供给能力逐步完善，合作协同能力逐步形成的局面。例如，建设一批支撑高水平创新的基础设施和平台，加强面向国家战略需求的基础前沿和高技术研究，大数据的开发与运用，使得政府数据中心和信息平台得到有效支撑；移动电子政务逐渐建成，有效提升移动办公、智能服务等方面的功能；打造智慧政府、数字政府，服务型政府逐渐形成；官产学研四位一体形成，大学、研究机构、企业、政府各个主体的效能得到充分发挥，技术创新实现上、中、下游的对接与耦合；构筑更加完善的创新治理体系，解决深层次体制机制问题，提高创新治理能力，提升整体创新效率。

(3) 到 2030 年科技创新居于创新型国家行列——一流创新生态逐步完成。

到 2030 年时，科技创新第二步战略目标得到实现，进入创新型国家行列，一流创新生态逐步完成。营造政、产、学、研、金、介、用共生共荣的开放创新生态，打造连接一切的产业链集群；全社会形成全民创新的学习氛围，社会成员保持创新心态；国家发明专利授权量居于世界首位，创新能力指数得到进一步提高；政府出台科技创新相关政策，为企业、高校、科研人员提供政策保障支持；高新技术孵化园区逐渐形成，一批新技术、新产业、新业态、新模式得到蓬勃发展；企业、高校、科研机构三大创新主体全面进入平台化、跨界融通、开放创新发展新时期；构建新型研发机构、科技园、双创基地等区域创新平台、转化平台、投资平台，成为区域创新发展的依托，优化区域创新布局，打造区域经济增长极。

4.3　科技创新的重点领域

4.3.1　一流的人才队伍

科技创新离不开科技创新人才的支撑与服务。科技人才是指具有一定的专业知识或专业技能，从事创造性科学技术活动，并对科学技术事业及经济社会发展做出贡献的劳动者。主要包括从事科学研究、工程设计与技术开发、科学技术服务、科学技术管理、科学技术普及等工作的科技活动人员。科技人才是国家人力资源的重要组成部分，是科技创新的关键因素，是推动国家经济社会发展的重要力量。一流的科技人才是具有高度创新性、复合型、进取型的复合人才。结合国家重大需求与地方经济发展，打造一批具有深厚科技素养的高层次人才队伍对营造一流创新生态至关重要。要坚持培养和引进并举，全力全速打造一流的人才队伍。

中共十八大确立了"创新驱动发展战略"，人才是创新的基础和关键，创新驱动发展战略实质是人才驱动。高新技术产业是技术密集、人才密集的产业，科技人才是高新技术产业的核心因素，要使其走可持续发展道路，必须实施人才优先发展战略。党的十九届四中全会指出，要推动社会治理和服务重心向基层下移，把更多资源下沉到基层，更好提供精准化、精细化服务①。因此如何实现科技与人的结合是基层社会治理需要思考的问题。科技支撑离不开人的支撑，社会治理一线基层人力资源不足的问题是基层社会治理痛点的关键。虽然网格化管理基本覆盖基层，但"缺人"的问题仍然存在于经济发展水平相对落后的地区。

为了打造一流的科技人才队伍，首先，要明确教育的功能定位，强化内涵式发展。学校内涵式发展是社会发展进步的要求，是我国进一步推进素质教育的要求，内涵式发展的重视与推行，必能带来教育质量的提高，更好地促进教育事业科学发展，为培养出色的科技人才打好基础。基础教育要强化培养学生的创新思维与创新能力，彻底改变应试教育导向。高校要实现内涵式发展，必须始终把提高教育教学质量作为出发点和落脚点，一切工作都要服从和服务于学生的成长成才。①要以"双一流"建设为引领，加强师资队伍建设，建设高层次人才队伍，不断提升教学育人水平，同时，要立足实际、突出特色、调整结构，构建优势学科引领，多学科相互支撑、交叉渗透、协调发展的学科体系。②要增强创新发展能力。新时代必须更新观念，摒弃以量的扩张为主的传统高等教育发展理念和方式，开创一条以创新驱动、质量优先、内生增长的道路，确保人才培养与时代变化相适应、与经济社会发展相融合。应积极探索提供差异化、个性化、多样化的教育服务，使教育教学由以教为中心向以学为中心转变。同时要及时为学生提供更多前沿知识，培养利用云计算、大数据、人工智能等手段获取知识、转化知识的能力。③高校要充分发挥在人才培养、科学研究、社会服务和文化传承方面的作用，明确自身在服务国家发展中的定位，瞄准国家发展战略问题、科技发展前沿问题、国计民生重大问题、区域经济社会发展关键问题等开展研究，调整优化学科(专业)设置、改革教育培养模式与方法、改革考试招生制度，坚持以重大现实问题为导向，为政府当好参谋助手，为社会主义现代化强国建设提供高水平的智力支撑和服务，增强服务经济社会发展的能力。同时，要广泛深入开展与企业的合作，把更多科研成果转化为现实生产力。④办好人民满意的教育，是满足人民日益增长的美好生活需要的题中应有之义。高校作为人才培养的供给端，必须树立科学人才观，坚持因材施教，既要强化拔尖创新人才的培养，努力培养各领域的领军人物，也要把提升

---

① 党的十九届四中全会《决定》全文发布. (2020-05-29). http://www.dangjian.cn/shouye/zhuanti/zhuantiku/dangjianwenku/quanhui/202005/t20200529_5637941.shtml.

学生就业能力和社会整体素质作为重要努力方向，让学生的知识面更宽、技能更强、就业面更广。

其次，破旧才能立新，要想打造一支过硬的科技创新人才队伍，首先要做的就是要改革原有的、不符合发展需求的人才计划和评价体系。①精简、完善人才计划。清理各级政府和各类机构层层设立的人才计划，取消"帽子式"的人才计划与工程，系统调整科技人才工作的供给政策，出台法规制度保障创新主体的用人自主权，引导用人单位根据自身发展和国家战略需要自主设定人才引进使用计划。减少人才"标签"化，停止政府公示人才名单的做法，将配套资源从引入环节调整到使用评价环节，采取财政资源后补助模式，管控人才引进风险，切实提高用人单位海外人才引进和使用质量。②改革人才评价体系。人才评价体系建设是一个长期实践、循序渐进的过程，它不仅与社会发展、科技进步同步，还肩负着对科技发展进行前瞻性预测并做出快速应变的重任。科学的人才评价系统，不仅要保证评价过程的科学、合理，还要保证评价结果的客观、公正。为此，创新型科技人才评价需要精心组织和认真实施，要针对科技事业发展中的薄弱环节及时进行优化整改，针对科技投入存在的目标差异进行及时调整、修正，以实践效果检验多元评价系统的客观性。创新型人才的评价是一项复杂的系统工程，应从多方面、多角度、多层次地进行全面的考核与评估。为了真实地反映出创新人才的基本特征，保证评价结果的可靠性与客观性，在设计评价指标时应遵循以下五个原则。①坚持价值导向。回归质量本质，打造一支有创新力的人才队伍，不仅要注重能力和业绩，更要体现创新导向，要以提升自主创新能力、加快科技成果转化，促进科技和经济相结合为目的，要与责任和效益挂钩，注重成果的价值体现，建立鼓励创新的文化氛围。②坚持以科学性为基础。全面、客观、准确地评价人才的真实能力及水平，要遵循科技人才成长规律和科研规律，合理地选定评价指标，确定指标权重，并保证各项指标间相互独立，指标内层次清晰。③强化可操作性。评价指标的选取要做到易于操作，指标尽可能量化、具体，既不能简单定量，也不宜过于繁复，同时注重定性、定量评价相结合。④彰显多元化。无论是评价主体还是评价对象、评价方式还是评价目的，都要充分考虑其多元化的特征，注重多维度区分特点，多层次客观评价，多方面综合认定，注重各指标间的支持度、印证度、匹配度。⑤标准动态化。不同的领域和岗位有着不同的能力特点，人才评价是一个动态过程，人才评价体系应当是一个动态的评价体系，要随着评价目的、人才队伍发展情况及经济社会等其他因素的变化对指标体系适时、适度进行调整。只有不断发展前进，才能贯彻落实中央对人才工作的要求，不断完善体制和工作方式，充分释放人才的创新活力。人才评价指标体系如图 4-4

所示。

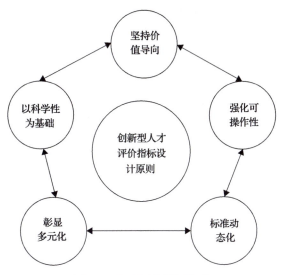

图4-4 人才评价指标体系

　　打造对接地方重大需求、产业特色和转型发展的一流人才队伍。一个地方要发展，关键要抓人才队伍建设，关键要以人才为驱动。各地方要深刻领会习近平总书记"人才是第一资源"的重要思想[①]，深入实施人才优先发展战略，以改革推动人才政策创新突破和细化落实，让各类人才的创造活力竞相迸发，聪明才智充分涌流。各地强化人才吸引强度，结合当地经济发展现状和产业发展需求"量体裁衣"，制定人才引入方向性制度，制定不同的人才政策内容。鉴于一线经济发达地区人才处于饱和状态，其主要引进人才目光都集中在高精尖缺上，而其他二三四五线城市在面对经济发达地区人才"溢出"效应的同时，不可避免想争夺吸收"溢"出来的这一部分人才，在宏观调控下的市场经济中，人才自然是流向人才红利最优、发展前景最佳、支持力度最大的地区。各地要因地制宜、因时制宜，做好人才的对接引进工作，激励人才在社会发展中发挥出最大效能。要结合地方经济状况、产业特色等情况引进适合自身发展的人才。

4.3.2　一流的创新平台

　　科技创新平台是以提升创新能力为目标，以产学研等创新主体为依托，汇聚人才、资金、信息等多类创新要素，提供系列科技服务的设施平台。推动科技创

---

① 习近平：发展是第一要务，人才是第一资源，创新是第一动力. (2018-03-07). http://www.gov.cn/xinwen/2018-03/07/content_5272045.htm.

新平台发展，不但是顺应科技发展潮流、提高创新绩效、带动产业升级的现实需要，而且对提升创新能力、实现高质量发展具有重要意义。

　　大学、科研院所、企业是推动创新的三大主要力量，政府部门通过体制机制创新进一步激发它们的活力，而平台则是科技创新体系中各类要素交汇聚集之地，通过引导资源要素聚集优化、推动协同创新，以及强化科技服务支撑来发挥协调与支撑的作用。因此，要想有效地发挥科技创新平台的功能，最主要的是处理好产学研主体间的互动关系、创新创业与科技服务的供需关系以及科技创新与产业发展的支撑关系，着力通过组织模式和管理创新，改善平台运作机制，提升平台运作绩效，促进科技创新向生产力的高质量转化。

　　我国创新创业服务机构的对象包括科技企业孵化器(高新技术创业服务中心)、大学科技园、生产力促进中心、众创空间(图4-5)。创新创业服务机构的发展已经由单一的生产力促进中心扩大到创业服务中心、孵化器、科技园，再聚焦到众创空间的过程。我国科技企业孵化器和大学科技园主要通过设定标准化门槛和评估指标促进其规范化发展。当前鼓励众创空间发展是我国创新创业服务机构

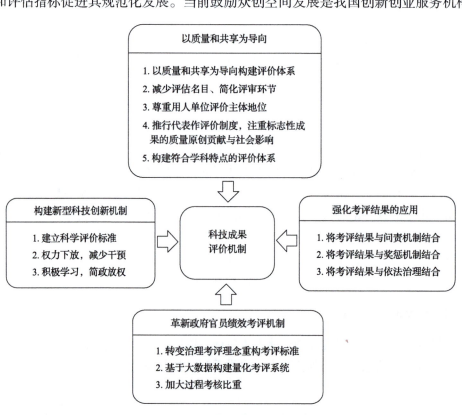

图4-5　一流创新平台的打造

的重点。众创空间是我国新兴起，也是当前中央政策支持最明确、最集中的一类创新创业服务机构。众创空间是顺应网络时代创新创业特点和需求，通过市场化机制、专业化服务和资本化途径构建的低成本、便利化、全要素、开放式的新型创业服务平台的统称。众创空间和科技企业孵化器、大学科技园、生产力促进中心是不同的载体，它们承担着不同的使命，功能定位不同，服务方向和内容也不尽相同。作为一个新兴的开放创新平台，众创空间目前更多是围绕筛选和培育处于"苗圃阶段"的创新创业项目，开展一些小规模的孵化器前期的服务性工作，与传统孵化器相比，众创空间更注重创意的转化，提供的服务比传统孵化器更多。

建设新型创业创新平台，为更好实施创新驱动发展战略、推进大众创业万众创新提供低成本、全方位、专业化服务，可以更大程度释放全社会创业创新活力，增强实体经济发展新动能，增加就业岗位，为化解过剩产能创造条件。一要依托国家自主创新示范区、高新技术产业开发区等，试点建设一批国家级创新平台，推动各地发展各具特色的双创基地，选择电子信息、高端装备制造、现代农业等重点领域，通过龙头企业、中小微企业、科研院所、高校、创客等多方协同，打造产学研用贯通的众创空间，促进制造业增效升级和现代服务业发展。二要加大政策扶持，鼓励将闲置厂房、仓库等改造为双创基地和众创空间，对办公用房、水电、网络等设施给予补助。引导和鼓励天使投资、创投基金等入驻双创基地和众创空间，选择金融机构试点开展投贷联动融资服务。三要落实研发仪器设备加速折旧、研发费用加计扣除等税收优惠，改革完善创新成果收益分配制度，支持科技人员到双创基地和众创空间创新创业，对其创业项目知识产权申请、成果转化和推广应用给予政策扶持。

激活管理各类创新创业服务机构。自 2019 年 1 月 1 日至 2021 年 12 月 31 日，对国家级和省级科技企业孵化器，大学科技园和国家备案众创空间自用以及无偿或通过出租等方式提供给在孵对象使用的房产、土地，免征房产税和城镇土地使用税；对其向在孵对象提供孵化服务取得的收入，免征增值税。科技、教育和税务部门应建立信息共享机制，及时共享国家级、省级科技企业孵化器、大学科技园和国家备案众创空间相关信息，加强协调配合，保障优惠政策落实到位。对于生产力促进中心，进一步确立生产力促进中心的法律地位，加大科技部对生产力促进中心的支持力度，地方科技行政部门要制定本地生产力促进中心发展计划，加强对生产力促进中心的支持和管理，鼓励设立生产力促进中心专项资金，要将行政管理改革中能够赋予科技中介机构的职能优先委托生产力促进中心。充分发挥中国生产力促进中心协会和各地方协会的作用，完善业务规范，加强行业自律。

中共中央、国务院印发的《国家创新驱动发展战略纲要》明确要求"创新群体从以科技人员的小众为主向小众与大众创新创业互动转变";"发展众创空间，依托移动互联网、大数据、云计算等现代信息技术，发展新型创业服务模式，建立一批低成本、便利化、开放式众创空间和虚拟创新社区，建设多种形式的孵化机构，构建'孵化+创投'的创业模式，为创业者提供工作空间、网络空间、社交空间、共享空间，降低大众参与创新创业的成本和门槛。"发展众创空间不需要细化的指标，也不过度强调硬件条件，更不从数量上鼓励大发展，它的重点是明确众创空间的服务功能和主要特征，鼓励各地积极探索，百花齐放。将符合条件、运行良好的众创空间经备案后纳入国家级科技企业孵化器管理服务体系。

4.3.3 一流的研发项目

一流的研发项目坚持以一流创新与贡献为导向，以机制创新激发动力，搭建全员干事创业的舞台，增强国家制度体系竞争力，主要瞄准科技前沿，围绕国家经济社会发展中的前沿关键科学技术问题，支持科研人员开展原始创新和自由探索。不仅鼓励自主开展探索性、原创性研究，而且在科研过程中开展延续和深化研究。除此以外，一流的研发项目主要围绕关键科学技术问题开展具有颠覆性的重大原创性研究和系统、深入的应用基础研究，着力实现前瞻性基础研究、引领原创性成果重大突破，并且聚焦重大原创性、交叉学科创新等研究，培养和造就某一领域内创新能力强，在国际独树一帜、在国内绝对领先的研究人才与群体。支持科研人员挑战传统科学范式，开展创新性强、风险性高、实现难度大，具有不确定性和颠覆性的新理论、新方法和新技术的原创研究和探索研究。一流的研发项目的科研资金使用越来越灵活，有力推动了以机构为中心的创新模式向以团队为中心的创新模式的转变，极大激发了科研人员从事创新创造的热情和动力。

制定科技强国行动纲要，健全社会主义市场经济条件下新型举国体制，打好关键核心技术攻坚战，提高创新链整体效能。加强基础研究、注重原始创新，优化学科布局和研发布局，推进学科交叉融合，完善共性基础技术供给体系。因此，处理好一流研发项目中的重点项目和一般项目的关系，对我国实施创新"三步走"战略具有重要意义。重点项目主要聚焦科技发展战略和深化改革重大问题，以及具有基础优势和科研特色的科技智库实施的研究项目；主要聚焦重点行业产业领域关键核心技术瓶颈问题和重大社会公益需求，开展产学研协同创新，强化技术集成和规模化应用，突出新技术、新工艺（方法）、新产品在行业产业发展中的支撑引领作用。将以科技发展的全面跃升带动产业的跨越发展为目标，在重点领域、重点产业，通过科技重大专项实施，实现核心技术突破和资源集成，获得一批重大新产品、关键共性技术及示范性规模生产等标志性成果。在规划布局和实施方面，重点项目主要突出支撑产业发展、科技资源整合、打造中国特色等特点。随着国家科技体制和事业单位分类改革的不断深化，社会化和市场化的专业机构在项目管理机制和经费监督机制等方面日趋成熟，一般研发项目的布局更是不可忽略。在一般研发项目的布局中要注意项目布局的空间全局性、时间全局性、前后一致性、灵活性、新颖性等特点，更加注重顶层设计和项目执行后的后评估与产业化服务，加强科技、经济、社会等方面政策的统筹协调和有效衔接，加速放大科研成果的落地与转化。此外，在项目考核上建立一套新的监管模式，突出项目评价的激励和导向功能，鼓励项目承担人敢于面对市场竞争，积极争取社会资源，致力于把科研成果转化为推动经济社会发展的现实动力。

中国土地广阔，资源丰富，不同的地方有不同的物资特色，适宜发展不同的科研项目，才能创造出一流的研发成果。山西主要进行煤炭科研项目的布局，如潞安矿业(集团)有限责任公司 180 万 t 高硫煤清洁利用一体化项目全系统成功试运行，产出合格的第一桶煤基高端合成油。这一项目集成了国际先进技术，用 5 年建成了国内唯一的劣质煤转化产业基地，完成了从 1.0 版燃料油到 2.0 版高端精细化学品的产业升级，实现了煤炭的清洁高效利用，标志山西煤炭进入了高效清洁转化利用的新时代，为国家科技创新重大工程作出了成功示范，也是山西打造能源革命排头兵的一个重要里程碑。南方的稀有金属资源丰富，适宜发展半导体产业，因此进行半导体产业布局是具有发展前景的科研布局。正如当前中国正面临着半导体第三次产业转移的历史性发展机遇，易事特集团股份有限公司跟踪国际前沿技术发展动态，积极投身于第三代半导体技术引领的全球高频电能变换与控制技术革命，培育与发展公司颠覆性产业技术，为半导体产业的国产替代提供强有力的技术支撑，为后续形成设计、制造、封装和配套等完整的产业链打好坚实基础。新疆丰富的石油资源利用如何进一步走向深入，如何破解这一产业发展中遇到的一系列难题？为解决这一难题，进行石油产业科研布局，新疆整合多方优势资源，聚力发展重点，协同建立起了资金政策体系保障，着力提升学校服务区域发展能力，并且对接区域发展战略，利用学校科研优势，聚焦服务国家大型新能源基地建设，结合企业需求，与相关公司开展深入合作，研发独立变桨控制技术并实现产品化，填补国内技术空白。

4.3.4　一流的体制机制

当前中国经济结构性、体制性与周期性问题相互交织，发展不平衡、不协调的问题不断凸显。为解决经济发展不平衡与不协调的问题，需要依赖地方政府治理能力的提升与现代化。打造以创新为底色的体制机制运行环境需要以科技创新驱动技术成果转化，同时完善现有双创体系，激发全社会创新动力。创新需要有适宜的"土壤"，需要资本的支持，有鉴于此，需要推动科技与金融深度融合，增强多层次资本市场支持，具体如图 4-6 所示。

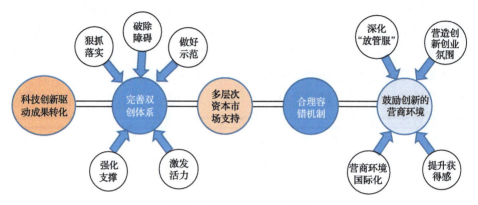

图 4-6　打造创新生态环境

1. 以科技创新驱动技术成果转化

现代化经济体系，需要地方政府的全力参与，推动地方政府治理体系能力新提升和能力现代化具有重要的现实基础和经济效益。在治理能力现代化过程中，关键要立足科技创新，释放创新驱动效能，让创新成为发展基点，靠创新打造发展新引擎。

中国近年来积极推进创新驱动发展战略，持续扩大高校和科研院所自主权改革，着力提升创新绩效，增加科技成果攻关；完善科技成果转化链条，让更多成果走向市场，在基础研究、前沿技术、高端装备、重大工程等领域取得一批重大成绩。科技创新引领作用不断增强的背后是持续深化的改革之力。然而，中国科技与经济联系不够紧密的深层次问题仍有待进一步破解，这就需要我们尽快破除科技成果转化过程中的关隘，以各方合力共同推进中国科技成果加快转化，深化改革创新。

推动科技成果转化，要建立健全科技成果转化机制，打通产学研创新链、产业链、价值链。经过多年发展，中国基础科学研究已取得长足进步，但与建设世界科技强国的要求相比，短板依然突出。补齐这一短板、强化薄弱环节，迫切需要健全基础科学研究评价体系，尤其是要抓好科研人才建设、科研激励机制等制度落实，激发创新创造活力，鼓励培养更多顶尖人才和团队，从而全面增强科技创新能力，在新一轮全球竞争中赢得战略主动。

2. 完善双创体系，激发全社会创新动力

(1)狠抓落实。以"踏石留印、抓铁有痕"的劲头，坚决贯彻落实中共中央、国务院关于大众创业万众创新各项部署，创造性地开展工作。加快推进实施《"十三五"国家战略性新兴产业发展规划》和《战略性新兴产业重点产品与服务指导目录》，制定分享经济发展指南，加快推进"互联网+"行动，同时做好各项双创政策的督查和评估，确保各项政策措施都能够落地生根、开花结果，使创业者充分享受政策的便利和实惠。

(2)破除障碍。针对制约双创发展的体制机制瓶颈，在商事制度、信用体系建设、知识产权保护、人员自由流动、科技成果转移转化等方面不断改革创新；推进"互联网+"政务服务，研究制定互联网市场准入负面清单，努力营造更加公平的市场环境和体制环境。

(3)做好示范。深入推进全面创新改革试验，在京津冀等 8 个区域尽快形成一批改革成果；建设好首批 28 家双创示范基地，梳理各地新思路、好做法，打造"创响中国"好经验，及时向全国推广。

(4)强化支撑。针对创业创新成本高、融资难等突出问题，研究完善扶持小微企业的税收优惠政策；运用好国家新兴产业创业投资引导基金和中小企业发展基金，强化知识产权质押融资，深化创业板改革；推动众创空间和中小企业平台网络建设，提升服务双创能力。

(5)激发活力。精心组织办好"创响中国"巡回接力等重大活动，不断营造创业创新良好社会氛围，持续弘扬创业创新文化，进一步激发各类市场主体的创业创新活力和潜能。

3. 推动科技与金融深度融合，强化多层次资本市场支持

要强化金融资源的优化配置，加大金融创新力度，灵活运用各种金融工具，为创新主体和产业主体提供多元化、差异化、定制化的融资服务，覆盖科技创新活动全过程、企业发展全生命周期。要培育和壮大天使、风投、创投机构，发挥好各类产业基金作用，加强抵押担保、信用贷款、保证保险等综合服务，用好各类债务融资工具，强化多层次资本市场支持，为企业实现直接融资创造条件。

4. 健全鼓励创新、宽容失败及合理容错机制

科学研究与科技创新是一个逐步积累、缓慢积淀的过程，而已洞察真理为主旨的基础研究则更需要长时间的探索与坚持，创新成果的长周期、探索性、不确定容易导致对科学家价值的忽视。因此为了顾及科研人员的积极性和创新性，科技部门需要建立并完善符合基础研究特点和规律的评价机制，建立鼓励创新、宽容失败的容错机制，鼓励科研人员大胆探索，挑战未知。

5. 打造鼓励创新的营商环境

以持续创新的策略和机制保证和谐有效的营商环境对于推动地方治理体系和能力现代化具有重要的促进作用。

(1)持续深化"放管服"改革。简政放权，降低准入门槛。从企业需求出发，按照"能减则减、能放则放、能优则优"的原则，最大限度减少投资项目审批、生产经营活动审批。公正监管，促进公平竞争，发挥市场在资源配置中的决定作用，努力营造稳定、公开、透明、可预期的营商环境。

(2)提升企业获得感。优化政务环境、融资环境、法治环境、诚信环境、税务环境。

(3)营造创新创业的氛围。完善公共平台服务。打造一批软件园、电子信息园、创新科技园等特色科技产业园，积极引导高新技术产业向科技产业园集聚。大力发展创业服务中心、生产力促进中心、信息服务中心等科技创新服务机构，发展与高新技术产业成果转换、产业化进程相配套的各种中介服务。加强政策导向服务，完善风险投资机制，营造良好的创新融资环境。

(4)推动营商环境国际化。从基本国情出发，在营商环境优化上更多兼顾国际通行规则。以自贸区为抓手，对标 WTO、FTA 国际营商环境标准，实施商事制度集成化改革，创新便利企业登记举措，改革投资审批流程，大幅压缩企业开办环节时间。营造高度开放的社会文化氛围。在公共安全、公共服务、文化氛围等方面形成与国际接轨的体制机制，吸引全球先进生产要素向区域集聚。参与国际经济体系变革和规则制定，在全球性议题上，主动提出新主张、新倡议和新行动方案。

4.4　本 章 小 结

本章主要介绍了科技创新的战略导向、目标规划和重点领域。科技创新的战略导向分为四个方面，即面向世界科技前沿、面向经济主战场、面向国家重大需求、面向人民生命健康。科技创新战略具体实现措施为：抓战略——抓发展、谋未来，落实国家总体战略，确定国家发展全局的核心位置；抓规划——发挥政府作用、发挥规划的战略导向作用、用规划明确投资方向；抓政策——把创新作为最大政策，强化政策供给，降低成本和风险；抓服务——促进制度和治理转化融合，在服务中实施管理、在管理中实现服务。

科技创新的重点领域分为四个方面：①一流人才队伍，即大力培养造就创新型科技人才，实施人才优先发展战略；②一流创新平台，建设新型创业创新平台，实施创新驱动发展战略；③一流科研项目，以一流创新与贡献为导向，主要瞄准科技前沿，围绕前沿关键科学技术问题科研攻关；④一流体制机制，即以创新驱动成果转化，完善双创体系，推动科技与金融深度融合，健全鼓励创新的容错机制，打造鼓励创新的营商环境。

第 5 章

地方科技创新发展现状

5.1　世界主要国家科技创新水平对比

创新是推动社会发展的第一动力，对经济高质量发展的推动作用十分显著，而科技创新能力是最能体现国家和地区创新能力的指标。科技创新具有乘数效应，不仅可以直接转化为生产力，还可以间接提高其他生产要素的生产力，进而提高社会整体的生产力水平。依靠科技创新提高生产和服务的产出，增加国民收入，推动经济发展，是国家和地区的必然选择。

当前，世界上各个国家之间的竞争关系已经由传统的资源、人口和领土面积等要素转向科技创新能力、体系以及水平。在这样的背景下，世界上各个国家政府、企业和研究机构都对科技创新愈发重视。因此，为了能更好地对中国各个地区科技创新发展现状进行分析，首先有必要明晰当前中国科技创新整体水平在世界上的定位，并就一些关键指标和世界科技创新领先国家进行对比。

5.1.1　R&D 投入情况对比

1. R&D 投入总量

R&D 投入总量数据反映的是一个国家/地区在科技创新方面的总体投入水平。由图 5-1 可以看出，美国研发总投入遥遥领先且稳定增长。中国近年来研发投入增长速度非常快，到 2018 年研发总投入已逼近美国。日本、德国紧随其后，分别占全球研发总投入 7%～8%。韩国研发总投入逐年上升态势，法国、英国研发总投入体量大致相当。

2. R&D 投入强度

R&D 投入强度通过计算研发投入占 GDP 的比重得来，其反映各个国家/地区对科技创新的重视程度。自 2010 年起，韩国研发投入强度跃居所选研究对象国榜首，2018 年其研发投入占 GDP 比例达到 4.53%（图 5-2）。日本、德国紧随其后，

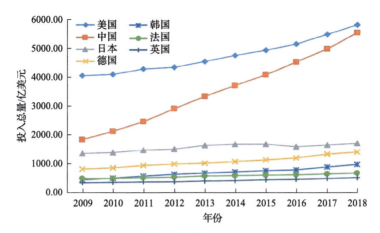

图 5-1　不同国家研发投入总量

资料来源：经合组织（OECD）数据统计，http://data.oecd.org/。图 5-1～图 5-7 数据来源相同

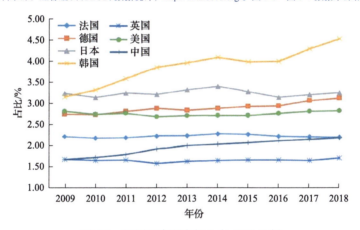

图 5-2　不同国家研发投入占 GDP 比例

研发强度为 3% 左右。美国尽管研发投入总量最高，但其研发投入占 GDP 之比并不高。中国研发强度小幅攀升，从 2009 年 1.66% 提升至 2018 年 2.19%，已超过英国，接近法国水平（图 5-2）。

5.1.2　研发经费使用情况对比

1. 研发经费执行部门

图 5-3 为研发经费的具体执行部门（政府、企业、高等教育机构以及私营非营利性机构）。从经费执行部门组成来看，世界上 7 个主要国家的企业部门研发执行总量都占绝对优势，韩国、日本、中国等亚洲国家企业部门执行经费在 2018 年占国内研发经费比例近 80%。美国企业部门执行经费占国内研发经费比例 72.58%。

其他国家略低。在政府部门执行的研发经费方面，7 个国家占比为 6%～15%，其中中国政府执行经费占比最高，为 15.18%。高校执行的研发经费占其研发经费总量的范围为 7%～23%，中国高校研发经费占比最低，仅为 7.41%。

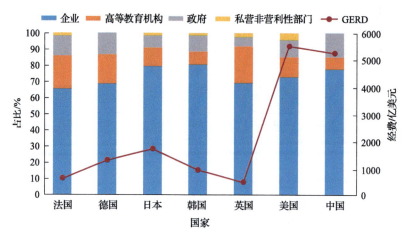

图 5-3　不同国家研发经费的执行情况

GERD 即国内研发总经费 (gross domestic expenditure on R&D)

2. 研发经费使用方向

结合图 5-4，从研发经费使用方向来看，各国关注基础研究、应用研究和试验发展的程度不同。2018 年，英国、美国等 5 个国家用于基础研究经费占其国内研发总投入 12%～23%。中国基础研究经费占比最低，2018 年占国内研发总投入比例仅为 5.54%。从应用研究经费来看，中国占比也最低，为 11.13%。英国、法国

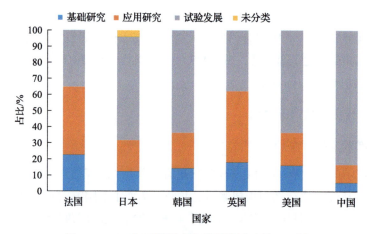

图 5-4　2018 年不同国家各类研发活动投入比例

应用研究经费占比最高，超过 40%。从总量来看，美国应用经费远远领先于其他国家，占比国内研发总投入 19.77%。从试验发展经费来看，中国占比最高，2018 年试验发展经费占比 83.33%。

5.1.3 科技创新产出情况对比

1. 高被引论文

高被引论文代表在科学研究中所发表的质量高、影响力大的顶尖论文。从图 5-5 数据来看，2008~2017 年美国高被引论文数量高居榜首，其占比约为 0.98%。英国、德国、法国虽然高被引论文总量与美国、中国有一定差距，但占比较高，分别为 1.15%、1.05%、1.03%。中国虽然有将近 2.7 万高被引论文，但占比只有 0.79%。

图 5-5 2008~2017 年不同国家高被引论文数量和比例

2. 三方专利

国际上常用三方专利统计数据来测度专利质量。从 2008 年到 2017 年，全球三方专利总数从不足 5 万件增至 5.3 万件。其中，日本三方专利数最高，每年 1.7 万件左右。美国每年 1.35 万件左右。德国稳居第 3 位，每年 5000 件左右；中国三方专利数量较小，但上升速度较快，由 2008 年 828 件上升至 2017 年 4100 件，跃居第 4 名(图 5-6)。

3. 知识和技术密集型产业

从全球知识和技术密集型(KTI)产业发展来看，美国 KTI 产业附加值占 GDP 比例始终领先(图 5-7)。日本 KTI 产业附加值波动较大，2010 年、2012 年占比接

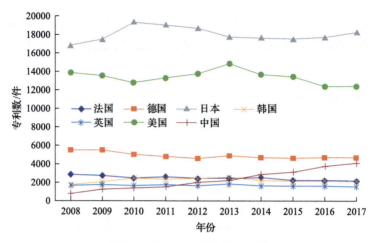

图 5-6   不同国家三方专利数量

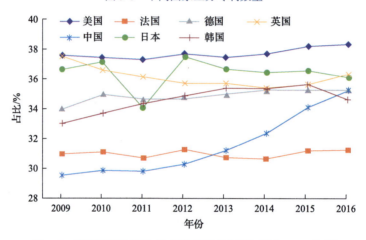

图 5-7   不同国家知识和技术密集型产业附加值占 GDP 比例

近美国,此后逐年下降。德国、法国 KTI 产业附加值占比较为稳定。中国 KTI 产业迅速发展,从 2009 年的 29.5%到 2016 年提升至 35.2%。

5.2   地方科技创新总体评价与关键指标分析

5.2.1   中国内地地方科技创新发展水平总体评价

地方科技创新水平是指一个地区在一定发展环境和条件下,从事科学发现、技术发明并将创新成果应用和获得经济回报的能力。广义上讲,地方创新发展水平是指一个地区整合创新资源并将创新资源转化为财富的能力,是一个地方促进经济社会发展的综合能力。地方创新发展水平可以从地方创新投入、创新产出、创新环境和创新成效四个方面进行度量。

如表 5-1 所示，地方创新能力指数由科技创新投入、创新产出、创新环境和创新成效四个方面选取指标，构建评价指标体系，共设置 4 个一级指标 16 个二级指标。基于中国内地 30 个省区市 2018 年的数据，应用熵权灰色关联分析法，可以得到目前中国大陆地区数据较为全面的 30 个地区创新发展水平指数如图 5-8 所示。

表 5-1　地方创新发展水平指标体系(据陈劲，2020)

一级指标	二级指标
创新投入	每万人科技活动人数
	R&D 经费占 GDP 比重
	R&D 经费支出
	R&D 人员全时当量
创新产出	每万人发明专利授权数
	每万人拥有 R&D 项目数
	万人输出技术成交额度
	万人 SCI 论文数
创新环境	每百家企业拥有的网站数
	有 R&D 活动的规模以上工业企业占比
	地方财政科技拨款占财政预算支出比重
	本科以上学历人数占就业人口比例
创新成效	高技术产品出口占货物出口额的比重
	新产品销售收入占产品销售收入的比重
	高技术产业产值占 GDP 的比重
	单位能耗创造的 GDP

由图 5-8 可以发现，北京、上海、广东、浙江和江苏等地区的创新水平相较于其他地区具有明显优势。但地区之间差距很大，排名靠后的新疆、青海和黑龙江等与头部区域相比，存在较大差距。

5.2.2　中国内地 30 个省区市科技创新水平基本指标分析

结合上一小节中国内地 30 个省区市地方创新发展水平的总体评价，在这一节中对评价指标体系外的一些其他基本指标进行逐项分析。

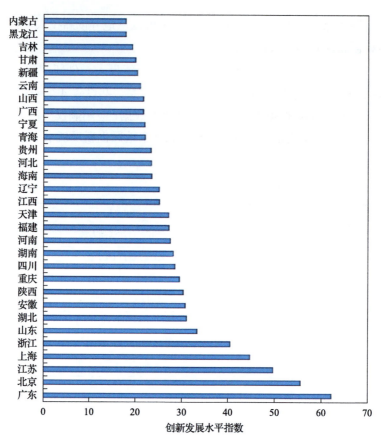

图 5-8　中国内地 30 个省区市创新发展水平指数（2018 年）

资料来源：指标数据源于《中国统计年鉴 2020》《中国能源统计年鉴 2020》和《中国科技统计年鉴 2020》，经计算得来

1. 高校和科研院所研发经费内部支出额中来自企业的资金

高校和科研院所研发经费内部支出额中来自企业的资金这个指标反映了高校和科研院所与企业联系的紧密程度，侧面也可以反映科技创新的指向性。由图 5-9 可以看出，北京高校和研究所获得的企业研究经费最多，南部和东部沿海地区也较多，而中西部地区高校和科研院所来自企业的研发经费较少，地区间差异非常明显。

2. 技术市场交易额

技术市场交易额指登记合同成交总额中，明确规定属于技术交易的金额，即从合同成交总额中扣除所提供的设备、仪器、零部件、原材料等非技术性费

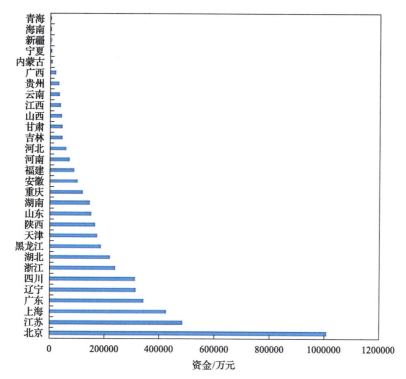

图 5-9　中国内地 30 个省区市高校和科研院所研发内部支出额中来自企业的资金
资料来源：指标数据源于《中国统计年鉴 2020》《中国能源统计年鉴 2020》和《中国科技统计年鉴 2020》，
本节图 5-9～图 5-14 数据来源相同

用后实际技术交易额。技术市场交易额反映技术转化的活跃程度。从图 5-10 中可以发现，北京、广东和江苏的技术市场交易额在 30 个省区市中处于领先水平。地区之间技术市场活跃程度差异明显，排名最后的五个地区总额甚至不及北京地区。

3. 规模以上工业企业引进技术经费支出

由图 5-11 可以看出，中国内地 30 个省区市在规模以上工业企业引进技术经费支出这一项指标上层次明显。广东和上海在这一项指标上遥遥领先。中西部以及东北的吉林和黑龙江在这一项指标上较为落后，部分省份甚至为零。

4. 规模以上工业企业研发活动经费内部支出总额

由图 5-12 可以看出，中国内地 30 个省区市在规模以上工业企业研发活动内部支出总额这一项指标上大致呈现阶梯形。广东和江苏位于第一阶梯，领先其他地区且领先幅度较大。山东和浙江位于第二阶梯，虽然落后于江苏和广东，但仍遥遥领先其他地区。上海、河南、湖北、福建、湖南和安徽位于第三阶梯，数值大致相同。

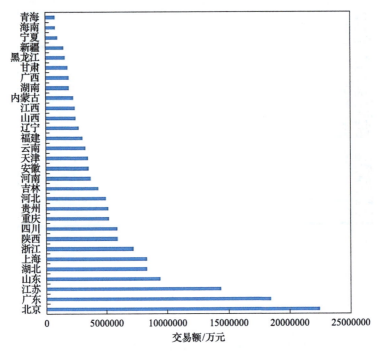

图 5-10 中国内地 30 个省区市技术市场交易额

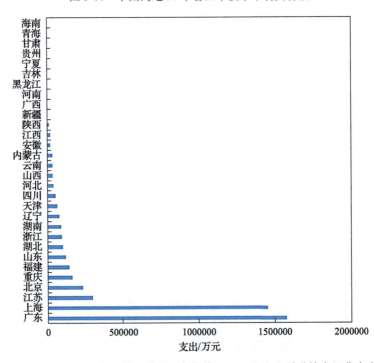

图 5-11 中国内地 30 个省区市规模以上工业企业引进技术经费支出

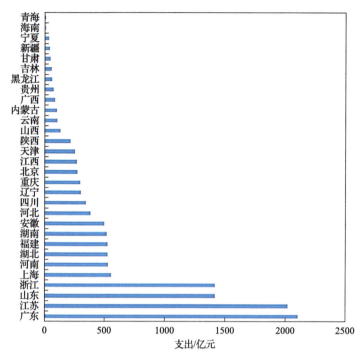

图 5-12　中国内地 30 个省区市规模以上工业企业研发活动经费内部支出总额

5. 作者异国合作科技论文数

作者异国合作论文数可以侧面反映一个地区跨国科学研究的开展情况。由图 5-13 可以看出,北京在这一项指标上遥遥领先,江苏、上海和广东次之。中西部地区作者异国合作论文数目较少,反映出这些地区跨国研究的开展普遍较少,与国际上先进高校、科研机构的合作有待进一步加强。

6. 外商投资企业年底注册资金中外资部分

外资企业在我国一般集中在信息业、高端制造业以及高新技术产业,故一个地方外商投资额可以反映该地区经济国际化的程度。由图 5-14 可以看出,广东在这一项指标上处于领先位置,江苏和上海次之。北京、浙江、辽宁和山东等外商投资额也较多。青海、新疆、宁夏、内蒙古和甘肃等地区吸引外资的能力较弱。

5.2.3　中国内地不同区域创新发展水平分析

在 5.2.1 节和 5.2.2 节两节中对地方科技创新能力进行了分析。由于需要对全国各省、自治区、直辖市的截面数据进行比较,省份过多,研究对象繁杂,因此

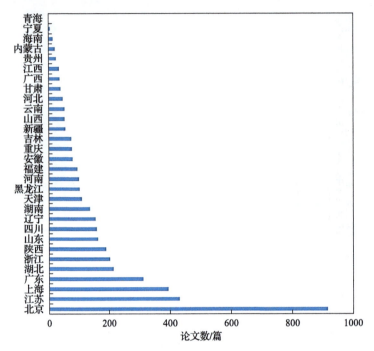

图 5-13　中国内地 30 个省区市作者异国合作科技论文数

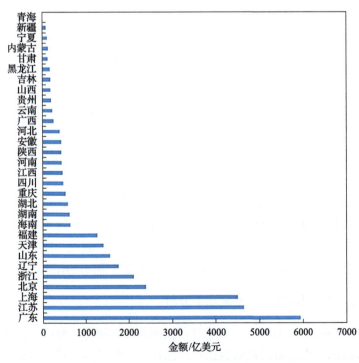

图 5-14　中国内地 30 个省区市外商投资企业年底注册资金中外资部分

本节将中国内地地区数据较为全面的 30 个省(自治区、直辖市)划分为八大综合经济区域:东北综合经济区,包括辽宁、吉林、黑龙江;北部沿海综合经济区,包括北京、天津、河北、山东;东部沿海综合经济区,包括上海、江苏和浙江;南部沿海综合经济区,包括福建、广东和海南;黄河中游综合经济区,包括陕西、山西、河南和内蒙古;长江中游综合经济区,包括湖北、湖南、江西和安徽;大西南综合经济区,包括云南、贵州、四川、重庆和广西;大西北综合经济区,包括甘肃、青海、宁夏、新疆。

为客观反映我国不同区域创新能力的实际状况,本节在创新投入、创新产出、创新环境和创新绩效等几个方面选取有 R&D 活动的规模以上工业企业占比、经费支出占 GDP 比重、R&D 人员全时当量、每万人发明专利授权数(件)、高技术产业产值占 GDP 的比重和单位能耗创造的 GDP 等指标,分析不同区域的表现。

1. 有 R&D 活动的规模以上工业企业占比

有 R&D 活动的规模以上工业企业占比反映了工业企业对研发活动的重视程度。通过计算 2014~2018 年八大综合经济区该指标数据,绘制有 R&D 活动的规模以上工业企业占比的发展趋势图,见图 5-15。

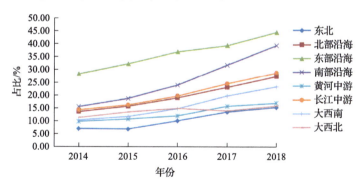

图 5-15　不同区域有 R&D 活动的规模以上企业占比

资料来源:指标数据源于《中国统计年鉴》《中国能源统计年鉴》和《中国科技统计年鉴》,图 5-16~图 5-20 数据来源与此相同

由图 5-15 可知,东部沿海综合经济区有 R&D 活动的规模以上工业企业占比高于其他地区。其次为南部沿海综合经济区,且其增速较快。长江中游、北部沿海、西南、黄河中游、东北综合经济区有 R&D 活动的规模以上工业企业占比发展趋势基本一致。2014~2016 年增幅较小,2016~2017 年有显著提升,长江中游、北部沿海综合经济区略高于其他区域,黄河中游综合经济区增速开始放缓。西北

综合经济区有 R&D 活动的规模以上工业企业占比在 2014～2016 年呈缓慢上升趋势，2016～2017 年稍有下滑，即有 R&D 活动的规模以上工业企业数明显减少，而在 2017～2018 年，该情况有所转变。

2. R&D 经费支出占 GDP 比重

R&D 经费支出占 GDP 比重（R&D 经费强度）衡量一个地区对研发创新活动在财力上的支持与重视程度，通过将 2014～2018 年八大综合经济区 R&D 经费强度数据绘制发展趋势图，见图 5-16。

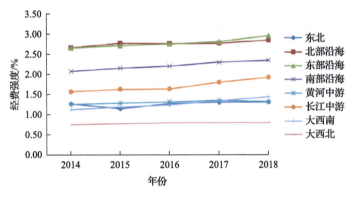

图 5-16　不同区域 R&D 经费强度

由图 5-16 可知，2014～2018 年中国八大综合经济区 R&D 经费强度总体呈上升趋势，但是增长的幅度并不大。数据表明各大经济区工业企业对研发创新活动愈加重视，但重视程度在区域间存在差异。东部沿海综合经济区、北部沿海综合经济区 R&D 经费强度相近，明显高于其他地区。南部沿海综合经济区、长江中游综合经济区 R&D 经费强度持续增加。大西南综合经济区的发展趋势与黄河中游综合经济区相似。2014～2016 年大西南综合经济区较黄河中游综合经济区稍落后，2017 年与其趋于一致，发展势态良好。东北综合经济区 R&D 经费强度在 2015 年有下降趋势，2016 年开始回升。大西北综合经济区 R&D 经费强度在 2014～2018 年一直处于最低水平，表明大西北综合经济区需要加强对研发经费的支持。

3. R&D 人员全时当量

R&D 人员全时当量指标反映区域对研发人力资本的投入情况。计算八大综合经济区该指标数据，将计算结果绘制 2014～2018 年八大综合经济区 R&D 人员全时当量的发展趋势图，见图 5-17。

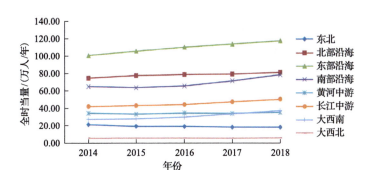

图 5-17　不同区域 R&D 人员全时当量

由图 5-17 可知，2014～2018 年东部沿海综合经济区 R&D 人员全时当量水平和增速均高于其他地区，与其他区域的差距逐年拉大。北部沿海综合经济区 R&D 人员全时当量保持上升趋势但增长速度较为缓慢。南部沿海综合经济区近年来增速较快，在 2018 年已经接近北部沿海水平。长江中游地区增长趋势与北部沿海地区类似，总量保持 50 万人/年左右水平。黄河中游和大西南综合经济区发展水平基本相似，2018 年在 40 万人/年。东北综合经济区 2014 年后 R&D 人员全时当量呈缓慢下降趋势，即研发人员资本投入出现明显缩减，说明该区域应当增加人才引进量。大西北综合经济区 2014～2018 年 R&D 人员全时当量基本保持不变，处于较低水平。

4. 万人发明专利授权数

万人发明专利授权数是发明专利授权数与每万人常住人口的比值，反映一个国家或地区科技创新产出的质量。计算八大综合经济区该指标数据，将结果整理成数据绘制 2014～2018 年各地区每万人发明专利授权数的发展趋势图，如图 5-18 所示。

由图 5-18 可知，我国 2014～2018 年每万人发明专利授权数在八大综合经济

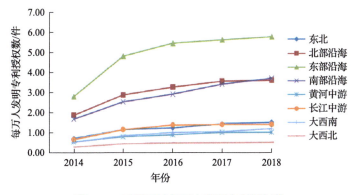

图 5-18　不同区域每万人发明专利授权数

区可分为 3 个层次。首先为东部沿海综合经济区，其每万人发明专利授权数明显高于其他地区，且逐年增幅明显。其次为北部沿海和南部沿海综合经济区，两个综合经济区每万人发明专利授权数同样表现出持续增长特征，南部沿海地区近年增速较快，呈现出超越北部沿海地区的态势。再次为长江中游综合经济区、东北综合经济区、黄河中游综合经济区、大西南综合经济区和大西北综合经济区明显低于其他综合经济区，表明这些综合经济区自主创新能力有待提升。

5. 高技术产业产值占 GDP 的比重

高技术产业产值占 GDP 的比重反映一国或地区高技术产业的整体发展状况，体现其创新经济效益。计算八大综合经济区该指标数据，将计算结果数据绘制成 2014～2018 年发展趋势图，见图 5-19。

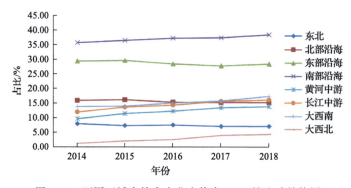

图 5-19 不同区域高技术产业产值占 GDP 的比重趋势图

由图 5-19 可知，2014～2018 年高技术产业产值占 GDP 的比重在八大综合经济区中发展趋势不同，该指标的数值大小反映出各个综合经济区的创新效益。南部沿海综合经济区高技术产业产值占 GDP 的比重领先其他地区，在 2014～2018 年呈略微上升的态势。东部沿海经济区 2014～2018 年高技术产业产值占 GDP 的比重下滑，说明该地区的企业创新效益在下降。大西南综合经济区、长江中游综合经济区、黄河中游综合经济区发展高技术产业产值占 GDP 的比重呈上升趋势，但黄河中游综合经济区高技术产业产值占 GDP 的比重低于前两者，在一定程度上反映了黄河中游综合经济区高技术产业创新经济效益不高。东北综合经济区和大西北综合经济区 2014～2018 年高技术产业产值占 GDP 的比重虽然都不足 10%，但前者一直呈略微下降的态势，而大西北地区的水平一直在提升。

6. 单位能耗创造的 GDP

单位能耗创造的 GDP 反映能源消费水平和能源利用效率。根据 2014～2018

年八大综合经济区指标数据绘制单位能耗创造的 GDP 的发展趋势图，见图 5-20。

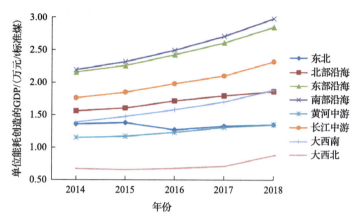

图 5-20　不同区域单位能耗创造的 GDP

由图 5-20 可知，南部沿海综合经济区、东部沿海综合经济区单位能耗创造的 GDP 发展水平高于其他区域，反映出这两个区域能源利用效率高。北部沿海和大西南综合经济区单位能耗创造的 GDP 增长量与增长速度在 2017 年之前较为接近，长江中游综合经济区能源利用效率总体高于后两者。黄河中游综合经济区单位能耗创造的 GDP 一直保持上升趋势，2016 年开始与东北综合经济区接近，2017 年与东北综合经济区基本一致，发展势头良好。大西北综合经济区单位能耗创造的 GDP 虽然在 2018 年有显著上升趋势，但是一直处于较低水平。

5.2.4　地方科技创新发展现状与问题

科技创新是推动地方治理现代化的关键手段与核心要素，完善地方科技创新治理体系，加强各个创新主体之间的融合以及合理调配相关的资源要素将有助于推动地方治理体系能力现代化。本章首先通过和世界各主要国家进行对比，对我国科技创新的总体情况进行定位；然后参照通用的创新能力评价指标体系对我国各个地方的科技创新水平进行了评价；最后依照地理位置及社会经济的联动情况将各个地方划分为八个经济综合区域，选取相关指标对各个区域的科技创新水平进行了分析。具体结论如下：

（1）总体取得了较大提升。从国际上来看，目前我国研发投入总量和强度都处于较为领先的水平。各个地方科技创新水平近年来都获得了一定程度的提升。创新投入持续增长，创新环境不断改善，创新产出持续增加，创新成效不断提高。

（2）地方之间差距较大。从数据分析的结果来看，我国各个地方之间科技创新水平差距比较大。北京、上海以及东部沿海和南部沿海地区无论是创新能力水平还是增长速度都比较高。而东北地区和西北地区的创新水平相对较低，个别指标甚至有下降趋势。需要完善稳定支持和竞争性支持相协调的机制，通过中西部地区水平的提升来推动我国整体科技创新水平的进一步发展。

(3)科技创新的效能存在更大释放空间。与国际上科技创新水平先进国家相比，我国科技创新投入结构上仍存在优化空间，应用研究和基础研究的比例需要提高。高校、研究院所和企业之间的关系需要加强。从国内地方对比，东部沿海地区的科研投入和总体创新水平都处于领先水平，但高科技产业的发展与南部沿海地区存在差距。中西部企业创新投入总量与强度不足，需要树立以企业为创新主体，完善以市场需求为导向的科技创新管理体系，实现科技创新和实际应用之间的良性循环与互动。

5.3 本 章 小 结

国家科技创新的总体水平是其各个地区的集成与整合，而地区科技创新的发展与提升同样需要以总体水平为参照和引领。基于此，本章首先就一些科技创新的关键性指标对比分析了中国和世界上一些科技创新领先型国家，明晰中国科技创新总体水平在当前世界的定位。然后，作者聚焦于地区层面，通过构建评价指标体系对中国各个地区的科技创新水平进行评价，结合评价的结果分析各个地区科技创新过程中存在的问题。通过本章的研究，作者试图发现中国科技创新发展中存在的一些阻碍因素，吸取世界科技创新先进国家的经验，探索中国科技创新提升的实现路径。

第 6 章

国内外科技创新的典型案例与启示

6.1 国外科技创新和科技治理的经验借鉴

6.1.1 以色列科技创新和科技治理经验

以色列为中东唯一一个自由民主制的国家，同时也为世界上唯一一个以犹太人为主体民族的国家。其作为一个人口八百多万的小国，国土面积仅相当于北京大小，且一半是沙漠，却创造了繁荣的经济奇迹。2020 年，在新冠疫情蔓延的大背景下，该国高科技初创企业的总投资仍达到了 95 亿美金。以色列能取得如此成就，与其对创新创业的高度重视密不可分。

据联合国相关组织统计，2018 年以色列研发经费投入占其经济总量的比重高达 4.94%，居于全球首位；而同期的美国研发经费投入占经济总量的比重为 2.8%，中国为 2.18%。相比之下，明显可见中国在科技研发上的投入还有较大的提升空间。

1. 全民创业的创新文化氛围

在以色列，平均每 2000 人便拥有 1 家高技术企业，如此高的比例和以色列人勇于创新、不惧失败的企业家精神密切相关，这也是以色列初创企业创新的重要源泉。在以色列创业失败被认为是"另一种成功"，他们在鼓励创新的同时对失败给予极大的宽容，他们认为在创新的道路上一定会存在风险经历挫折，要理解失败，对失败者多一些宽容，他们才能在不断的尝试中取得突破。因此以色列人民热衷于创业，64.7%的以色列人称创业是一个很好的选择。同时，以色列特别注重培养高校学生的创新创业能力，不但专门开授相关课程还会为创业学生提供针对性的指导，对于优秀的创业项目给予奖励和资助。

在以色列，学生、员工、低阶士兵可以畅所欲言，可以"挑战"权威和上级。以色列的集体讨论中先发言者一般都是地位最低或者年龄最小的成员，他们认为这种做法可以避免成员们出于对权威人士观点的跟从心理，而不敢发表自己的意见。在犹太人看来法律也不代表权威,可以不断地讨论、补充和修订。正是由于这样的精神,以色列人不拘于现实,创造了一个又一个沙漠变良田、海水变淡水的科技奇迹。

2. 容错机制

以色列在全社会形成的"容许试错,鼓励冒险"的创新创业氛围,在很大程度上得益于政府坚持"共担风险,但不分享成果收益"的原则。内外兼给力的政府,为初创企业提供了低息优惠贷款,创业成功,政府不分享知识产权,创业失败,企业无须承担偿还责任。以色列政府还会提供具有"借款"性质的科研经费资助,企业在接受资助开展研发创新活动后的每一年都要拿出其开发产品技术的利得或专利权转让所得的一部分返还"借款"。在研发项目没有成功的情况下,企业无须归还科研"借款",政府会与企业一起承担研发风险和资金损失。此外,政府还会通过税收减免政策给予创业企业补贴,在创业前期优惠最高 20% 的税收,或直接免除税费,或让企业作为补贴向员工发放。这都在很大程度上鼓励了全社会的创新创业,越来越多的科研型人才尝试将自己所学转为所用,逐渐形成了良好的创新培育"生态环境",为国家经济的持续发展提供了保障。

3. 首席科学家制度

首席科学家制度是以色列政府主导国家科技发展的重要举措,极具代表性和借鉴意义。以色列首席科学家办公室(Office of the Chief Scientist,OCS),是以色列政府引导研发创新,贯彻落实国家战略的主要部门和核心机构,其机构设置如图 6-1 所示。以色列在经济部、工业部、卫生部、环境部、教育部等 13 个部门(第32 届内阁共 28 个部门)中实行首席科学家负责制,选拔任命首席科学家,首席科学家拥有制定本部门的政策方针、管理和监督地方研究机构和政府专项科研经

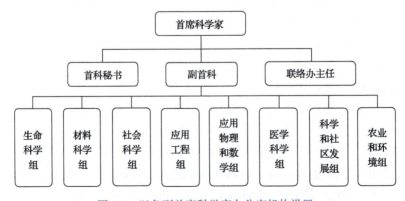

图 6-1　以色列首席科学家办公室机构设置

费的分配与使用等权力。以色列还通过首席科学家办公室建立了国家科学决策系统，主要承担各国科学政策的制订和决策、国家科学规划的管理和国家科研经费分配，以及与各种机构科学资源共享等日常科学管理工作。OCS 自成立以来，开展了一系列旨在促进技术创新的项目，包括竞争性研发项目(研发支持基金、网络安全产业升级基金、空间技术研发基金等)、预种子与种子计划(创新企业鼓励计划、技术孵化器等)、预竞争与长期研发项目(磁铁计划、磁子计划等)等(李晔梦，2021)。

随着全球化时代的到来，以色列的首席科学家制度也随之"升级"。2015 年以色列政府决定成立以色列国家技术创新局(NATI)，逐渐取代了经济部首席科学家办公室，全面统筹并对以色列各项科技事务行使管理职责(李晔梦，2017)。以色列国家技术创新局解决了原有首席科学家制度由于研发着力点分散导致的系列问题，确保了创新政策的市场适应性和灵活性，科研资金的来源渠道和数量也相应得到了增加。

4. 高效的风险投资机制

以色列人均获得创业投资资金金额居世界首位，是全球风险投资重地。以色列在风险投资方面值得借鉴的经验主要有：第一，政府基金仅在创业早期和国际化等高风险阶段给予企业融资资助，帮助企业降低风险，提高企业存活率；在项目走向收益和成功阶段，政府仅收回投资和补偿费用，不参与股权收益的分享，成功避免了过多干预。第二，以色列通过建立开放的市场和完善的法律法规监管制度，吸引海外风投基金，支持发展高科技和新创企业。第三，为了推动科技企业的融资，以色列着眼于以发达国家为主的国外融资市场。一方面，以色列的所有银行都在世界其他国家设立了金融服务分行；另一方面，大量世界知名投资银行在以色列设立办事处，以打通以色列创业孵化企业融资渠道，企业在海外顺利上市。YOZMA 基金作为以色列引导风险投资具有代表性的基金，其运行模式如图 6-2 所示，为进一步了解以色列风险投资机制提供了重要的参考。

以色列政府对 YOZMA 基金的运行机制重点做了以下规划：首先，在基金投资选择方面，通过直接投资把握政府的投资方向，为行业层面的投资活动提供参考；其次，针对子基金的股权分配，政府保证在进行投资的五年之内，投资人能够按照预先确定的价格回购政府的股份；再次，在公司机构设置中，由政府与商业投资人共同招聘管理团队，共同履行商业出资的义务，政府不介入公司的日常运作管理；最后，政府在基金引资方面，积极拓展全球市场，以引进更多的国际资本投资。

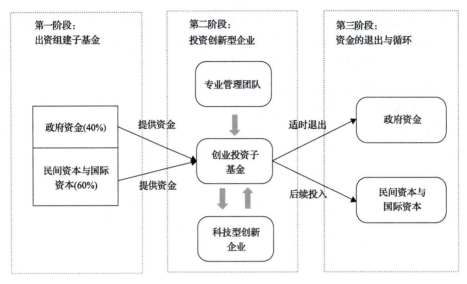

图 6-2　YOZMA 基金运作模式

经过改革开放 40 多年的不断发展，我国制造业总量在世界排名第一，但产业大而不强，关键核心技术和核心装备仍然受制于人。借鉴以色列经验，我国需要破除束缚科技创新发展的理念，改革现有科技管理体制机制，利用创新驱动发展；探索开放式创新模式，政府在该模式中居于服务型角色；凸显企业的创新主体地位，建立健全企业自主创新的动力机制，包括风险共担机制、资金保障机制、人才激励机制以及财税金融扶持机制；形成良好的创新生态，促进官产学研有机结合，进而推动我国从"制造大国"到"制造强国"的转型升级。

5. 国家科技孵化器计划：推动科研成果转化

以色列建设了一批兼具专业水平和长远视野的科技孵化器，推动科研成果市场化，这成为以色列科技发展的创新特色之一。与此同时，以色列建设了一批高水平的大学技术转化机构，支持每个大学成立自己的孵化器并给予资金资助，高校机构在商界活跃度非常高，高校实验室的研发成果和专利可以自行商业化运作或直接出售。

以色列产业以中小企业为主，中小企业虽然有根据市场需求灵活选择和转型的优势，但抗风险能力较差。为提高初创企业存活率，帮助技术企业家将创新理念转化为商业产品，以色列开始实施技术孵化器计划。该计划的目标不是盈利，而是为初创企业提供服务，形成了以孵化器为中心的创新运作模式，如图 6-3 所示。由发明者提供的创业项目通过筛选后入驻孵化器，政府不直接干预孵化器的经营管理，通过投资方式提供资金，同时政府投资会吸引民间及海外的风险投资进入孵化器，在最长两年的孵化期内，孵化器为创业者提供全方位的专业化服务。

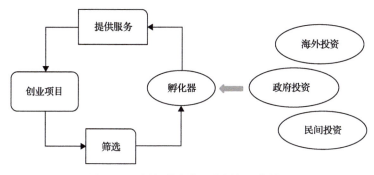

图 6-3　以孵化器为中心的创新运作模式

此外，以色列还专门为高科技创业企业提供具有针对性的创业孵化相关服务。目前，以色列高科技孵化器已发展为该国支柱型产业，其高效有效的孵化政策大大提升了高科技企业创业成功率。以色列国家科技孵化器计划如表 6-1 所示。

表 6-1　以色列国家科技孵化器计划(据胡海鹏等，2018)

政策特征	具体措施	具体内容
准确定位，确定发展目标	培育公益性质孵化器	成立公益孵化器，政府提供定额借款，资助孵化器内的科技项目
政府主导，推动市场化运作	政府支持高科技项目	邀请世界级专家进行技术预测，选择具有独特技术的高新技术项目孵化
	重视早期孵化	超过 85% 的以色列政府资金和相关风投资金投向早期高科技创新企业
	专业人士制定政策	邀请各界专业人士组成政策制定委员会，专门制定孵化器政策
	财政资金大力支持	OCS 每年拿出 3000 万美元用于孵化器的建设，并承诺连续两年为新设孵化器中的每个项目提供 30 万美元的资金
对接世界顶尖资源，建立全球网络	市场化运营管理	政府不直接参与孵化器的运营和管理，而是聘请经验丰富且有能力的人管理
	吸引世界顶尖资源	鼓励全球顶尖企业在以色列建立孵化器，聚集世界顶尖的人才和设备
	吸引全球资本	实施 "YOZMA 计划"，吸引全球资本，按照欧美商业规则运作，确保孵化企业技术领先全球
根据市场实际需求，实施新计划	建立科研创业利益共同体	以色列科技转移办公室规定研发人员的报酬严格由科学研究获得的利润决定，将创业与科研收益结合，形成了一个命运和利益的共同体
	孵化器私有化	政府允许公司和个人控股或完全控股以商业公司模式运作的孵化器，有效激发市场活力
	孵化器改造	为研发型企业，希望通过 IPO 募集资金的企业、计划推出新产品的企业等提供更多的贷款和融资服务

以色列的国家技术孵化器通常隶属于知名大学、地方行政区以及产业集团。在政府、社会资本和高校的共同努力下，以色列区域内的初创企业、技术孵化器、创业加速器、产业园区、风险投资和海外资本等构成了良好的创新创业生态系统，大大增强了初创科技企业获得资金的可能性，让更多企业得以存活并脱颖而出。这种独特的创新运作模式和成果转化的合作方式为我国的科研成果转化提供了新的思路与模式参考。

6. 坚持企业创新主体地位

以色列的企业是国家科技创新的主体，拥有极大的自主权。一方面，企业独立筹集创业经费，对研发成果拥有全部产权。据统计，工商部门的研发费用45%为自有资金，51%来自国外融资[①]，因此，除少数政府资本资助项目外，企业拥有研发成果所有权，可以根据自身经营发展需要处置。另一方面，政府坚持市场导向，鼓励中小型企业根据市场需求进行科技创新。中小型企业依靠政府多项支持政策和风险投资实现创新发展，及时了解市场需求和机会，发挥"船小好调头"的特点，结合自身发展及时调整创新方向，支撑起以色列科技强国的国际地位。

7. 服务型政府，打造国内"创新之城"

特拉维夫市是以色列的创新中心，被称为"仅次于硅谷的创业圣地"。根据以色列中央统计局的数据，大约70%的高科技初创企业集中于特拉维夫市及其周边城市。特拉维夫市科技创新能达到今天的成绩离不开其政府精准的战略导向和全力的服务支持。特拉维夫市政府将自身定位为服务型政府，并针对其建设全球创新中心的目标做出了一系列的努力。

在基础设施方面，特拉维夫政府在全城实现了免费 Wi-Fi 覆盖，在市中心修建了一个集知识交流、图书共享、商务办公于一体的枢纽区，并为每年选出的十大最具创业成功可能性的企业提供低价租赁服务。在咨询导向方面，特拉维夫市政府为企业家提供几乎免费的创业信息咨询服务，任何有想法的创业团队都可以提前预约咨询与培训。此外，政府还推出了一个专门为创业者服务的网站，通过网页地图的形式提供各种创业相关的政策制度、投资机构信息以及各个研发中心的研究领域和所需人员等。特拉维夫市政府将工作重点始终放在本地中小企业的培育与发展上，通过搭建各方交流平台，提供完善的创新创业服务，在全市乃至全国形成了良性的科技创新循环。

---

① 以色列科技创新的基本情况及特点. (2018-03-07). http://il.mofcom.gov.cn/article/ztdy/201409/20140900718778.shtml.

8. 开放式创新，即重视开展国际研发合作

以色列政府对开放创新和国际科技合作基于高度重视，善于利用外部力量相互学习，促进高新技术产业发展。以色列政府同欧盟、美国、日本等科技创新强国以及联合国教科文组织等全球著名的科技创新国际组织达成国际合作协议，是最早参与"欧盟研究与技术发展计划"的非欧洲国家。通过设立双边科研基金筹集国际资金，促进国际交流合作，先后参与了 29 个国际和地区工业研发项目，已有超过 250 家海外企业在以色列建立研究中心，进行国际科技合作共同创新发展。英特尔目前已是以色列最大的技术雇主，不仅拥有 4 个研发中心，还经营着 1 家芯片工厂，其产值几乎占以色列技术出口额的 10%[①]。

国际研发合作促进了以色列研究机构和创新公司与全球顶尖科研学者的沟通交流，不但可以利用各个国家的科研资源，而且吸引了大量的国际研发资金。此外，以色列也鼓励人才在不同国家之间流动，高校通过各类培养方案为学生提供出国交流和留学的机会，积极加强与世界各地高校的合作与交流，以寻求研发合作的可能。

6.1.2　美国科技创新和科技治理经验

美国是全球创新能力最强，亦是科技实力最雄厚的国家。据统计，美国研发支出总量占全球比重曾达到 30%以上，在世界前 1%的被引论文中，美国占比超过 46%，知识产权贸易费用占全球比重一度高达 50%。美国科技创新的成功是政府推动引导、法律政策出台、科技研发投入体系和成果转化模式等多种要素综合作用的结果。21 世纪以来，科技创新逐渐成为美国发展的动力源泉，美国政府意识到科技创新的重要性，将其上升到国家战略层面，持续加大政府科研投入，鼓励产业、高校研究所和社会其他力量进行合作，共同促进科技创新，同时加强了政府对科技研发活动的干预，科技创新的主体地位日益显现，美国科技创新和科技治理的独特之处主要表现在几个方面。

1. 以产业为基础的机构设置

受共和党"小政府"理念和实用主义政治文化的影响，在美国，科技创新的行政管理体系是根据产业来完成机构设置的，如图 6-4 所示。

---

① 罗兰贝格管理咨询公司. (2017-08-02)[2021-08-31]. 罗兰贝格："创业之国"是如何炼成的? http://www.shujuju.cn/lecture/detail/3194.

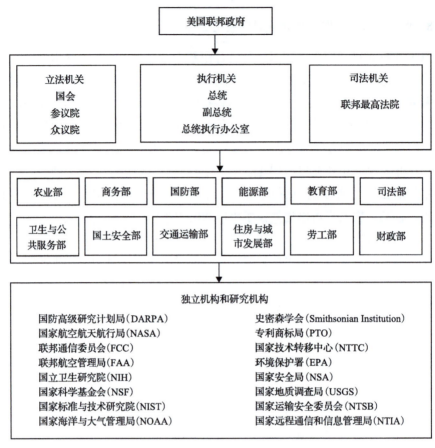

图 6-4　美国科技创新行政体系

美国并不是由一个科技部统筹管理科技工作，而是由许多行政部门和独立科技机构及委员会共同承担任务和对科技研究予以资助，并共同指导国家科技政策的实施。例如，国防高级研究计划局隶属于美国国防部，国家海洋与大气管理局隶属于美国商务部，卫生研究院隶属于美国卫生与公共服务部，不同的机构使命和结构不同，侧重的科学领域也不同。美国这种分散化的科技创新行政体系是在长期发展过程中由多种因素共同影响形成的，在这种以产业为基础的机构体系下，美国科研成果的应用性得到提高，促进了工业产业的发展，联邦政府内部研发能力也得到了增强。

2. 多元主体的科技资助系统

美国的研发投入机构包括联邦政府、非联邦政府、商业机构、高等教育机构和非营利组织等几类。如表 6-2 所示，2018 年联邦政府投入的研发经费占比为第二位，是除商业机构外最主要的研发资金投入来源。

表 6-2 美国各类机构研发经费支出

机构	金额/亿美元	占比/%
商业机构	4042	69.7
联邦政府	1273	21.9
非营利组织	227	3.9
高等教育机构	211	3.6
非联邦政府	47	0.8

注：因四舍五入，占比合计不足 100%。

美国联邦政府虽然每年投入大量的研发经费，但却未设立科技部集中管理科研工作。在美国，行政、立法、司法三个系统均参与科技管理与决策，科技计划项目主要分散于国防部、国家航天局、国家科学基金会等政府部门，主要负责项目统筹、规划、布局及评估等，而真正的项目管理则由专业化的项目管理机构具体进行。因此，科技管理职能分散于政府的各个职能部门，各职能部门分别管理各自业务范围内的科研活动，根据自己的科技需要来设立科技资助和制定科技政策，保证科技发展的高效率。

3. 在科技治理中非常重视科技立法

美国以各级议会通过修正案的方式，响应当下科技创新形势，以法律保障各科研主体科研活动自主性。美国科技的发展离不开完备的法律体系，美国的科技创新法律体系主要由联邦政府科学技术管理体系的立法、科学技术领域的立法和其他与科学技术有关的立法三部分组成，其中影响力较大的法律法规如《专利法》《小企业创新发展法》等。每一次重大科技计划的实施，都伴随着相应的法律法规的出台。

美国政府通过一套严密的法律法规，在全社会营造了良好的创新创业"生态环境"。通过创新创业、税收、金融和反垄断等方面的法律和政策的出台，保障了市场的开放性和公平竞争，为创新企业提供了适宜的成长环境。20 世纪 60 年代，美国根据《反垄断法》先后对 IBM、微软公司等在产业内具有垄断性的大企业展开了反垄断诉讼，给大量高新技术创业企业带来了进军国际计算机技术市场的机遇，并有效推动了高新技术产业的集群发展。

4. 激活美国高校成果转化

图 6-5 表明了美国大学的发明专利授权，以及美国大学科技成果转移的发展

趋势。从 1900 年到 1979 年的漫长时间里，在美国联邦专利商标局的专利平台上只发布过五项来自全美高校的专利许可证，由此可见，直到 1980 年美国《拜杜法案》通过后，美国科技成果的转化工作才在真正意义上展开。

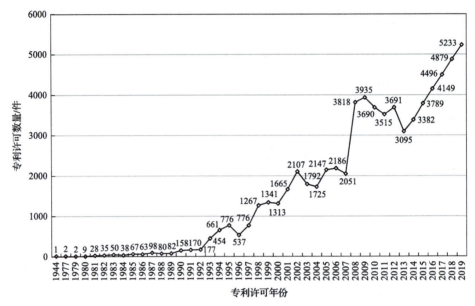

图 6-5　美国高校专利许可发展趋势

"二战"后 30 年，美国政府向高校提供的科研资金总额占比超过 70%，20 世纪 60 年代更是达到了 80% 以上，但是成果转化率却低于 10%。在 1980 年前，政府资助的科研成果必须归国家所有，转化手续烦琐，大学和发明人无动力。1980 年《拜杜法案》颁布，提出政府资助研究产生的成果权利默认由大学保留；当大学不能在市场实现科技成果的转化时，政府有权收回科技成果；大学与发明人分享科研成果转化所得的收益等政策。这为美国科研成果的转化提供了强大的动力，现在几乎所有的研究类大学都成立了技术授权办公室（OTL）等管理机构，并形成了一个政府联合大学与各行业进行科研成果转移的体系。在该体系不断的发展与完善下，高校与产业界合作得到加强，科研成果得以快速推向市场，大大促进了美国的产业创新和经济发展。

1980～1988 年，联邦还通过了许多法令，作为《拜杜法案》的主要补充法律，用以鼓励科技成果的转化。其中包括在 1980 年通过的《史蒂文森-怀德勒技术创新法》，该法律规定联邦专业实验室将成果转让给公司。作为美国联邦首部明确界定并鼓励科技转移的法令，规定了联邦科研机构在技术转移中应发挥出重要的作用。

此外，美国还通过政府采购促进大学科技成果的转移，如图 6-6 所示，1900～2017 年，美国高校专利技术成果中的 97.62%转移到了政府机构。

图 6-6　接受美国高校专利转化超 100 项的高专利被许可方
括号中数据为专利被许可方的接受专利许可的占比

总的来看，美国政府先后通过多次立法，形成了政府的科研经费投入支撑高等学校进行科学研究；高等学校将研究的科技成果与联邦专业机构进行转移与分享；联邦专业机构通过技术转移培育企业的技术成果转化模式。明确了联邦实验室技术转让联在技术转移活动中的责任，在全国范围内形成了完善且权责分明的技术转移中介体系。

5. 联邦政府小企业管理局：中小企业的创新发展

美国政府非常关注中小企业的创新发展，并通过联邦政府小企业管理局（Small Business Administration，SBA），为中小企业的创新发展提供资金支持和指导。SBA 在全美各州至少拥有一个办事处，并设有 960 个咨询服务点，以自愿和合作的方法处理中小企业在创业不同阶段的问题，包括但不限于提供有关创业准备、发展计划制定、企业创建与管理、商务投资等各方面的咨询；通过商会、职业院校等，进行技术、经营与管理等领域的培训。SBA 还会与银行或信贷机构合作，为中小企业提供贷款担保服务，据统计，SBA 已提供了超过 900 亿美元的贷款担保。此外，一些满足要求的企业也可以通过 SBA 获得国家补贴。

在政府采购方面，美国法律规定，10 万美元以下的政府采购合同优先考虑中小企业，并通过价格优惠对中小企业给予照顾，高于 50 万美元的货物、服务采购项目或者高于 100 万美元的工程采购项目，其中 23%的合同金额必须授予中小企业（张洁，2021）。SBA 通过帮助小企业投标、分解大项目至不同小企业和颁发能力认证等手段，帮助中小企业获得尽可能多的政府合同。此外，SBA 还会在政府与大型企业的二级合同中为中小企业争取一些订单。

6. 无人驾驶汽车发展

DARPA 重大挑战是由美国国防部高级研究计划局赞助的无人驾驶技术大奖赛。起初，该活动旨在促进极端环境下无人驾驶车辆技术的发展。此次大赛项目革新了人们对驾驶的传统观念，激发了导航和自主驾驶领域的相关研究。

在美国，无人驾驶领域比较具有代表性的企业是 Waymo 和 Uber。Waymo 是一家成立于 2009 年的自动驾驶公司，由谷歌旗下的无人驾驶车辆项目发展而来，公司自成立以来不断发展，目前拥有超过 600 辆无人驾驶汽车，是业界最大的车队，提供无人驾驶出租车服务，公司估值已超过 300 亿美元。Uber 在发生全球首例无人驾驶汽车致人死亡交通事故后，将其自动驾驶业务以 40 亿美元的估值卖给了自动驾驶初创企业 Aurora，Uber 公司无人驾驶汽车交通惨案的发生归因于其急于求成的 CEO 和追求速度的创业理念。对于自动驾驶，安全高于一切。

在立法方面，之前在没有联邦政府插手的情况下，内华达州、佛罗里达州、加利福尼亚州等二十多个州各自立法，支持无人驾驶上路。2017 年 7 月美国通过联邦法案《自动驾驶法案》，第一次对自动驾驶汽车从生产到发布的相关流程提出管理。该法案禁止地方立法反对发展无人驾驶；给予每家无人驾驶汽车生产商 10 万辆无人驾驶汽车售卖指标，不受禁止出售的限制；生产商也要根据新出台的自动驾驶汽车安全评估标准上报车辆测试结果。该法案的颁布是走在社会前列的重要举措，表明美国政府积极调整监管规则适应科学技术的发展，同时发挥引导作用，保障新兴科学技术的持续创新发展。

7. 美国政府过度干预的失败案例

2001 年 8 月，布什总统颁布法令，规定联邦政府科研资金只能用于 2001 年 8 月 9 日之前提取的人类胚胎干细胞系，不能用于资助从新胚胎中提取胚胎干细胞系的研究活动。布什政府的做法收到了美国许多科学界人士的抗议与批评，认为是用政治手段干预科学研究。

2009 年，奥巴马政府执政后极其重视新能源行业，在 7870 亿美元的救市计划中，超过 400 亿美元投资与新能源的开发有关，然而，目前新能源行业没能创造数百万个高技术、高薪酬的工作岗位，发展前景并未达到预期。

为避免政府过度干预科技创新带来的损失，美国政府吸取以往经验教训，于 2020 年 1 月 7 日提出了限制政府"过度干预"的人工智能(AI)开发利用十项原则。白宫在一份简报中说，联邦机构应该"在对人工智能采取任何监管行动之前进行风险评估和成本效益分析，重点是建立灵活的监管机制框架，而不是进行一刀切式的监管"。[①]

与美国相比较，中国在科技管理上权力相对集中，不利于青年人才成长，我们应该学习美国经验，在科研管理上下放权力，资助体系上逐渐走向多元化。

6.1.3　德国科技创新和科技治理经验

德国是欧洲人口密度最高的国家之一。1990 年，德国实现了东西统一，20 世纪初，德国经济高速发展，成为举世瞩目的科技创新大国。一直以来，德国非常重视科技创新，在营造良好创新生态、强化科研体系建设、提高中小企业创新动力、优化科研人才政策等方面取得了卓越成就。

1. 科技创新体系完备

德国科技创新体系十分完备，组织结构完整、分工明确，能够高效率处理各种事务，如图 6-7 所示。立法统筹、监督管控工作由联邦政府、16 个联邦州以及欧盟委员会部门总体负责。具体科研开发工作包括两大部分：公立研究和经济界的研发活动。其中，公立研究由高等院校、各大研究院和包括 Max Planck 协会、Fraunhofer 协会、Helmholtz 联合会及 Leibniz 学会在内的政府部门科研机构完成；经济界的研发活动由大型企业、跨国企业和中小型企业完成(姜同仁和刘娜，2015)。中介机构包括德国研究联合会(DFG)、公立和私立基金会、资助人联合会、欧盟研究理事会、工业协会和商会，其中德国古里克工业研究联盟联合会(AiF)是连接公立研究组织和各大中介机构的重要纽带。咨询机构由研究与创新专家委员会及各大研究联盟组成。中介机构和咨询机构将原本分散的各部分连接，将原本松散的部分整合，在德国国家创新系统中有着举足轻重的作用。

科技创新在德国是一项复杂、长期的任务，时间跨度可能长达二三十年。高校、研究所、企业作为技术的支持单位，分别扮演着不同的角色。其中，高校更多针对有待探索的领域，科学研究是高校的主要工作任务；企业更多针对市场层

[①] AI 前线. (2020-01-09)[2021-08-31]. 美国白宫提出十条 AI 监管原则, 避免政府过度干预 AI 发展. https://t.cj.sina.com.cn/ articles/view/5901272611/15fbe46230190170bx.

图 6-7　德国国家创新系统[1]

面的创新，在成本、时间及技术风险上整体把控，同时对创新技术进行组合；研究所更多针对应用技术研究，是沟通高校和企业的桥梁。其一，将高校理论研究成果同具体的应用领域结合，从而直观地展示理论研究的实际应用价值，其二同企业合作，以合同形式承接技术研究工作，对企业研发过程中遇到的技术疑难问题，提供有理论依据的科研服务(江苏省国际合作中心，2020)。

2. 立法机制保障科技创新

德国创新驱动以政治联邦制和市场经济为基础。从两德分离四十年仍保持相似科研结构可见，德国已培育出不受政治影响的创新能力。德国的立法机构包括由联邦议院和联邦参议院组成的联邦议会以及 16 个联邦州议院两大部分，同时，德国宽松完善的法律环境支撑了制度的运行。《基本法》规定学术自由，政府只进行宏观协调与资助。德国没有明确的针对科技的法案，但其他有关法规使得德国能够保持高水平的科研竞争力，同时也能确保科学家的研究不受干扰(蒋绚，2016)。如 2012 年的《科学自由法》使公共科研机构的科研预算管理更为自主灵活。《雇员发明法》对雇员与企业之间的发明权归属问题、收益比例问题、责任义务问题进行了明确规定，以保证德国企业的强大市场竞争力。

---

① Federal Ministry of Education and Research. 2014. Federal Report on Research and Innovation 2014. https://www.bundesbericht-forschung-innovation.de/files/2014%20BuFI_englisch.pdf.

3. 高校体制机制改革——亚琛工业大学高校联盟

高等院校作为德国科研创新体系中不可或缺的一环，如何正确、合理地进行体制改革，对德国的科研创新道路有着重要影响。随着知识、经济的不断发展，德国高等院校正面临着前所未有的挑战。随着社会需求的不断变化，全新的高等院校体制改革战略呈现在人们面前，"联盟"成了德国高校体制改革的关键词。高校与高校、高校与国家科研机构通过联盟实现在科技创新方面的取长补短、互惠共利（陈仁霞，2008）。

亚琛工业大学作为德国九所精英大学之一，在应用技术领域也久负盛名。在校所联盟中，于利希-亚琛研究联盟重点开发大脑医学、未来信息与技术及仿真学、能源研究领域（陈仁霞，2008）。在校校联盟中，德国理工大学联盟（TU9）是亚琛工业大学与柏林工业大学等 9 所工科高校组建联盟，支持年轻的科学家和学生、提供工程博士学位、加强与产业部门合作、资助研究和教学等。于利希-亚琛研究联盟科研项目见表 6-3。

表 6-3　于利希-亚琛研究联盟科研项目一览表

项目类型	项目名称	协同部门
卓越集群	燃料科学中心	亚琛工业大学、于利希研究中心、德国马克斯-普朗克化学能量转换研究所、马克斯-普朗克煤炭研究所、德国 Öko-Institut 生态研究所、加拿大阿尔伯塔大学、美国加利福尼亚大学伯克利分校、美国能源部 "燃料和发动机联合优化计划" 等
	生产互联网	亚琛工业大学、Produktion.NRW 生产集群、制造业公司 Aachener Industrie-Dialog、亚琛市商务发展部、亚琛地区创新社区协会、亚琛工商会等
	ML4Q	亚琛工业大学、科隆大学、波恩大学和于利希研究中心
德国科学基金会（DFG）项目	协同研究中心	传统型：1 所大学内的不同学科部门；跨区域型（The SFB/Transregio，TRR）：一般由两三所大学进行联合
国际科研协同项目	AMS 实验	亚琛工业大学、美国国家航空航天局及其他 16 个国家的 60 个大学及科研院所
	CMS 实验	亚琛工业大学、欧洲核子研究中心及其他 41 个国家的 179 所大学及科研院所
欧盟资助项目	后工业时代城市再生的生产性绿色基础设施	亚琛工业大学、意大利巴里大学、克罗地亚萨格勒布大学、多特蒙德市、萨格勒布市、倡导地区可持续发展国际理事会（ICLEI）、克卢日-纳波卡社区发展协会、意大利国家研究委员会、Aquaponik 制造有限公司、Starlab 生命科学公司、欧盟屋顶绿化协会（EFB）等

资料来源：根据亚琛工业大学官方网站信息整理而得。

4. 企业创新主体地位突出

作为科技创新的中坚力量，德国企业保持着创新主体地位，不断投入资本进行技术研发。德国具有创新能力的企业众多，企业研发部门作为德国创新系统中尤为关键的一环，在德国的创新体系中发挥出至关重要的作用。首先，企业占据了德国科技创新投入的七成。其次，德国产业技术创新的主体主要是企业。在德国，八成大型企业集团拥有独立研发机构(于慎澄，2016)。

2013 年，德国约有 360 万家中小企业，这个数字占德国全部企业的 99.7%。同时，中小企业提供了德国 79.6% 的就业岗位，每年为经济发展创造的价值占比为 51.3%。中小企业已然成为德国经济发展的命脉(王国强和黄园淅，2016)。而在这些中小企业当中，存在着一类"隐形冠军"。"隐形冠军"是指那些专心于某个行业的某个分支，并在全球或某个区域内具有领袖地位的中小企业，虽然自身低调，可能不被所有人熟知，但在自身所在领域内往往是领军人物或制定行业规则的一方。要在市场上做"冠军"，就不能像为国争光的运动员在赛场上为人熟知，而必须"隐形"。

德国制造业往往从细微之处入手，并坚持对产品高质量要求，拥有众多具有精湛技艺却"默默无闻"的中小企业，即"隐形冠军"。这些企业通常历史悠久，一直以来严守德国的工匠精神，并且专注于某一细分领域，拥有着高超的技术工艺，由于长久以来的积淀，其他国家企业想要复制实属不易，长久以来，始终保持着市场的垄断地位。如德国 Hauni 公司的香烟生产机纵观全球无可匹敌，约 90%的市场份额被其占据；史密斯·海曼有限责任公司的反恐设备受到各国政府青睐，热销全球 150 多个国家和地区(任泽平和华炎雪，2018)。

5. 市场化运作的科技创新平台

采用公司管理方案是德国创新平台的一大特色。市场化运行机制、面向社会大众服务及科学的考核机制成为德国创新平台发展的关键。同时，政府通过注入资本、制定有关法律法规等，全方位引领平台加速发展。

作为政府和企业沟通的桥梁，德国的专业化中介机构为中小企业管理人员提供了专业技能培训，为企业建立与进步提供了法律经济等方面的专业咨询，为科研人员提供了技术转化服务。

官产学研相结合的史太白体系是德国最经典的技术创新平台先驱。该体系是1868 年由德国巴符州工业化推动者、技术转移先驱史太白所创立的，由基金会、技术转移公司、咨询中心、研发机构、史太白大学以及其他参股企业共同组成的，如图 6-8 所示。最初德国巴符州政府每年给史太白基金会拨款金额达 50 万到200 万马克，1999 年开始巴符州政府通过购买技术服务来提供项目研发资助。该基金会主要致力于提供中小企业员工培训、咨询服务、研发投入、项目评估等。从创立之日起，德国史太白基金会成功培育并孵化了众多高技术企业。目前，该基金会已经成为全球最大的技术转移机构之一，在超过 50 个国家设立常设机构，拥有 850 多家技术转移中心。

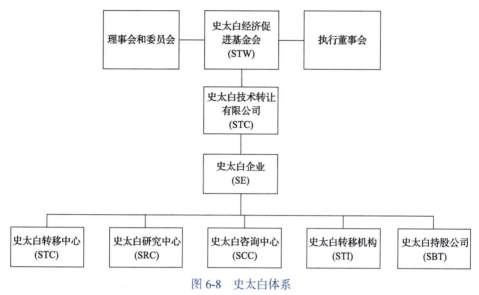

图 6-8 史太白体系

资料来源：全球最大技术转移机构之一：德国史太白. (2014-03-24)

6. 德国的企业科技创新案例

1) 德国西门子公司——技术孵化制度

（1）西门子风险基金计划。如何正确获取社会资源十分重要，为此，西门子公司推行了"西门子风险基金计划"并成立了包括"技术加速器""技术转化中心"以及"移动通信技术加速器"在内的三大机构。为获取外部前沿技术，机构对其提供充足的资金，成立"种子企业"，并在技术上提供支持。截至目前，西门子风险基金计划全球超过一百个中小型企业受到了西门子公司的技术孵化，并得到了超过 5 亿欧元的资金。其中的 14 个已经成为上市公司。

（2）"创新加速流程"计划。为避免一个优秀的创新方案由于种种原因被埋没，西门子公司设计了一种"创新加速流程"，并通过"技术加速器"来运作，使其在充足的资金支持下尽快达到预期成果。西门子的创新加速流程包括 4 个主要步骤，如图 6-9 所示。

在"创新加速流程"全过程中，创新者能够预先了解每个步骤如何实施，并得到充足的资金支持，最重要的是可以得到宝贵的技术支持。这就相当于为创新者事先准备好了地图，遵循该路线的创新者不仅在出发前就能做好充足的准备，在旅途中还能得到各种支持与帮助，极大程度上降低了到达目的地的难度。西门

图 6-9　西门子创新加速流程

子的关系网络也为融合技术、资金及销售渠道打下了坚实的基础。西门子还会为精英员工分担工作压力，在经过商讨研究后，确认某项创新活动具有实际意义，该机构将与该员工领导商议，为这些精英承担一部分的工作，并按时发放研发费用。如果该员工缺乏人手，"西门子技术加速器"还会为其组建一个可靠的创新团队(翟青，2009)。

2) 德国巴斯夫公司——科研合作机制

同高等院校或科研机构合作创新是巴斯夫科技创新成功的关键所在。一方面，在这些研究的基础上，巴斯夫得以在新的技术和商业领域施展拳脚；另一方面，科学家也得以在这些具体的科研项目中运用自己广博的知识进行技术创新，实现他们自身更高的社会价值。遍布全球各地的实验室就是巴斯夫同学术界合作的实践证明。例如：在亚洲，巴斯夫与中国、日本和韩国的七所一流高校和科研院所搭建的"先进材料开放研究网络(NAO)"，对建筑、汽车、清洁剂和洗涤剂、风能及水处理行业提供了许多技术支持。在北美洲，"北美先进材料研究中心(NORA)"是巴斯夫与麻省理工学院、哈佛大学及马萨诸塞州大学阿默斯特分校共同展开合作的成果，在建筑建材、汽车和能源等行业取得了重大突破。在欧洲，巴斯夫与德国弗赖堡大学、瑞士苏黎世联邦理工学院和法国斯特拉斯堡大学合作完成了"先进材料与系统合作研究网络(JONAS)"项目，该项目通过对多种材料、生物基聚合物及可生物降解聚合物的分析，对未来材料和系统进行了深入探究(黄流聪，2017)。

6.1.4　日本科技创新和科技治理经验

日本是一个创新能力和创新质量都位居世界前列的国家。根据世界知识产权组织发布的《2019 年全球创新指数报告(GII)》，日本排名第十五位[①]。日本的创

---

① 世界知识产权组织. 2019 全球创新指数报告(GII). (2019-07-24). https://www.wipo.int/global_innovation_index/zh/2019/index.html.

新特点可以概括为"精益创新",主要是基于日本创新过程中对产品和技术改进的精益求精。科学家、工程师和创新者乐于钻研技术、关注质量,甚至不关注创新技术的时间压力、成本压力,这是对创新和技术本身的完美追求。

近年来,日本在国际市场上的优势依然集中突显在其制造业上。制造业产品占最大比重,其次是信息和通信产品,再次是保险与金融服务,而农业原料、燃料、矿石和金属等基础性生产资料的出口比重很小。这说明,国际市场是日本经济的命脉,通过原材料进口,出口工业制成品来实现经济发展。这种经济类型更需要其产品具有较高的附加值,这样才能在国际市场上具有较高的占有率,保证出口量。因此,日本的自然资源禀赋和当前的经济增长类型都使其不得不重视技术创新的开展。

1. 企业处于科研创新主体地位

《2021 年度全球百强创新机构报告》提到,日本以 29 家企业数量位居榜单第二位,仅次于美国[①]。日本 2016 年企业的研发经费为 13.3 万亿日元,在日本研发经费总额中占比最大,约是其他各类机构研发经费总和的 2.6 倍。日本研发经费在不同机构分配图如图 6-10 所示。

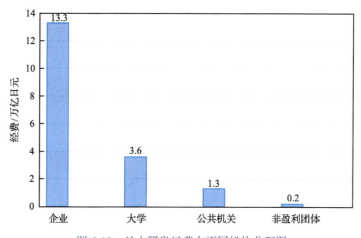

图 6-10　日本研发经费在不同机构分配图

此外,日本企业的研发支出费用承担比例最大,且绝大部分由自身使用。无论是经费承担主体还是具体使用对象,企业都是最为重要的一环。承担主体与适用对象的具体特征如下:①企业所承担的研发经费最多(约占总经费的八成),绝

---

① 中国新闻网.《2021 年度全球百强创新机构》报告发布. http://www.ccin.com.cn/detail/c0ae6ab04f1317fd719030e8b1256728#。

大部分由企业自身使用；②政府承担的研发经费占 15%，其中近半数由政府机构使用，超过四成供大学使用。

可见，无论是从研发经费总额上，还是研发经费的流向来看，企业已经成为日本科研创新道路上不可或缺的一环，对日本科研创新起着至关重要的作用。

2. 大学和研发机构彻底改革

作为科学技术创新的中坚力量，其大学和研发机构必须要尽快改革，基础研究应当大力发展，经费来源不能局限，应当多元化，创新体系的发展是改革的重中之重。同时应当大力推动科学技术创新，科技创新是达成日本经济战略目标的重中之重。在努力实现 5.0 社会战略的基础上，重新对大学和研发机构的战略规划及人事系统进行评估并施行全面彻底的改革，在此基础上达成企业同政府之间的互相信任，增加官民科研投资，促成和谐的官民合作关系①。

3. "产官学"的联动机制

基础研究在科技发展史上占有重要地位。而高等院校正是进行基础性、创造性学术研究的主要力量，同时也是科技创新和人才培养的主要力量。新世纪以来，在"科学技术创新立国"战略目标下，日本通过强化官学结合、产学结合的科研协作体制，通过大学的产学联动，推进人才培养；通过利用企业赞助开展讲座和研究，致力于推进产学联动；通过"产官学"联动机制，在高等院校和科研机构的成果基础上，有关企业得以迅速使研究成果以产品形式具体化，从而高效实现产业化(尹玲，2021)。

4. 先进的品牌战略

"日本制造"在很多人眼中已经成为高质量、安全可靠的代名词。基于产品的高质量发展、先进的管理方式、自主创新与传统工匠精神，"日本制造"走向世界并在世界范围内一炮而红，时至今日也受到大家认可。其中，既有日本中小企业对具体领域的深入探索，作为"隐形冠军"控制世界市场；也有大公司的公司治理方式，注重设计与营销，从消费者入手获取品牌信赖。自诞生之初，它们就不仅仅着眼于国内市场，还拥有开拓全球市场的雄心壮志。而好的产品设计与高质量对于开拓市场具有至关重要的作用。例如，日本的索尼、本田、佳能等大型企业在塑造品牌时，都有着全面而合理的品牌战略。公司名称是否适合全球传播、

---

① 日本内阁府. 科学技術イノベーション総合戦略 2017. (2018-11-20). https://www8.cao.go.jp/cstp/sogosenryaku/2017.html。

消费者需求、产品质量、技术革新等都是要考虑的关键因素(宋彦成，2017)。

同时，品牌与国家形象之间具有千丝万缕的关系。日本在全球范围内始终坚持输出正面的国家形象，创建以高质量、优服务著称的企业品牌，收获了显著的成效，并且通过文学作品、影视、音乐等进行文化输出，加深海外市场对于日本文化的认同，使消费者在潜移默化中对"日本制造"产生信赖。

5. 日本的企业科技创新案例

(1) 日本的丰田汽车——持续高强度的研发投入。丰田汽车研究经费正逐年增加，具体投入情况如图 6-11 所示。研发投入主要涉及当前的热门技术领域——环境技术、新能源及节能技术、安全技术、人工智能技术等方向；对知识产权的保护也是科技创新的重要一项，丰田的"知识产权委员会"是其内部经营、研发、知识产权三位一体的协调会议，做好知识产权保护与风险防控；加强对外合作与研发资源共享，积极承担重大专项研发任务，注重国外研发和产业化资源为自己的技术创新服务。

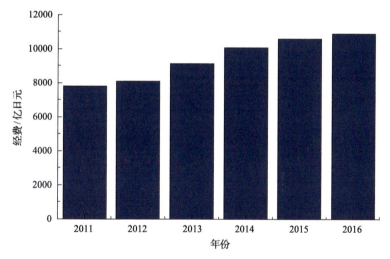

图 6-11　2011～2016 年丰田汽车研究经费投入情况
数据来源：丰田公司公告

(2) 日本的索尼公司——首先，研究关键性新技术。日本索尼公司在转型后增加了富有时代创新发展特点和企业自身发展需求的融合性创新及破坏性创新，索尼公司新时期的技术创新发展在技术层面上要求融合公司现有技术，研究具有独创性的具有市场破坏性的新技术，要充分利用关键技术，推出具有市场差异化的产品，在产品中充分体现技术优势。其次，开展开放性创新模式，索尼公司将外部技术纳入自身的技术创新体系中，整合企业内部技术创新资源，进行企业内外的协同创新发展，开展开放性创新模式。最后，重视人才。为赢得人才争夺战，索尼公司在热门的 AI 领域全面开展新的服务，并将根据个人能力，对高学历人才提供更为丰厚的薪资待遇，同时，索尼公司对企业新进的优秀人才则赋予入社三个月的等级，并提升年收入等，通过上调工资的方式留住新老人才。

6.1.5 俄罗斯科技创新和科技治理经验

俄罗斯的军事技术和航空航天技术是俄罗斯科学技术中最强大的组成部分。这两个技术领域汇集了俄罗斯最顶尖的科研力量，充分体现了俄罗斯的科技潜力和科研实力。俄罗斯在宇宙太空的研究开发方面和各类尖端武器的研究制造方面，在国际上均处于领先地位。自苏联时代起在诸多领域就拥有深厚储备的俄罗斯军事工业综合体就是俄罗斯经济中最具竞争力的组成部分。俄罗斯军事装备和武器（特别是航空装备和防空系统）畅销世界。而在国内，军事工业综合体为大约 200 万人提供了就业机会。

1. 科技创新的重要平台——军工综合体

2014 年，俄罗斯军工综合体企业产出在工业总量中所占比例为 5%～6%，军工综合体的人数也减少至 200 万。俄罗斯军工综合体的规模相比之前缩小很多，但其军工综合体在全球实力依然十分强大。经过不断探索改革，俄罗斯军工综合体已经呈现良好发展势头和创新活力，其产品在国际市场上也占有一席之地，各国对其产品的需求也在逐渐增长。

军工综合体不仅维护着国家的安全，还肩负着发展国家经济的重任。目前，军工综合体约有 200 万人，其中有 71.6%的人在工业企业，科研、设计机构占 27.9%。多数先进工艺技术都是同时面向国防和民用工业的，在军工企业中，积极创新型企业占 30%；而在全国工业企业总数中，积极创新的企业还不足 10%。积极创新的企业聚集着 50%的军工综合体工作人员，他们制造了 70%的军工产品，并将 90%的军工产品出口。军工创新产品主要集中在航空和造船两个领域，军工产品在国家整个高新技术产品出口中占 25%。在研发和创新投资方面，军工企业购置机械设备占 40%，生产设计和其他规划占 20%，研发占 25%，市场调研和新产品推广占 7%，购买程序、新工艺、人员培训分别占比为 1.7%、1.1%、0.7%。军工综合体通过内部整合，能进行庞大的技术项目攻关。为推动军工综合体高新技术的发展，国家制定了不同领域的发展规划，如俄联邦国防工业综合体发展规划、俄罗斯航天规划、国家工艺基地发展规划、电子和无线电发展规划，根据其发展规划国家拨出必要资金(宋兆杰和曾晓娟，2016)。

军工综合体是建立国家创新体系的重要基础,是引领国家发展创新经济的重要一环。军工综合体目前正从国外引入技术和产品,向改善工艺流程、优化科研技术、研发军民两用高新技术产品开发转变,进行关键技术项目攻关。目前,俄罗斯军工综合体正在提高自身的声誉,吸引外商投资,增加其产品需求,加强军民技术的相互转化,建立强大的国内技术市场,加强国家与民营企业的联合互动,推动作战技术的商品化。

2. 科技创新的政策支持

2016 年 12 月初,俄罗斯联邦正式批准实施《俄罗斯联邦科学技术发展战略》。该战略提出,在未来 10～15 年内,俄罗斯将在科技发展的关键领域进行一系列变革,如应用先进的数字及智能制造技术、发展节能环保型经济、创建智能交通通信系统等措施。

2019 年 4 月,俄罗斯政府出台新一期面向 2030 年的《国家科学技术发展计划》,将"科技"视为应对众多国家及全球经济社会挑战的关键工具,以提升潜力和技术创新升级为目标,实现知识型结构转型和技术升级,完善知识型经济发展模式(宗利成和李强,2021)。

要想科技创新,离不开国家政策的支持,俄罗斯将科技发展计划按阶段划分,合理制定中长期目标,具体细化短期目标,每个阶段都制定完成指标,使遥不可及的宏伟科技蓝图变成可实行的具体任务,同时可以加大科技创新评估工作,通过结果评估可以查漏补缺,制订更加完善的计划,切实提高科技创新政策的成效。

3. 加大投入科技基础研究

俄罗斯推出科技领域的综合性发展计划,即《2013—2020 年俄罗斯国家科技发展计划》,其共包括 5 项促进科技发展的重大措施:基础研究、应用研究、高等院校和国家科学中心发展、研发基础设施建设,以及国际科技合作,其中,"发展基础研究"被列为首要任务(张丽娟和袁珩,2018)。俄罗斯一贯重视对基础研究的投资,基础研究经费支出在科技活动资金中占比 15%左右。2021 年 1 月,俄罗斯发布了"2021 年至 2030 年前基础科学研究计划",该计划旨在激发俄罗斯的科学潜力,并建立有效的科学研究管理体系以及国家应对重大风险挑战的防御体系,打造科学研究的自由环境,营造科学创造的良好氛围,提高俄罗斯的国际科技创新地位,吸引国外合作伙伴进行投资,保障国家国防和安全。同时俄罗斯教育与科学部通过加大科学研究投入,大力支持各高校和科研机构等积极开展基础科学研究。

基础研究是科技创新的重要环节,国家在加大科技发展投入的同时也在增加基础研究领域投入。俄罗斯政府高度重视利用基础研究应对重大风险和挑战，推动国家经济、社会和文化可持续发展，并发展国防技术确保国家安全。确立高校及科研机构在基础研究领域的主体地位，提高科研自主性，在培养人才和开展科学研究上，赋予高校充分的自主权，确保基础研究的高质量和高水平。新一轮科技革命和产业变革正在蓬勃兴起，世界科学研究重心正在逐步转向基础研究，加强基础研究是建设创新型国家的基石和动力。

4. 举办大型论坛展会扩大国际影响力

俄罗斯每年定期举办与科技创新有关的大型论坛和展览，论坛期间会展示俄罗斯科技创新的最新成果，由此吸引国外合作伙伴，建立密切国际合作。俄罗斯开放创新论坛在国际论坛上影响力较大，论坛主旨是各国分享自己的科技创新经验，展示本国最新研究成果，互相交流较为前沿的创新技术，促进各国创新合作。2020 年 10 月，"开放式创新"论坛在线上举行，各专家学者围绕后疫情时代世界科技发展等问题进行探讨，此次会议吸引了来自全球顶尖的业界专家、商界领袖和科技创业者等，参商可以展示科研最新成果，并且能和全球各地的客户及合作伙伴对话沟通。

俄罗斯在军事方面有较大的国际影响力。2021 年 8 月，俄罗斯"军队-2021"国际军事技术论坛在莫斯科举行。俄罗斯的许多军工企业在论坛期间展示了他们的最新产品，其中一名企业员工说"每年我们都会带来 3～5 件装备，其中 2～3 件都是最新产品，是我们选择在论坛上首次展示的产品"。每年国际军事技术论坛期间，俄罗斯国防部都要采购大量的新型装备，2020 年俄国防部与俄军工企业的订单额超过 1 万亿卢布(约合 900 亿元人民币)，这为俄罗斯军工业发展提供了重要平台。

5. 航空工业持续推进数字化转型

俄罗斯多家大型航空相关企业，如联合飞机制造集团、联合发动机制造集团等已经开始向数字化转型，引入各类数字化技术，优化生产和服务系统，打造数字化生产体系，并逐渐向智能数字化模式转变。俄罗斯联合发动机制造集团从2017 年开始，与各研发机构和高校在发动机制造业数字化领域逐渐展开合作。俄罗斯现在已建立超级计算中心，打造了高效计算资源 AL-100 系统和新的专用软硬件系统(SPAK)，称为"土星-100"。2017 年 7 月，俄罗斯工业与贸易部提出建立统一数字空间"4.0 RU"系统，在工业生产的全部阶段和级别全面引入数字技术。"4.0 RU"的宗旨是利用统一的数字空间将数字设计、技术和制造相结合(张慧，2019)。

目前，人类社会已经进入了信息时代，数字技术为社会经济变革提供了新引擎，成为各国科技发展的重要驱动力。数字技术使得市场竞争更加激烈，同时也带来了许多机遇和挑战。数字化转型要想成功，必须制定一个完整有序的数字化战略，并将其完美融合到企业战略中。要将眼光放长远，不过分追求短期业绩，对数字化的一系列举措进行大规模投资，紧跟时代需要，吸引和培养数字化人才，采取适当的激励措施，建立数字化渠道。同时要对数字化进程进行实时监控，及时追踪数字化关键绩效指标(KPI)。

6.2　国内科技创新和科技治理的经验借鉴

6.2.1　北京市科技创新和科技治理经验

近年来，北京市根据自身发展现状，积极寻找问题根源，贯彻落实国家改革部署，深化重点领域改革，出台了一批具有北京特色、值得引鉴的改革举措。为加快推进建设全国科技创新中心，北京市委市政府提出，要坚决突破制约科技创新的体制障碍，充分发挥中关村开拓体制创新的勇气，决战科创深水区，以更大决心、更大力度把改革进行到底，为科技创新护航开路。

1. 科技人才 PI 制

北京理工大学仿生机器人与系统教育部重点实验室 PI 制：北京市财政每年投入 1 亿元，项目自选，实施动态的 PI 制，经费不设置预算限制，60%～70%可用于人员工资，这对北京市的科技创新与科技治理提高起到重要影响力。

北京大学信息科学技术学院学术团队制度(PI 制)：充分发挥学术带头人及学术骨干在科研工作中的积极主动作用，鼓励各个学术团队间的联合协作，研究所会在多方面对团队建设给予支持，每 5 年对学术团队进行考核，最大程度上实现人力资源优化组合。

2. 赋权激励，增强创新动力

北京市推出"四大"自主权，即选人用人自主权、项目经费使用自主权、科研机构管理运行自主权以及加大成果转化授权力度，推动高校、科研机构及企业等研究创新，激发其创新活力。北京市通过下放职称评审权限和财政科研项目经费调剂权、主管部门不得干预章程赋予管理权限的事务、赋予科技人员职务科技成果所有权或长期使用权等措施减少对科研人员的管控，赋予其科研自主权，最大程度推动科技创新。

近年来，北京市为加强科技创新的总体规划，根据北京"三城一区"功能定位和发展特点，分区域、分步骤推进审批权限赋权和下放，建立健全统计监测制度，鼓励创新选人用人机制和人员管理方式。在赋权增能方面，北京市改革职称评价方式，加大对基础研究领域经费的投入，加快推进京津冀科技合作计划，建立青年科学家沟通交流平台，并依托北京市科技创新基金，加强与港澳地区合作，充分发挥其金融优势，推动与国际高端产业链和创新资源接轨。

3. 人才至上，破除制度壁垒

北京市改革人才培养体制机制，实施"四个优化"。一是优化人才培养机制。一方面，鼓励高等学校在人工智能、集成电路和云计算等新兴领域设置学科，培养高精尖行业的高素质人才及专业管理人才；另一方面，加大对青年科技人才的资助力度，扩大北京市自然科学基金和博士后计划等资助范围。二是优化人才评价机制。推行代表作评价制度，将项目成果、研究报告、专著译著、工程方案、技术标准规范等纳入代表作范围。三是优化因公出国（境）审批机制。优化科研人员出国审批备案工作流程，缩短审批时间，争取适当延长审批文件有效期。四是优化外籍人才引进及服务机制。对符合条件的外籍高层次人才和急需紧缺人才，缩短办理工作许可证和职业居留证的时间。在服务保障方面，北京市将积极为引进的高层次人才提供子女入学等服务，并在"三城一区"等区域建立一站式外籍人才综合服务平台①。

优化人才服务，促进科技创新并推动高精尖产业发展，用开放性政策引进并培养创新型人才。建立引进国内高层次人才的"绿色通道"，吸引各类国内创新人才到北京从事技术研发和科技成果转移转化，加大科技创新人才引进力度。北京市支持科研人才流动，建立科研人才在事业单位内外自由流动双向通道，北京市高等学校、科研院所的科研人才可利用本人及所在团队的科技成果，采取兼职、在职创办企业、在岗创业、到企业挂职、与企业项目合作、离岗创业等方式创新创业，获得相应报酬或成果转化收益②。

---

① 关于新时代深化科技体制改革加快推进全国科技创新中心建设的若干政策措施: 京政发〔2019〕18 号. (2019-11-15)[2021-08-07]. http://www.beijing.gov.cn/zhengce/zhengcefagui/201911/t20191122_518607.html。

② 北京市人民政府. 关于优化人才服务促进科技创新推动高精尖产业发展的若干措施: 京政发〔2017〕38 号. (2017-12-31)[2021-08-31]. http://www.beijing.gov.cn/zhengce/zhengcefagui/201905/t20190522_60682.html。

4. 松绑减负，增强获得感

北京市通过"四个简化"改革科研管理流程，建立和完善科研项目申报全流程，二者结合应用到科学研究领域，真正做到为科研人员松绑和减负。一是简化项目申报流程；二是简化评估检查流程；三是简化仪器设备采购流程；四是简化进口样品通关程序。通过松绑减负，科研人员可以真正全心全意投入日常科研中，不用为了走流程等各种繁杂程序而分心，大大提高了科研效率和质量，同时也能使科研人员卸下形式的重担，放开手脚，在科研领域上大放光彩。

赋予科研人员更大研究自主权，加大科研人员激励力度。在经费管理方面，简化预算编制、下放预算调剂权、扩大经费包干制实施范围。在科研人员激励力度方面，提高间接费用的比重，扩大人力成本的范围，合理核定绩效工资总额，加大科技成果转化激励力度。在减轻科研人员事务性负担方面，实行科研财务助理制度，为科研人员提供专业化、人性化的预算、费用报销等服务。完善财务报销管理办法，优化科研设备采购。加强对科研经费的投入，提高经费使用的灵活性，最大限度减轻科研人员的负担。

5. 优化服务，激发创新主体活力

北京市为鼓励新兴产业发展和高端技术引进，进一步提高产业市场准入便利化水平，改革完善监管机制和体系，对处于研发阶段、缺乏成熟标准或暂不完全适应现有监管体系的新兴技术和产业，实行包容审慎的监管政策。北京市运用科技创新基金推动高精尖产业发展，并推动社会资本向基础研究和原始创新方面转化，完善创业投资和天使投资引导机制，积极推动技术经济的深度融合，为技术创新与成果转化提供更有力支撑。同时，鼓励高等学校和科研院所与联合企业结成产业联盟，开展技术协同创新，并支持高等学校和科研院所技术人员到企业兼职或开展研究活动。

2020 年 1 月 1 日，北京市正式实施《北京市促进科技成果转化条例》。科技成果转化可以将科学技术转变为现实生产力，形成创新优势，提供持续创新的动力。该条例规定政府设立的研发机构、高等院校，可以将其依法取得的职务科技成果的知识产权，以及其他未形成知识产权的职务科技成果的使用、转让、投资等权利，全部或者部分给予科技成果完成人，并同时约定双方科技成果转化收入分配方式[①]。该条例的出台使科研人员公平感和满足感大大增强，这样更加能促进

---

① 北京市促进科技成果转化条例. (2019-12-05)[2021-09-11]. http://www.beijing.gov.cn/zhengce/zhengcefagui/201912/t20191205_868149.html.

科技成果的转化和实施。

6. 搭建平台，推动协同创新

北京市拥有我国第一个国家自主创新示范区，聚集了我国科技领域和高校科研领域的重要资源，现有 8 所"985 工程"大学，26 所"211 工程"大学，21 所正部级和副部级科研院所中，多数属于北京市共管。北京市在科技创新平台协同建设方面拥有得天独厚的优势(张丽红等，2021)。北京市积极贯彻创新发展战略，大力发展中关村自主创新示范园区，集聚创新人才和资源，完善创新环境，北京市的创新能力显著提升，创新成果显著。2020 年，北京打造 5G 新零售电商基地，基地整合和匹配人、物、市场三大核心要素资源，创新推出经开区"5G+视听"应用新场景。同年，中关村发展集团宣布启动"金种子"培育行动计划，投资 2 亿元，设立"金种子"企业投资专项基金，从上万家所服务的企业中选出首批 483 家符合条件的企业，根据企业的不同特点，建立层次化、阶段化的培育模式，提供更加精准的服务。

全国科技创新中心的建成是党中央在北京提出的新的城市发展战略和定位，在 2019 年全国科技创新中心的互联网信息服务平台上线后，该网络平台将能促进科技资源共享共用、推动科技要素的有效配置，进一步完善科技服务体系，为科技主体提供了更全面的科技信息与服务。

6.2.2　江苏省科技创新和科技治理经验

2019 年以来，江苏确立了"企业是主体，产业是方向，人才是支撑，环境是保障"的科技创新工作理念。江苏省科技创新和科技治理的具体经验如下所示。

1. 江苏省产业技术研究院

产学研导向是产业创新需求，工作重心放在关键共性技术研发和科技成果转化的开展，服务于中小企业的技术创新，创新型企业得到了培育，产业集群得到了开发。创新资源的配置枢纽、人才价值的转化枢纽和产业技术的创新枢纽是产学研的定位，成为推动江苏经济高质量发展和建设未来产业高地的核心引擎。

1)产业技术创新体系

初步建成了集创新资源、产业需求和研发机构于一体，以市场为导向、企业为主体、产学研用深度融合的产业技术创新体系。在创新资源集聚方面，与海外56 家和国内 52 家知名高校和研发机构建立了战略合作关系，建立了以 4 个离岸孵化器为重点的 8 个海外合作平台；在产业需求征集方面，遴选细分行业的龙头企业作为核心合作伙伴,成立了以战略研究、制定技术路线图和征集提炼技术需求为主要任务的 JITRI-企业联合创新中心 131 家;在研发机构的建设方面,自 2016 年以来从海内外以项目经理制引进团队与地方园区共同支持新建研究所 33 家,合计投入超过 70 亿元(不包括建筑)。

2017 年 2 月 17 日,在江苏省产业技术研究院有限公司与徐州市人民政府战略合作协议暨共建江苏省产业技术研究院道路工程技术与装备研究所签约仪式正式举办。江苏省产业技术研究院与地方园区、龙头企业、项目经理团队四方共建的道路工程技术与装备研究所就是第一个联合举办的专业研究所,是新型研发机构建设模式的又一次伟大创新。道路技术装备所将围绕江苏产业技术创新和传统产业转型升级的需求,集聚整合国内外优质创新资源,建立灵活高效的创新机制,打造集材料、装备、工艺、养护决策、智能控制、成套化施工等一体化的国际一流的道路技术装备研发机构,为推动徐州市和江苏省成为全国道路技术装备领域高端人才和高技术型企业的重要集聚区作出贡献。

2) 产业创新生态体系

江苏省产业技术研究院正在着力打造一个产业创新生态体系,该体系主要包括人才生态、金融生态和空间生态三方面,核心目标是经济高质量发展。在空间生态方面,结合地方产业基础、特色和需求,联合地方政府(园区)通过建设一批新型研发机构、引进一批高端研发公司、集聚一批高水平创新创业团队,共同打造集聚各类产业技术研发机构和研发型公司的专业研发产业园区,规划建设研发产业集聚区。在长三角沿江沿海地区重要节点城市选择基础条件好、创新能力强的园区,按照"研发作为产业、技术作为商品"的理念,布局建设若干研发小镇和研发产业社区,打造沿江、沿海两大主轴研发产业带。

在人才生态方面,构建天才科学家、项目经理、集萃研究员和集萃研究生共同组成的人才引进、培养、激励与发展的生态,打造以知名科学家为领军、高层次人才为骨干、创新实践人才为主题的产业创新人才为伍。

在金融生态方面,构建促进原创成果转化和产业化的金融生态,江苏省产业技术研究院有限公司通过市场化运营,助力专业化投资基金设立,吸引社会资本参与,挖掘引进更多具有前瞻性、颠覆性、引领性和市场前景的高科技技术和项目。

2. 一流政策环境让创新有氛围有保障

苏州为吸引全国包括全世界的精英人才扎根苏州,提出以一座城市的名义,汇集各路英才的"苏州科学家日"。这项活动作为苏州的"金字招牌"为苏州吸引了很多人才，苏州国际精英创业周已连续举办12届，目前苏州的国家级重大人才占苏州总量的一半，这得益于创业周的引进。常熟的创新秘籍在于产业提档升级，打破体制机制壁垒。常熟依托"科技镇长团"，尝试探索建立"政府-高校院所-企业"三螺旋产学研合作长效机制，与海内外近90所高校院所签订合作协议，共建校地合作创新平台。此外，为激励独角兽企业成长，江苏各城市拿出真金白银培育与扶持。在苏南，常州对省科技部门认定的独角兽企业和潜在独角兽企业分别给予奖励200万元和100万元。在苏中，扬州遴选独角兽企业、瞪羚企业培育库，每年给予最高授信1000万元额度的"小微惠贷"。在苏北，盐城对首次入选的瞪羚企业，按其上年度研发投入的30%给予最高100万元的补助。

近年来，创新驱动核心战略、科教与人才强省基础战略是苏州大力实施的项目，科技创新工程得到了深入推进，江苏省作为创新型省份的地位也得到了很大提升，区域创新能力也连续多年位居全国前列。江苏省各区域各政府部门也积极推行了财税政策、完善基础研究长期稳定支持机制、建立健全创新政策审查评议制度、强化创新驱动发展导向、建立创新产品推广使用机制。江苏省的科技创新能力得到了整体提升，这主要归功于以上的一系列政策的完善，激发了体制机制的潜力，释放了创新创业的活力。2020年7月，盐城市第一人民医院与南京大学举办了签约仪式，此次捐赠仪式在南京大学仙林校区举行，这标志着南京大学医学院附属盐城第一医院这一校地合作迈出新的步伐。通过此次合作，盐城市第一人民医院紧紧抓住南京大学这个"最强大脑"，可充分利用南京大学的高级知识分子在学科建设、人才培养、项目推进各方面取得的重大突破和进展。江苏省强化战略导向，实施前瞻性产业技术创新专项和科技成果转化专项。加大绩效评价力度，提高政策和资金的效益。鼓励社会各行各业积极向省属高校捐赠，支持高校的发展，并且进一步优化完善农业科技创新的财税支持方式，加大了对生命健康、公共安全、资源环境等社会事业领域科技创新投入力度，提高科技惠民水平。

6.2.3　浙江省科技创新和科技治理经验

2019年3月，浙江省科学技术厅印发《浙江省科技服务领域深化"最多跑一次"改革行动方案》，要求着力深化以项目评审、人才评价、机构评估为重点内容的科研管理体制改革，要求最终实现精简申报材料1/3、减少填报内容1/3、压缩评审时间1/3；要求加快建设覆盖全省科技系统的"科技大脑"，实现科技服务事项网上办理100%开通、科技信息孤岛100%打通、科技数据资源100%共享。该方案的颁布旨在使浙江省全面提升科技企业、科技人员和基层科技部门办事的便捷度、舒适度、满意度。浙江省在科技创新和科技治理方面的经验可以总结为以下几个方面。

1. 产学研深度融合的技术创新体系

"十三五"期间，浙江政府为充分发挥企业、高校、科研院所的优势互补配合，构建了多种形式的产学研合作模式，加快技术创新上中下游的对接与耦合，将关键核心技术的攻克放在重心，并且积极促进创新成果转化应用，探索"研发—成果转移转化—中试—产业化"路径。浙江全省大力推行新昌县"企业出题、院所解题、政府助题"的产学研合作创新机制，并探索建立"筑巢引凤""项目牵引""成果转化""长期合作"等模式，通过推行这种模式，近两年新昌县与浙江大学的产学研合作金额超过 1 亿元。浙江省为推进国内外科技的交流与合作，与以色列、加拿大、白俄罗斯、俄罗斯和葡萄牙签订了合作协议或备忘录，还与中科院、工程院、北京大学、清华大学、国防科技大学签署战略合作协议。引入了 970 多家创新载体，大力实施以引进大院名校为核心的共建创新载体战略，浙江清华长三角研究院、中科院宁波材料技术与工程研究所等院所已成为产学研结合、推动区域经济转型发展的一面重要旗帜。

2. 加速推进成果转移转化

浙江省积极打造浙江技术大市场成果拍卖品牌，加速推进全省范围内国家成果转移转化示范区建设，浙江网上技术市场发展 13 年来，累计发布技术难题 7.4 万项，签约项目 3.25 万个，科技成果 15.76 万项，成交金额 311.95 亿元。2012 年以来，科技成果竞拍活动已连续开展五次，其中成功竞拍的科技成果达到 521 项，总起拍价 6.86 亿元，成交价 9.09 亿元，溢价 32.5%。2018 年，浙江理工大学一项技术成果通过作价入股方式以 1750 万元的价格进行转让。此外为了进一步活跃成果转化主体，提升转化能力显著科研院所技术岗位结构比例。浙江省委办公厅和浙江省人民政府办公厅印发《关于实行以增加知识价值为导向分配政策的实施意见》，对科技工作成绩突出、科技成果转化显著的科研院所，可适当提高高级专业技术岗位结构比例，并且出台《关于进一步加强生态环保领域科技支撑能力建设的实施意见》，编制《"五水共治"技术参考手册》，加强五水共治、生态环保等民生领域的科技支撑。2003 年，建立科技特派员制度。截至目前，省市县三级共派遣个人、法人与团队科技特派员分别为 11678 人次、25 家、354 个；牵头实施 9515 项科技项目，创建 120 多万亩①科技示范基地，培育发展 432 家农业企业，建立 34073 户科技示范户，解决农村劳动力就业 204.1 万人，为农村农业增效增收作出

---

① 1 亩≈666.67m²。

了积极贡献。

3. 加大地方协同协作

加强发展落后地区和发展优质区之间的跨区域合作，典型经验为衢州市在杭州建立"创新飞地"——衢州海创园，入驻衢州海创园的企业可享受杭州市余杭区人才、项目、金融等政策，形成"海外—杭州—衢州"的直通型"引才链"，最终实现人才"工作生活在杭州、服务贡献为衢州"，企业"研发在杭州、创业为衢州"。

4. 地方发展关键节点打造大平台、大载体

一是浙江积极建设"产业创新服务综合体"，五年建设期中政府支持两亿元，企业为主体，高校、科研院所、行业协会以及专业机构积极参与，为广大中小企业创新发展提供全链条服务。近年来，浙江省积极推进产业创新服务综合体建设。截至目前，浙江省基本实现了传统块状经济和现代产业集群"两个全覆盖"，全省共建设综合体304家，其中省级138家，已覆盖全省11个地市和80个县(市、区)。产业创新综合体为打造一站式服务窗口，积极与知名高校和行业技术实力领先的院校合作，引进创新人才，并为其落户，加快了优质创新资源的集聚。如温岭泵业综合体入驻全国唯一的国家水泵及系统工程技术研究中心共建温岭研究院，宁波绿色石化综合体与化工学科全国排名第一的天津大学建设浙江研究院，这种高校与企业的合作为推动浙江省科技创新作出了极大的贡献。

二是加快建设以"杭州城西科创大走廊"为核心的创新密集区，浙江省政府斥资100亿元大力支持"之江实验室"启动城市大脑等5个重大科研项目和1个重大科学装置建设。

6.2.4 广东省科技创新和科技治理经验

近年来，广东重点建设国际科技创新中心和粤港澳科技创新强省，以问题为导向，抓住机遇，以"放管服"改革为契机，针对先进创新资源不足、基础研究薄弱等缺点，精益求精，在科技体制改革上取得了较大突破，在很大程度上消除了阻碍创新的体制和制度障碍，推动科技创新与体制机制创新"双轮驱动"取得良好成效。数据显示，2017年广东省R&D人员约87.99万人，增长19.7%；其中，企业R&D人员约77.32万人，占比高达88%。2014~2017年，粤港澳大湾区GDP实现"四连增"，发明专利总量由103610件增加到258009件，数量逐年增加。截至2017年，广东省财政在"珠江人才计划"项目上的投入已超过30亿元，共引进五批117个创新团队和89名领军人才，直接带动250个团队、3万名国际人才

来粤创新创业(王珺和赵祥，2018)。从广东省科技创新发展的经验中，可以绘制
出广东省科技创新的模式如图 6-12 所示：首先，广东省科技创新的核心要素是人
才；其次，政策是广东省科技创新发展的驱动力，广东省建立科创平台，将人才
以科学合理的方式聚集起来，通过制度创新促进人才间的合作；再次，高技术行
业的不断发展创造了巨大的经济效益，而这种经济效益又能够反哺于人才的引入，
形成了强大的人才"虹吸效应"；最后，自我革新和自主创新是广东省科技创新向
前发展的"车轮"，广东省科技创新的发展史就是一部自我革新和自我创新的历史
(林潇潇，2021)。

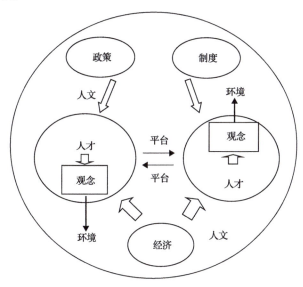

图 6-12　广东省科技创新发展模式图

　　2021 年 5 月 20 日，广东省召开了科技创新大会。会议深入学习贯彻习近平
总书记关于发展科技创新的重要论述和对广东的系列重要讲话、重要指示批示精
神，并以此为方针规划了广东省新发展阶段科技创新重点任务，推进建设更高水
平的科技创新强省。会上也总结了广东省"十三五"时期突出的科技工作，并对
2020 年度广东省科学技术奖获奖单位和个人进行了表彰，其中包括以钟南山等作
为主要完成人的新发冠状病毒感染的防控策略与临床诊治项目颁发了科技进步奖
特等奖；为宋尔卫颁发了 2020 年度广东省科学技术突出贡献奖；还有离散系统的
变分法及其应用等 11 项成果获自然科学奖一等奖；高强度全回收增产地膜先进制
造与循环利用等 6 项成果获技术发明奖一等奖[①]。

_____

① 广东省科学技术厅. 全省科技创新大会在广州召开. (2021-05-20). http://gdstc.gd.gov.cn/kjzx_n/mtjj/content/post_3287910.html。

广东省科技创新的基本原则是引导性、普惠性和松绑性。首先，引导性体现在扶持孵化器及新型研发机构，其中新型研发机构是一个独立的法人机构，主要从事科学研究、科技成果转化和技术创新服务等活动，具有投资主体多元化、管理制度现代化、经营机制市场化等特点，强有力地推进了科技体制机制创新和科研力量优化配置，强化了产业技术供给，促进了科技成果转化，是推动科技创新和经济社会发展深度融合的重要载体；其次，普惠性体现在激励企业创新投入，为激发全省的创新活力，广东省构建了以企业为主体、市场为导向、产学研相融合的区域创新体系，深入培育高新技术企业，积极落实研发经费的加计扣除与后补助等普惠性支持政策；最后，松绑性体现在减少科研项目过程检查，避免重复多头检查，以最大限度减少政府部门对高校和科研院所内部事务的微观管理和直接干预，扩大科研主体自主权，激励科技创新积极性。广东省科技创新的经验主要总结为以下几个方面。

1. 加大核心技术攻关力度，构建以企业为主体的技术创新体系

截至 2019 年底，广东省产学研合作项目超过 90%，实现了企业为创新主体的"四个 90%"，分别表现为：90% 的科研机构设在企业，90% 的科技创新人才在企业，90% 的科研经费投入在企业，90% 的发明专利出自企业。2021 年 8 月，一场应急测绘保障演练在广东珠海淇澳大桥附近水域展开。"云洲无人船"不负众望：M80 搭载激光雷达和多波束测深仪，准确采集到水下地形信息和桥墩、桥底的有关数据；ME120 搭载侧扫声呐，顺利获取水下地貌信息，探测到水下沉船沉物位置。这场演练的主角来自云洲智能科技股份有限公司（简称"云洲智能"），2010 年由香港科技大学博士张云飞及其团队创办。自创办以来，"云洲无人船"参加了青藏高原冰川湖泊科考、南极科考等重大任务，也参加了水污染等生态环境调查，业务覆盖 46 个国家和地区。"云洲智能"仅在无人船艇领域的专利就有 200 多项。这是粤港澳大湾区发展科技创新、集聚创新资源、提升原创能力的一个缩影[①]。

2. 基础研究与应用研究平衡发展

对基础研究科研投入加大，建设一流高校和科研院所，着力打造原始创新高地；加强大平台建设，兼顾基地建设，使省实验室、在粤大科学装置、国家重点实验室等的创新与服务能力有了一定的提升，将省市共建实验室作为基点，强化突破核心技术瓶颈，加大对创新技术成果的推广应用，并对省实验室引进或培养

---

① 科创新引擎 发展加速度. (2021-08-22). https://baijiahao.baidu.com/s?id=1708739383391102000 & wfr=spider & for=pc。

的团队进行考核评判，支持将优秀人才直接入选珠江人才计划创新团队；帮助符合条件的省实验室设立博士后科研流动站或工作站，鼓励省实验室与高等院校、科研院所联合培养硕士、博士研究生，为其争取自主招生资格；筑牢省级实验室与知识产权服务机构之间的接口，加大对创新成果知识产权的保护，加强对高层次创新成果的知识产权处置和执法；推动广东省高等教育和基础科学研究的有机结合，构建特色鲜明的发展体系，建设一流的师资队伍，树立扎实的学习作风，优化人才培养模式以及学科专业结构，促使跨学科融合发展；推动产学研一体化建设，促进产业链、创新链、资金链、政策链"四链"融通，使广东省科技计划呈现出全链条、一体化的布局特点，并对院士工作站、新型研发机构、产学研技术创新联盟和高水平成果对接平台进行了建设升级，深入推动企业科技特派员工作，推动企业成为技术创新决策、研发投入、科研组织和成果转化的主体[①]；2019年，广东省设立基础与应用基础研究基金并成立基础与应用基础研究基金委员会实行专业化管理，落实科学基金改革。

3. 优化人才培养、引进和服务机制

整合各项人才政策，为粤港澳大湾区青年提供交流合作平台，打造高水平人才培养体系，建设综合创新人才高地。总结并学习香港和澳门吸引国际高端人才的经验和做法，在人才引进政策方面更积极、更开放、更有效，使人才引进更具地方吸引力。建立紧缺人才清单制度，当人才紧缺时，及时发布人才需求，为引进国际人才拓宽招揽渠道，引进一批站在世界科技前沿、创新前沿的顶尖人才和创新团队，使海外留学归国人才在粤凝聚。实施省重点研发项目联合招才计划、省重大实验室访问学者计划等，联合港澳开展人才引进和招投标活动，推动以侨引才。在政策方面争取国家层面的支持，率先实施优质人才居留政策，简化外籍人才申请永久居留的审批程序，缩短审批周期。对国际化人才培养模式进行改进升级，为国际人才交流提供便利，推进职业资格国际互认。发力打造教育高地，以"打造大湾区的麻省理工学院"为目标的大湾区大学，其建设构想就极具创新意识，据广东省教育厅介绍，该校将打破传统的"大学-学院-学系"体系，代之以"大学-领域"这种扁平灵活的教育和研究组织模式，着力构建交叉融合跨学科课程，结合社会发展需求，每 3～5 年对课程进行动态调整，同时鼓励学生灵活选择自己的主修课程。对于拟在 2022 年 9 月正式开学的香港科技大学(广州)，同样将突破传统学术架构界限，设立功能、信息、社会、系统四大枢纽架构，实现跨

---

① 广东省人民政府公报. 广东省人民政府关于加强基础与应用基础研究的若干意见(粤府〔2018〕77 号). http://www.gov.cn/xinwen/2018-10/20/content_5333046.htm。

学科的教育和科研模式①。2019 年，广东省人民政府印发的《关于进一步促进科技创新若干政策措施的通知》中指出，要"支持港澳及世界知名高校、科研机构、企业来粤设立分支机构并享受相关优惠政策，促使重大科技成果落地转化"②。广东省科技人才政策的发展经历了恢复调试、确立发展、积极推进、大力发展和全面优化 5 个阶段，如表 6-4 所示(陈敏和苏帆，2020)。

表 6-4　广东省科技人才政策发展 5 个阶段基本情况

年份	阶段划分	战略背景	科技人才定位	典型文件
1978~1985	恢复调试阶段	改革开放	科学技术是生产力，知识分子是工人阶级的一部分	《1978—1985 广东省科学技术发展纲要》
1986~1997	确立发展阶段	科技体制改革	科学技术是第一生产力，科技进步和经济发展最重要的人才	《关于当前科技体制改革若干政策资源的暂行规定》
1998~2007	积极推进阶段	科教兴粤和人才强省战略	人才是第一资源	《关于依靠科技进步推动产业结构优化升级的决定》《关于实施人才强省战略的意见》
2008~2016	大力发展阶段	经济全球化发展，全面转入科学发展轨道关键时期	人才资源是第一资源，高层次人才是经济全球化竞争日趋激烈条件下制胜的核心战略资源	《关于加快吸引培养高层次人才的意见》《广东省自主创新促进条例》
2017 年至今	全面优化阶段	人才发展体制机制改革	发展是第一要务，人才是第一资源，创新是第一动力	《关于我省深化人才发展体制机制改革的实施意见》(粤发〔2017〕1 号)

4. 改革科技管理体制

深化区域创新体系改革。构建的体制机制符合科技创新规律，使大湾区人才、资本、信息、技术等创新要素的流动更加便捷高效。出台相应政策措施，支持港澳高等院校、科研机构参与广东省财政科技计划，鼓励港澳符合条件的高校、科研机构申报。设立粤港澳联合创新专项资金，在重大科研项目上积极合作，支持相关资金在大湾区跨境使用。设立省级基础与应用基础研究基金，设立香港、澳门基础研究专项及广东、香港、澳门三地研究团队项目。鼓励外籍创新人才在粤创办科技型企业，实施试点项目，使其能够享受国民待遇，并简化设立企业的授

① 人民日报海外版. 粤港澳大湾区发力打造教育高地. https://www.ndrc.gov.cn/xwdt/ztzl/ygadwqjs1/202108/t20210825_1294623.html?code=&state=123。

② 广东省人民政府. 关于进一步促进科技创新若干政策措施. (2019-01-07)[2021-08-25]. https://www.gd.gov.cn/zwgk/wjk/qbwj/yf/content/post_1054700.html。

权程序。对在大湾区内地工作、符合一定条件的境外(含港澳台)高端人才和紧缺人才，使其可享受国家制定的个人所得税税负差额补贴政策。2019 年，在广东省人民政府印发的《关于进一步促进科技创新若干政策措施的通知》中指出，要持续加大科技领域"放管服"改革力度。试行部分财政科研资金委托地市、高校、科研机构自主立项、自主管理。

5. 重视科技成果转化工作

近年来，广东省委、省政府高度重视科技成果转化工作，始终将其作为实施创新驱动发展战略、建设国家科技产业创新中心的关键抓手，特别是在《中华人民共和国促进科技成果转化法》修订和提出供给侧结构性改革以后，积极强化对接，制定《广东省促进科技成果转化条例》，率先出台《广东省经营性领域技术入股改革实施方案》，深化收益分配及激励制度改革。截至 2017 年底，广东已有 37 家科研院所和 24 所高校开展经营性领域技术入股改革，共产生 45 起技术入股成功转化案例，产生股份收益 3.14 亿元。举办首届中国高校科技成果交易会，为科技成果供需双方搭建了高效便捷的信息对接平台，为全省科技成果产业化注入了新的动力和活力，共有近 10000 项科技成果聚集，有 6600 多项具有产业化前景的技术成果、超过 300 所高校科研院所将在现场展示其最新科研成果，收到企业技术需求 2500 项，近 1000 家企业参加对接(张跃等，2018)。

6.2.5　湖南省科技创新典型案例——社会化出资项目

2020 年 12 月 7 日，湖南省出台《关于申报 2020 年度湖南省科技创新计划社会化出资项目的通知》[①]。湖南省科技创新计划中首次设立了社会化投资项目，这对科技创新计划管理改革意义重大，该项目旨在充分引导、开发和发挥社会资金的作用，以多种方式调动社会力量，提高研发投资热情，激发各类创新主体活力。

1. 项目定位

社会化出资项目是指由湖南省科学技术厅(以下简称湖南省科技厅)按湖南省科技创新计划管理流程审核立项和管理，能取得比较明显的社会经济效益，项目研发资金完全依靠项目承担单位自有资金或社会资金资助，各级财政资金未对项目研究给予经费支持的项目。研发攻关技术属于国内领跑或并跑，能解决制约湖南省产业发展的关键核心技术问题，转化重大科技创新成果，为湖南省重点研发计划或

---

① 湖南省科学技术厅. 关于申报 2020 年度湖南省科技创新计划社会化出资项目的通知(湘科计〔2020〕53 号). (2020-12-07). http://kjt.hunan.gov.cn/kjt/xxgk/tzgg/tzgg_1/202012/t20201207_13978701.html。

高新技术产业科技创新引领计划(以下简称"高新引领计划")中的一个类别。

2. 申报内容

社会化出资项目按照"统一组织、分类申报"的原则进行,纳入湖南省重点研发计划或高新引领计划管理,申报内容为已发布的两类计划指南内容,其分别为省重点研发计划、高新引领计划。

3. 申报条件及有关要求

除满足 2020 年省重点研发计划和高新引领计划申报指南的要求外,还需满足以下条件及要求。

(1)社会化出资项目研发攻关内容应为国内该领域领跑或并跑技术,能为湖南省产业发展提供关键共性技术支撑。转化的科技成果须知识产权明晰,关键核心技术攻关已取得重大突破,具备产业化和推广应用条件,市场用户和应用范围明确,预期经济效益显著,且符合湖南省企业和产业创新发展需求。

(2)申报项目以企业、新型研发机构为主体的,应具有较强的研究开发能力,成长性好,且上一年度的研发经费投入强度在3%以上。

(3)社会化出资项目投入资金全部由项目承担单位自筹解决,项目承担单位应具备项目研发的经济实力,并明确项目资金来源(自筹资金不能为财政资金),作出出资承诺。申报重点研发计划和高新引领计划攻关类的,其中偏基础研究项目研发经费总投入须达到100万元以上;偏应用基础研究项目研发经费总投入须达到200万元以上。申报高新引领计划成果转化类的,其中偏工程化项目研发经费总投入须达到200万元以上,偏产业化项目研发及成果转化总投入为400万元以上。

(4)省级科技创新计划项目中,未按社会化出资项目类别申报的,事后不得以社会化出资项目予以立项。

(5)项目执行期满后,按照一次性综合绩效评价的方式组织验收,项目验收坚持以目标为导向,简化程序,主要评价研究任务完成情况、核对资金投入等。项目资金投入和研究任务完成率达不到50%的,项目终止,并取消项目立项。

(6)推行项目专业化管理——落实依托专业机构管理项目的改革要求,符合条件的事业单位或社会化科技服务机构可作为项目管理专业机构,承担省级科技创新计划全过程管理的事务性工作,把政府部门从项目的日常管理中解放出来。

4. 立项项目

根据《关于申报 2020 年度湖南省科技创新计划社会化出资项目的通知》(湘科计〔2020〕53 号)要求,经申报推荐、专家评审、厅党组会议审定、立项公示等程序，在 2021 年 5 月，湖南省科学技术厅共公示了社会化出资项目 41 项立项项目。表 6-5 为其中部分项目列表。

表 6-5　2020 年度湖南省科技创新计划社会化出资项目立项项目清单（部分）

项目名称	项目承担单位	所在市州
智信链国产高性能安全可靠区块链基础平台	湖南宸瀚信息科技有限责任公司	长沙市
新型冠状病毒(SARS-CoV-2)快速检测技术平台的研究与开发	湖南大地同年生物科技有限公司	长沙市
高速高精密动立柱式五轴联动加工中心的研发及产业化	湖南九五精机有限责任公司	湘潭市
电动伺服(CNC)粉末成型压力机产业化项目	湘潭新云科技有限责任公司	湘潭市
低温高功率富铝锂电池标准模块研究与应用	湖南电将军新能源有限公司	娄底市
钢件切削用 CVD 涂层刀片基体及槽型设计研究与应用	株洲欧科亿数控精密刀具股份有限公司	株洲市
FRG 集成装配式环保板材关键技术开发与产业化项目	湖南金凤凰建材家居集成科技有限公司	岳阳市

资料来源：湖南省科技厅.《关于下达 2020 年度湖南省科技创新计划社会化出资项目立项的通知》https://kjt.hunan.gov.cn/kjt/xxgk/tzgg/tzgg_1/202105/t20210531_19395575.html。

6.3　本 章 小 结

国内外在科技创新和科技治理方面有很多经验值得我们借鉴，本章主要对国内外科技创新的典型案例进行了分析。以色列为提高科技创新能力培育了一个全民创业的创新文化氛围，坚持企业创新的主体地位，高度重视开展国际研发合作。美国作为全球创新能力最强的国家，构建多元主体的科技资助系统，在科技治理中非常重视科技立法。德国在营造良好创新生态、强化科研体系建设、提高中小企业创新动力等方面取得了卓越成就。日本是一个创新能力和创新质量都位居世界前列的国家，日本的创新特点可以概括为"精益创新"，主要是基于日本创新过程中对产品和技术改进的精益求精。俄罗斯的科技创新主要集中在军工和宇航方面，通过提高军工综合体产品的需求，建立国内有效的科技市场。另外我国部分城市在科技创新和科技治理方面也取得了优秀成绩，北京市委提出要突破制约科技创新的制度藩篱，将改革进行到底，为科技创新开路。江苏省确立了"企业是主体，产业是方向，人才是支撑，环境是保障"的科技创新工作理念。浙江省在科技服务领域提出"最多跑一次"的改革行动方案，广东省在推动科技创新与体制机制创新"双轮驱动"取得了良好成效，湖南省的科技创新计划社会化出资项目也取得了比较明显的社会和经济效益。

第7章

深化科技创新体制改革，助力地方治理
——以山西省为例

地方治理现代化是国家治理体系和治理能力在地方层面上的集中表达，是新时代"中国之治"宏伟蓝图的重要构成。党的十九届四中全会将"完善科技创新体制机制"作为推进国家治理体系和治理能力现代化的重要战略任务之一[①]，也为地方治理迈向现代化提供了路径遵循。以改革促创新，以创新推治理，关键在政府，落脚在企业，动力在高校院所，根基在人才。

7.1 科技创新体制改革助力地方治理的意义

2018年5月，习近平总书记在中国科学院第十九次院士大会、中国工程院第十四次院士大会上提出要"破除一切制约科技创新的思想障碍和制度藩篱""全面深化科技体制改革，提升创新体系效能，着力激发创新活力""科技领域是最需要不断改革的领域"[②]。

党的十九届四中全会强调[①]，要加快建设创新型国家的重大制度支撑，指明了完善科技创新体制机制的重点和方向。建立以企业为主体、市场为导向、产学研深度融合的技术创新体系，促使各类大中小型企业与社会各界融合交叉创新，促进科技成果直接或者间接的转化机制，设定硬核的标准，提升产业基础能力和产业链现代化水平。完善科技人才的发现、培养、激励机制，健全符合科研规律的科技管理体制和政策体系，改进科技评价体系，健全科技伦理治理体制。

---

① 党的十九届四中全会《决定》全文发布. (2020-05-09). http://www.dangjian.cn/shouye/zhuanti/zhuantiku/dangjianwenku/quanhui/202005/t20200529_5637941.shtml.

② 习近平: 在中国科学院第十九次院士大会、中国工程院第十四次院士大会上的讲话. (2018-05-28). http://news.cnr.cn/native/gd/20180528/t20180528_524249987.shtml。

坚持创新在我国现代化建设全局中的核心地位，把科技自立自强作为国家发展的战略支撑，并把坚持创新驱动发展、全面塑造发展新优势的重要内容，表现在完善科技创新体制机制，这表明对于科技创新的发展引起了以习近平同志为核心的党中央的高度重视，同时还凸显了以改革促创新、以创新促发展的重要性和紧迫性（王志刚，2020）。

7.1.1　破除政府体制机制壁垒，弥合地方治理的制度缺陷

破除政府制度壁垒是深化科技体制改革的前提和基础。现代社会，科技创新亟须健全的制度和健康的生态，但地方政府的传统科技管理模式却不合时宜，一定程度上存在着各种体制机制障碍。一是管理多头化。长期以来，条块分割、边界模糊、缺乏协调等制度壁垒导致了项目低水平重复、资源配置碎片化、成果转化率低等问题，高投入、低产出的怪象频出。二是容错机制匮乏。"科研要着眼长远，不能急功近利。"部分地方在科研工作中存在短视思维，卡成果、追责任、乱干预、硬约束等作为导致科研人员不能出错、也不敢出错，严重压制了科研工作的积极性。三是资源配置失衡。地方政府在科研经费投入中，"扶强不扶弱"，往往倾向于传统优势产业，新兴产业得不到有效支持和长足发展；优势资源多向高层倾斜，唯"官衔"、唯"帽子"现象依然突出，有能力的青年科研人员缺少资源支持。因此，破除政府体制障碍是科技创新助力地方治理现代化的首要任务。

破除政府科技创新制度壁垒，助力地方治理现代化有两条逻辑理路：一是以科技管理体制革新弥合地方科技治理的制度缺陷；二是以制度改革推进科技创新，以科技创新引领地方治理。

在地方政府职能转变的大背景下，破除科技创新体制障碍必须遵循"放管服"改革的基本要求。一是明确治理界限，从"模糊"到"清晰"。地方政府应当明确各相关部门职能，高度协同各监管主体，克服"九龙治水"引发的各种问题。二是转变治理职能，从"管制"到"服务"。深化行政体制改革的目标愿景就是建设服务型政府，核心在于建设"有限"政府。地方政府应当减少对科研活动的干预，简化项目申报、审批和验收流程，建立健全相对宽松的容错机制，让科研主体的创新创造活力得以充分涌流。三是规范治理标准，从"人治"到"法治"。法治化、规范化、体系化是科技体制改革的必然趋势，地方政府在项目评审、资源配置、成果验收和知识产权保护等方面应当严格坚持标准，杜绝"人情""关系"等因素干扰公正。

7.1.2 突出企业创新主体地位，强化地方治理的产业支撑

企业需要加强技术创新，才能顺利进行科技体制的改革。社会主义市场经济条件下，科技与产业的融合日趋紧密，科研成果能否真正服务于社会生产力才是判断科技创新效能的主要指标。当前，各地在科技成果转化过程中存在不同程度的"阻塞"问题，主要是由于企业缺乏技术创新，使得创新产业、科学技术、市场需求缺乏连贯性。一是新型的研发机构正面临发展困境。与传统科研机构相比，新型研发机构以投资多元化、管理企业化、人才弹性化和研发市场化等特征最大限度契合了产学研融合的趋势，但其发展也存在地区数量失衡、职能定位模糊、资金支持不足等问题，难以稳定持续地满足地方转型发展和创新发展的需要。二是创新型企业融资困难。地方科技创新企业以中小企业为主，技术优势不明显、成果转化匮乏和效益较低等特点使得企业发展面临融资困境，融资渠道主要集中于银行信贷，资本市场或其他渠道过少，资金缺口巨大。三是科技创新存在"孤岛"困境。长期以来，地方科技事业发展中始终存在着政府在资金、信息和管理等方面占据主导地位的"孤岛"现象，企业缺乏自主性和参与度，出现了科技成果"自产自销"的自我循环怪象。因此，科技创新助力地方治理现代化的关键环节正是强化企业创新主体地位。

只有保证创新产业、科学技术与市场需求的连贯性，提高企业的技术创新，才能促进地方治理现代化。在地方科技治理实践中，如何引导企业从"要我创新"到"我要创新"转变是值得深思的重要课题。一是推进新型研发机构建设。新型实验室建设要摒弃政府"全揽"的既定思维，注重整合政产学研多方力量参与，积极采取"公参民""合伙制"等组建方案，做多、做大、做优、做强新型研发机构。二是注重科技创新企业的政策倾斜。各地方根据企业发展实际确定普惠性与差异性相结合的扶持政策，为创新型企业发展提供人才、资金、项目和环境支持。三是推动新兴产业的集聚集群集约发展。各地可以借鉴江苏省依据产业链的现状，规划出创新链的发展方向，将创新型产业集聚起来的先进经验，根据地区发展的基础、条件和潜力打造多种类型的产业集群。

7.1.3 扩大高校、科研院所自主权限，提升地方治理的智库效能

向高校、科研院所下放一定的权利，才能促进科技体制改革，才能提高地方治理现代化。科技创新的主力军是高校和科研院所，在地方创新驱动的战略实施中发挥了不可替代的作用。长期以来，高校和科研院所受限于传统的事业单位管理体制，难以适应全球化市场的发展需求，存在着一系列体制机制障碍。一是缺

乏自主。1999年启动的公立科研机构分类改革在取得突出成效的同时，还存在着自主性差的弊病，高校和科研院所在所有制、法人自主权等方面尚未完全"松绑"。二是管理僵化。市场经济条件下，高校、科研院所仍残存着计划经济作风，在人事、经费、薪酬、绩效评价等方面沿用固化的行政管理方式，严重违背了科学研究的基本规律。例如，"大锅饭"现象仍存在于部分科研单位，科研人员的积极性被普遍压制。三是产学研脱钩。当前，高校和科研院所普遍存在着成果转化率低的"通病"，论文流于形式，成果流于数据，难以解决产业发展中的实际问题。据统计，2018年，3200家的高校和科研院所中，仅有687家（21.5%）设立技术转移机构，其中只有306家（44.5%）认为这样的机构能够发挥重要作用。因此，扩大高校、科研院所自主权限是科技创新助力地方治理现代化的重要切口。

以高校、科研院所体制改革为抓手，释放地方治理的智库效能。高校、科研院所集聚着大量人才和科研资源，通过制度改革推进知识资源向治理资源转变是地方治理现代化的重要任务。一是明确各部门的职责。保证各部门职责清晰，避免部门的职责交叉、分散、集中，各个地方应当结合实际，将高校、科研院所的多项管理权，集合到统一的行业主管部门，避免权责模糊导致的各种纠纷。二是扩大法人的自主权。各地应当根据事业单位法人制改革要求，赋予和扩大高校、科研院所在人才引进、岗位管理、绩效考核、设备采购、分配薪资、项目审批等方面的自主权。三是优化科技成果的转化方式。各地应当支持高校、科研院所加强科技成果转移体系建设，推进科技产权制度改革，让高校、科研院所和科研人员享有更大自主权，更好地促进技术成果的转化，进而获得更多收益，激发更高热情。

7.1.4 激发科研人才创新活力，夯实地方治理的人才基础

只有激发科研人才的创新活力，才能加快促进科技体制改革，深化改革。近年来，各地在人才引进、培养过程中既取得了显著成效，又暴露了一些问题。一是人才总量偏少。由于区域经济发展差异，各地人才存量和人才引进数量存在失衡问题，尤其是中西部省份花大力气栽好"梧桐"，却难以引来"凤凰"，人才总供给相对于总需求仍显不足。二是层次结构不优。整体来看，不少地区中低层次人才队伍建设进展顺利，但往往陷入急需紧缺的高层次人才"引不来、留不住、培养不出"的困局。三是重光环轻能力倾向。部分地区在人才引进中忽视地方资源禀赋、产业实际和发展需求，一味"攀高结贵"，非大咖不要，非大师不留，辛辛苦苦挽留的人才在地方经济社会发展中却难以发挥实效。四是"内外"矛盾。在政策扶持上，部分地区往往陷入"外来和尚好念经"的怪圈，优待引进人才，

忽视本土人才，人为制造内外矛盾。因此，激发科研人才创新活力是科技创新助力地方治理现代化的现实需要。

释放各类人才创新活力，才能打造出优质的人才队伍，推进地方治理的现代化。引进人才、培养人才和用好人才是一个有机循环的整体，地方政府应当坚持"三路"并进、多措并举原则，打造出一支业务能力强、思想先进、分工明确的科技创新人才队伍。一是人才引进有弹性。在全国性人才引进大趋势下，各地需要因地制宜，制定一套有弹性的引才引智机制。例如，以"项目＋人才"模式引进紧缺型领军人才及团队，以"候鸟"模式季节性引进顶尖专家和学者进行顾问指导，以海内外人才交流合作为契机引进不同层次人才等。二是人才培养有韧性。各地应当依托地方高等院校和科研院所，坚持正确的人才培养方向、科学的人才培养方法和耐心的人才培养态度，扩充不同层次的人才存量，找到承续接力的"源头活水"。三是人才使用有良性。引进和培养人才仅仅是第一步，如何使用好手上的人才资源才是关键。一方面，坚持量才用人、职能相称的原则，根据人才特点将其部署在产学研各个环节，使得物尽其用、人尽其能；另一方面，注重人才激励和评价制度改革，强化人才支持计划，让有贡献的人才有回报，推进人才评价制度改革，将技术创新和成果转化等因素作为关键指标。

7.2 全面深化科技创新体制改革的思路

图 7-1 为全面深化科技创新体制改革的思路总图。

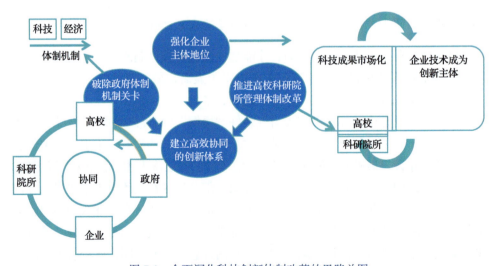

图 7-1 全面深化科技创新体制改革的思路总图

7.2.1 破除政府科技创新链条上的诸多体制机制关卡

科技创新是需要制度等"软件"的保障，然而科技创新的链条上还存在着诸多的体制机制关卡。因此，为了促进科技创新，需要破除一切体制、机制关卡，实现全面创新。

多年来，我国科技与经济"两张皮"的问题一直没有得到很好解决，科技成果向现实生产力转化过程中遇到困难，表现为科技创新链条上出现了一些体制弊端，科技成果转化过程的环节中连贯性不够，衔接度不高。就像一场接力比赛，每一棒之间都不能够顺利交接，即使交接了，也不知道往哪里跑。要解决这个问题，就必须进行深化改革，就必须破除科技创新的思想和制度障碍，既要遵循市场规律，又要让政府勇于担责，促进科技和社会发展相辅相成、相互融合，将从科技兴起到产业兴旺、经济发达、国家富强的通道打通，以改革来释放创新活力，加快建立健全的国家创新体系，实现全面创新。

7.2.2 强化企业技术创新主体地位

科研要服务于人民群众和社会经济发展，促进经济和科技相结合是创新改革的基本要求，也是我们缩短与发达国家差距的主要举措。目前，科技成果转化不顺畅最主要的原因是科研成果未能市场化，大多处于自我循环中，科技成果不能依据产业链的现状，部署创新链的发展方向。因此，必须强化技术创新主体的作用，让企业成为促进科技成果市场化的直接推动者。

7.2.3 推进高校及科研院所科技管理体制改革

当前，科研院所在我国科技创新中发挥着至关重要的作用，但也存在诸多的问题，因而要推进科研院所的内部改革，使得科研院所能够适应市场的需求，发挥出更大的潜能。中国科学院必须要破除各种障碍，打破各种围墙，让机构、人才、装置、资金、项目都整合起来，加快促进科技发展。进而提出，要继续深化改革，总的是要遵循规律、加大激励、分工明确、分类改革。承担国家基础研究、前沿技术研究、社会公益技术研究的科研院所，要以增强原始创新能力为目标，尊重院所运行规律，扩大院所权限，扩大个人科研选题选择权。同时，科研资金要有效整合，不能滥用、泛用或者不平衡地分割，更不能作为某一部门的权威和利益。

目前，我国的科技管理体制对建设世界科技强国的适应性较差。"要推进政府科技管理体制改革，以转变职能为目标"，做好"政府和市场分工，能由市场做的，要充分发挥市场在资源配置中的决定性作用，政府从分钱分物的具体事项中解脱出来"，做好中央各部门的功能性分工、中央和地方的分工，同时"科研资金要进一步整合，不能分割和碎片化，不要作为部门的一种权威和利益"（万立明，2019）。

7.2.4 探索建立高效协同的创新体系

只有科技创新体系的各个方面形成相互交融、连贯连通的格局，并加强高效协同创新，才能形成创新合力，进而才能提升国家科技创新体系。在中国科学院第十九次院士大会、中国工程院第十四次院士大会上，习近平总书记强调："要优化和强化技术创新体系顶层设计，明确企业、高校、科研院所创新主体在创新链不同环节的功能定位，激发各类主体创新激情和活力"[①]。

7.3 山西省科技创新体制改革助力地方治理的经验

一个国家及一个区域社会经济发展的关键是科技创新，而科技创新依赖于良好的生态和完备的体制机制。目前，山西科技创新水平与全国平均水平相比仍有一定差距，因此山西只有大胆进行机构改革，努力构建形成科学合理、遵循规范、高效协同的职能体系，才能创造科技发展新优势。

截至2019年，山西省的总人口是3702万，地区生产总值（地区GDP）是15528.42亿元，居于全国第23位；人均GDP达到4.21万元，在全国居于第25位；知识密集型服务业增加值2387.81亿元，在全国居于第18位；规模以上企业主营业务收入17852.40亿元，在全国居于第20位；高新技术产业数量达到1112个，在全国居于第21位；高新技术企业总收入3427.55亿元，在全国居于第21位。

2019年，山西R&D经费内部支出148.23亿元，在全国居于第20位，占GDP比例达到0.99%，在全国排第21位；企业R&D经费内部支出112.23亿元，在全国排名第19位；地方财政科技支出50.25亿元，在全国居于第22位。

2019年，山西大专以上学历人数518.45万元，在全国居于第16位；R&D人员数4.77万人/年，在全国居于第19位；企业R&D人员数3.18万人/年，在全国居于第19位。

---

① 习近平：在中国科学院第十九次院士大会、中国工程院第十四次院士大会上的讲话. (2018-05-28). http://www.gov.cn/gongbao/content/2018/content_5299599.htm。

2019 年，山西高新技术产品出口额 59.53 亿美元，在全国居于第 15 位；技术市场输出技术成交额 94.15 亿元，在全国居于第 18 位；发明专利拥有量 1.17 万件，在全国居于第 20 位；移动互联网用户数 2956.15 万户，在全国居于第 19 位。

2019 年，山西技术企业孵化器数 44 个，在全国居于第 23 位；科技企业孵化器在孵企业数 1956 个，在全国居于第 23 位；科技企业孵化器累计毕业企业数 1100 个，在全国居于第 24 位。

以上数据来源为《中国区域科技创新评价报告 2019》。

7.3.1 山西省科技创新水平的现状分析

1. 山西省科技创新水平与上年及全国水平比较

近年来，在山西省委省政府的带领下，全省上下紧盯第一要务、用好第一资源、努力开创山西科技创新发展新局面。根据《中国区域科技创新评价报告 2019》所发布的数据来看，2019 年山西省的综合科技创新水平指数已经达到 51.94%，较上年提高了 1.09%，在全国排第 20 位，排名基本维持稳定，处在第二类地区（中国科技发展战略研究小组和中国科学院大学中国创新创业管理研究中心，2019）。而纵向上相比，山西省科技创新水平（51.94%）与全国平均水平（70.71%）相比仍然存在一定差距（图 7-2 与图 7-3）。

1）政府科技投入增长中部最快

与 2018 年相比，2019 年山西地方财政科技支出增长了 45.39%，增速在全国排名第 2，中部地区排名第 1，如图 7-4 所示。科技的支出占地方财政的支出比重提高了 0.33%，在全国排名上升了 9 位。

2）技术交易增长中部第一

与 2018 年相比，2019 年山西技术市场输出技术成交额增长了 121.20%，在中部地区排名第 1，如图 7-5 所示。万人输出技术成交额增加了 127.45 万元，在全国排名上升了 2 位；万人科技论文数在全国排名上升了 1 位；发明专利拥有量增长了 17.98%，万人发明专利拥有量增加了 0.5 件。

3）大专以上人力资源水平中部第二

与 2018 年相比，2019 年山西省大专以上学历的人数增长了 14.84%，万人大专以上学历人数增加了 135.71%，在全国排名第 13 位，在中部地区排名第 2 位。

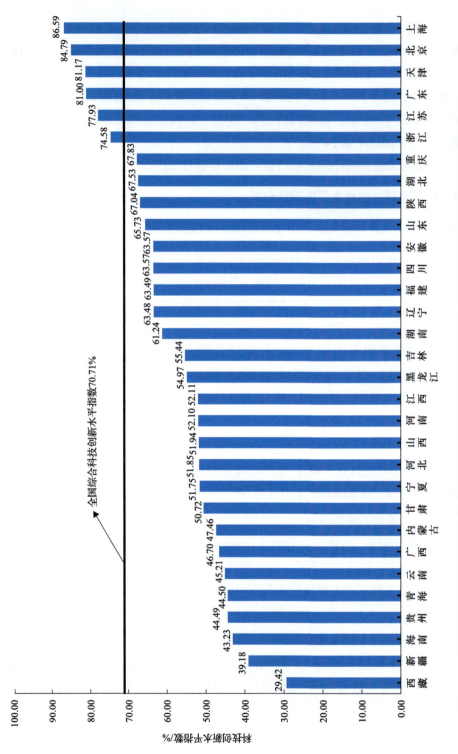

图7-2 2019年中国区域科技创新评价水平指数 (中国科技发展战略研究小组和中国科学院大学中国创新创业管理研究中心, 2019)

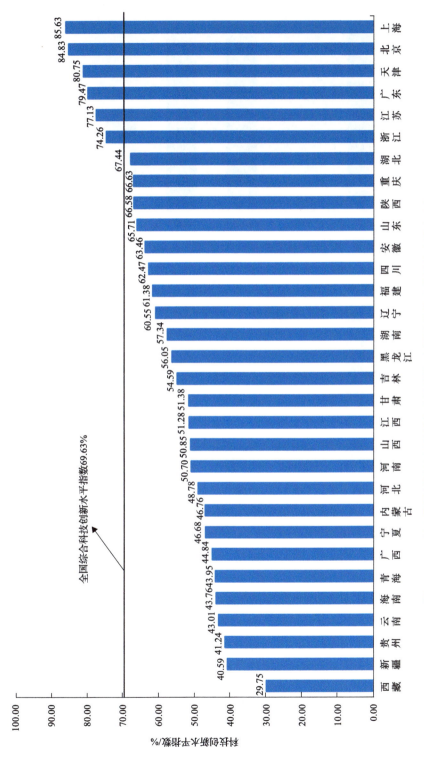

图7-3 2018年中国区域科技创新评价水平指数(中国科学技术发展战略研究小组，2018)

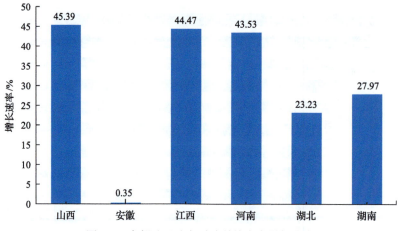

图 7-4 中部地区地方财政科技支出增长速度

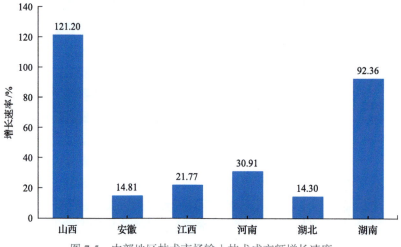

图 7-5 中部地区技术市场输入技术成交额增长速度

但是,与 2018 年相比,山西在某些方面的创新也有所不足,名次下落明显,主要表现在:①企业投入水平下降明显,包括企业的 R&D 经费支出占主营业务收入比重却比上年下降了 0.05 个百分点,位次下降了 5 位;企业引进技术的经费支出和消化吸收经费支出也分别下降了 21.83% 和 29.94%,企业技术获取和技术改造经费支出占企业主营业务收入比重下降了 0.03 个百分点,位次下降了 5 位;企业 R&D 研究人员人数下降了 4.48%,占全社会 R&D 研究人员比重下降了 3.51 个百分点,位次下降了 1 位。②技术国际竞争力下降,同上年相比,技术国际收入下降了 40.16%,万元生产总值技术国际收入减少 0.1 美元,位次下降了 5 位。③科研物质条件下降。科学研究和技术服务业新增固定资产比上年下降了

37.70%，占全社会新增固定资产比重下降了 0.22 个百分点，位次下降了 7 位；每名 R&D 人员研发仪器和设备支出位次下降至全国第 27 位；十万人累计孵化企业数位次下降至全国第 25 位。万人吸纳技术成交额比上年减少了 29.91 万元，位次下降了 8 位；万名就业人员的专利申请数和有 R&D 活动的企业占比重的位次均下降了 1 位(具体各项指标比较见表 7-1)。

表 7-1 　2018 年和 2019 年山西各级评价指标和位次比较

指标名称	评价值		位次	
	2018 年	2019 年	2018 年	2019 年
科技创新环境	46.02	45.95	25	24
科技人力资源	60.64	62.35	21	20
万人 R&D 人员数	12.35	13.34	22	22
十万人博士毕业数	1.05	1.26	19	19
万人大专以上学历人数	1356.53	1492.25	13	13
万人高等学校在校学生数	243.89	240.10	12	16
十万人创新中介从业人员数	1.62	1.84	19	18
科研物质条件	39.13	35.7	26	28
每名 R&D 人员研发仪器和设备支出	3.15	2.99	26	27
科学研究和技术服务业新增固定资产比重/%	0.94	0.72	14	21
十万人累计孵化企业数	2.80	3.08	23	25
科技意识	33.42	34.34	27	28
万名就业人员专利申请数	12.03	12.43	25	26
科学研究和技术服务业平均工资比较系数	68.77	69.52	30	29
万人吸纳技术成交额/亿元	707.31	678.1	9	17
有 R&D 活动的企业占比重/%	9.79	12.20	24	25
科技活动投入	45.55	45.56	20	20
科技活动人力投入	82.37	81.59	19	18
万人 R&D 研究人员数	6.10	6.24	22	21
企业 R&D 研究人员占比重/%	52.72	49.22	13	14
科技活动财力投入	29.77	30.12	22	21
R&D 经费支出与 GDP 比重/%	1.03	0.99	20	21

续表

指标名称	评价值		位次	
	2018 年	2019 年	2018 年	2019 年
地方财政科技支出占地方财政支出比重/%	1.01	1.34	26	17
企业 R&D 经费支出占主营业务收入比重/%	0.68	0.63	17	22
企业技术获取和技术改造经费支出占企业主营业务收入比重/%	0.36	0.33	12	17
科技活动产出	32.73	40.17	21	19
科技活动产出水平	32.43	33.27	27	26
万人科技论文数	1.79	1.83	24	23
获国家级科技成果奖系数	1.28	0.55	29	27
万人发明专利拥有数	2.77	3.27	19	20
技术成果市场化	33.17	50.51	21	20
万人输出技术成交额/亿元	128.61	256.06	20	18
万元生产总值技术国际收入/亿元	0.2	0.1	24	29
高新技术产业化	60.98	61.37	17	16
高新技术产业化水平	51.5	51.67	10	12
高新技术产业主营业务收入占工业主营业务收入比重/%	6.94	7.1	21	20
知识密集型服务业增加值占生产总值比重/%	16.18	15.38	8	10
高技术产品出口额占商品出口额比重/%	50.22	42.97	5	7
新产品销售收入占主营业务收入比重/%	7.55	8.65	20	20
高新技术产业化效益	70.63	71.06	27	27
高技术产业劳动生产率/%	76.57	72.98	27	29
高技术产业利润率/%	4.72	5.08	29	29
知识密集型服务业劳动生产率/%	58.23	59.94	12	13
科技促进经济社会发展	67.45	65.68	11	15
经济发展方式转变	53.59	54.06	20	20
劳动生产率/%	8.46	9.07	18	19
资本生产率/%	0.26	0.27	19	19
综合能耗产出率/%	7.02	7.26	27	27

续表

指标名称	评价值		位次	
	2018 年	2019 年	2018 年	2019 年
装备制造业区位	33.24	32.84	22	22
环境改善	78.29	80.52	23	21
环境质量指数	41.39	33.9	25	29
环境污染治理指数	87.51	92.17	21	18
社会生活信息化	82.61	75.9	6	11
万人移动互联网用户数	6953.69	8270.99	24	21
信息传输、软件和信息技术服务业增加值占生产总值比重/%	4.06	4.01	6	6
电子商务消费占最终消费支出比重/%	9.13	9.87	25	24

2. 山西省科技创新主要指标及位次

《中国区域科技创新评价报告》主要围绕着科技创新的环境、科技活动的投入、科技活动的产出、高新技术的产业化和科技促进经济社会发展 5 个一级指标、12 个二级指标和 39 个三级指标进行了统计与评价，是对全国科技创新现状的综合反映(闫丽霞，2019)。本书从 5 个一级指标着手，对山西省科技创新情况进行如下分析。

1) 科技创新环境评价

2019 年，山西科技创新的环境指数为 45.95%，相比 2018 年下降了 0.07%，在全国排第 24 位，比上年上升了一个位次，低于全国平均水平(全国科技创新环境指数为 67.82%)。与 2018 年相比，全国科技创新环境指数提高了 1.98%，而山西则下降了 0.07%，其主要原因在于科研物质条件和科技意识排名下降所致(表 7-2)。

表 7-2　2019 年山西科技创新环境评价指标和位次与全国及 2018 年比较

科技创新环境	监测值/%			位次		
	2019 年	2018 年	增幅	2019 年	2018 年	变化
全国平均水平	67.82	65.84	1.98	—	—	—
山西水平	45.95	46.02	−0.07	24	25	↑1
山西与全国平均水平比较	−21.87	−19.82	−2.05	—	—	—

2) 科技活动投入评价

2019 年，山西科技活动的投入指数为 45.56%，比上年提高了 0.01%，在全国排名第 20，位次没有变动，指数水平低于全国平均水平(全国科技活动投入指数为 67.91%)。从科技活动投入指数来看，与上年相比，全国科技活动投入指数提高了 1.08%，而山西提高了 0.01%，低于全国平均增幅。主要原因是科技活动人类投入和科技活动财力投入增长幅度不大(表 7-3)。

表 7-3 2019 年山西科技活动投入评价指标和位次与全国及 2018 年比较

科技活动投入	监测值/%			位次		
	2019 年	2018 年	增幅	2019 年	2018 年	变化
全国平均水平	67.91	66.83	1.08	—	—	—
山西水平	45.56	45.55	0.01	20	20	—
山西与全国平均水平比较	−22.35	−21.28	−1.07			

3) 科技活动产出评价

2019 年，山西科技活动的产出指标为 40.17%，比上年提高了 7.44%，在全国排名居于第 19 位，比上年上升了 2 个位次，但仍低于全国平均水平(全国科技活动产出指标为 75.56%)，主要原因是科技活动产出水平有所提升(表 7-4)。

表 7-4 2019 年山西科技活动产出评价指标和位次与全国及 2018 年比较

科技活动产出	监测值/%			位次		
	2019 年	2018 年	增幅	2019 年	2018 年	变化
全国平均水平	75.56	76.22	−0.63	—	—	—
山西水平	40.17	32.73	7.44	19	21	↑2
山西与全国平均水平比较	−35.42	−43.49	8.07	—	—	—

4) 高新技术产业化评价

2019 年，山西高新技术产业化的指标为 61.37%，同比提高了 0.39%，在全国排名居于第 16 位，比上年上升了 1 个位次，但仍低于全国平均水平(全国高新技术产业化指标为 66.63%)(表 7-5)。

5) 科技促进经济社会发展评价

2019 年，山西科技促进经济社会发展的指数为 65.68%，同比下降了 1.77%，在全国排名居于第 15 位，比上年下降了 4 个位次，低于全国平均水平(全国科技促进经济社会发展指数为 73.80%)，主要原因在于社会生活信息化位次下降所致（表 7-6）(中国科技发展战略研究小组和中国科学院大学创新创业管理研究中心，2019)。

表 7-5 2019 年山西高新技术产业化评价指标和位次与全国及 2018 年比较

高新技术产业化	监测值/%			位次		
	2019 年	2018 年	增幅	2019 年	2018 年	变化
全国平均水平	66.63	64.09	2.54	—	—	—
山西水平	61.37	60.98	0.39	16	17	↑1
山西与全国平均水平比较	−5.26	−3.11	−2.15	—	—	—

表 7-6 2019 年山西科技促进经济社会发展评价指标和位次与全国及 2018 年比较

科技促进经济社会发展	监测值/%			位次		
	2019 年	2018 年	增幅	2019 年	2018 年	变化
全国平均水平	73.80	72.77	1.03	—	—	—
山西水平	65.68	67.45	−1.77	15	11	↓4
山西与全国平均水平比较	−8.12	−5.32	−2.8	—	—	—

由《中国区域科技创新评价报告 2019》数据我们可以看出，2019 年山西省的综合科技创新水平，在全国的排位与上年相比没有变化，处于第二类地区。一级指标"科技创新环境""技术活动投入评价""科技活动产出评价"和"高新技术产业化评价"在全国的排位均上升，但是"科技促进经济社会发展"指标在全国的排位有所下降。这表明山西省的高新技术产业化水平有了快速发展，但创新环境和促进社会发展的能力还需提升。

7.3.2 山西省科技创新体制存在的问题

1. 科技创新环境不佳

1) 科技管理多头化

山西省原有的科技计划主要是由山西省科学技术厅（以下简称山西省科技厅）组织实施，由 15 个部门管理 17 类科技计划，但是由于部门分割严重，缺乏高效协同，导致科技政策实施困难，整个体系分裂化严重，呈现管理乱象（王琳等，2017）。

科研项目类型众多，牵头组织发布部门众多，评审环节仓促，过程管理烦琐，经费支持力度偏弱，项目评审和绩效评估体系需要进一步完善。以科技创新基地的相关政策为例，就山西省省级层面来讲，有省重点实验室、工程技术研究中心、工程实验室、工程研究中心、企业技术中心等具体的管理办法，又有省双创示范基地、小微企业双创基地、小微企业双创示范基地、创业孵化示范基地、创业孵化示范园、科技企业孵化器、众创空间认定办法等，分别由发改、经信、人社、科技等部门管理，存在着交叉重复、定位不够清晰等问题(董建忠等，2019)。

2)科研创新思维不足

急功近利的科研思维。科技创新是一个长期的持续支持的过程，天天追着要成果、要解决问题方案、要经济效益，这些思维方式不是真正促进科技创新的思维，违背了科研创新精髓。

宽容失败的学术氛围以及相关容错机制体制需要建设，科技创新本就是存在诸多不确定性的工作，从科技项目管理上建立相关机制，既要保证经费投入落地有声，又要保证科技工作者能大胆放开手脚，不是为了完成任务而去搞科研创新。

3)创新资源分散、重复、低效

山西省协调机制不完备，创新体系政体效能还不强，顶层设计和协同体制机制还不够健全，科技创新资源的集中度低、重复率高、效率低下等问题还未得到解决。

山西省科技厅制定的科技政策、山西省的科技投入，与山西省的高等教育的战略规划不协调。科研经费的使用明显不如广东、江苏等地区，体制机制不够灵活，激发科研人员积极性还不够。科研项目小、杂、散，不能集中有限的人力、财力开展联合攻关，不利于大成果、硬成果的培育。

科研项目资助力度较小，但项目负责人在项目申报、项目进展和结题方面花费精力较大；项目评审专家范围小，容易形成小圈子，不利于公平评价；网评覆盖项目类型少，不利于高效、低成本和公平评价。

4)基础研究经费资助较少，原始创新得不到有效的支撑

基础研究重视不足，经费投入少。相关部门倾向于重视投资快成熟的领域，而对基础研究缺乏重视，然而没有基础研究就没有科技产出。科研本就是探索未知领域的一个过程，所以对于前瞻性的基础研究，不可过分追求科研结果，不利于原创性成果的培育。

相关部门对基础科研经费的投入和资助较少，同时又要求经费报销时需要做详细预算，这在很大程度上限制了从事基础研究的科研人员的自主权，进而使得

原始创新从根源上得不到有效支持，基础超前储备的研究持续性弱。目前科技攻关需要依据当前产业的需求，并尽快解决社会生产实际问题，对山西省能源优势技术与产业重视程度远远不够。所以应该保证技术研究的基础能力、前瞻能力和战略统筹能力，储备具有颠覆、变革、跨越的超前技术。

5) 科技经费投入存在扶强不扶弱现象，新产业方向不能有效持续扶持

首先，政府和企业对科技创新规律认识不足，对重大科研领域缺乏必要的稳定坚持，科研项目经费支持强度严重不足。

其次，没有形成联动机制，没有合理导入国有资本和社会资本的共同参与。创新政体效率较低，仍有碎片化和低水平重复的现象存在。政府对基础研究和应用基础研究投入偏低，企业缺乏投入的积极性。对重点实验室、工程技术中心、战略联盟、中试基地等平台的支持力度不够，缺乏稳定连续的支持。

最后，科技资金投入的各环节分配不合理，政府和企业共同分担风险和创新成本的制度安排不够。科技资源配置分散、封闭、重复建设、闲置浪费与科研基础条件薄弱并存。全省的科技经费投入仍然存在扶强不扶弱的现象，一些新的产业方向不能得到有效持续扶持。科技创新投入来源比较单一，主要通过政府财政供给，没有充分利用企业集资。

6) 科技创新能力对全省产业发展支撑不强

科研院所综合改革还不够深入，企业、风投、金融等与科技创新活动相融合的机制有待完善，亟须进一步打通科技创新和经济社会发展之间的通道。部分省属高校优势学科对地方产业的影响和带动力较弱，科技成果转换效率较低。

2. 技术创新主体——企业缺乏自主性、创新意识弱

企业若想在市场有竞争优势就需要创新能力，为了能使得企业在市场竞争中有优势，就只有增强自主创新能力和才能。但山西省科技型企业自主创新意识不强，对科研活动不够重视，研发费用投入过低。山西在科技创新投入方面加大了财政投入，但是与其他科技发达地区相比，科技创新投入不足、创新体系政体效率不高、人文社科类项目分散，经费较少，存在碎片化和低水平重复现象。

在山西，当前企业并未真正承担起技术创新主体的作用，企业的创新机制不够健全，国有企业在制度和创新管理方面存在缺陷，有的还未形成现代化的企业管理体制，影响了企业创新活动的积极性。中小企业实力薄弱，享受政策的优惠水平无法与大型国有企业相比，企业与企业之间，企业与政府之间，企业与高校之间的合作，仍多处于点对点的自发性对接，关键的核心技术研发协同度不高。产学研机制有待进一步完善。

1)新型研发机构缺乏

目前，山西省科技创新主体所拥有的研发机构包括：国家级企业技术中心 28 家，省级技术中心 300 家，市级技术中心 658 家，省级以上工程研究中心 56 家，省级以上工程技术中心 125 家，市级工程技术研究中心 115 家，国家级及省部共建重点实验室 8 家，省级重点实验室 87 家(温淑芳等，2020)。其中，规模以上企业部分有研发机构，高新技术企业与科技型中小企业有一部分研发机构，但是量少、规模不大、实力较弱、不平衡发展等问题仍然存在，这样的情况将很难适应社会的转型发展和创新发展。

2)科技成果转化问题突出，自我循环比较严重

科研成果转化难度大。各方产学研的合作处于不同的领域，价值、理念以及目标都各有偏差，产学研医脱节现象严重，科研院所、高校及医疗机构都没能找到与企业的结合点。缺乏对科技成果和知识产权的价值评估评测体系，没有科研成果转化交易的平台，严重阻碍了产学研合作，也使得产业技术创新和转化的第三方服务在科技成果转化过程中缺位。

科技创新活动的产出水平偏低，专业化服务能力不高，科技成果转化不顺畅，并且鼓励容错和基础研究积累的机制和政策也严重缺位，最终会使得科研的投入与产出不平衡。

3)科技创新企业的融资渠道狭窄

科技创新企业的融资渠道狭窄，且这类企业的财政政策、科研费用的计算政策以及科技金融服务政策没有充分发挥出作用，这样的情况会降低企业创新活力，削弱企业的市场竞争力。高新技术园区的科技创新支撑服务体系不全面不完善，资源的共享开放渠道较少，服务平台建设不完整，企业信息交流阻塞，创新能力低下。

3. 科技创新评价激励机制不健全

科技创新评价激励机制不健全，存在科研论文形式化、科技项目高层化、成果奖励务虚化等问题。技术创新激励分配政策有待进一步落实，各科研单位在落实国家相关政策的力度不足，科研人员的积极性弱。知识产权保护不到位，导致科研人员研发动力不足，需要培育鼓励创新和宽容失败的创新型文化。

科技成果评价机制不合理，重视论文，不重视产品等实物，不利于科研团队的建设和研究工作的可持续，对实际生产的支撑作用无法体现。政产学研用协同创新的全面对接路径仍未打通，协同合作力度有限、协同发展动力不足。

1) 科研论文形式化

论文、项目、成果是科研评价的三个重要指标，直接与科研人员地位与待遇挂钩，是指引科研人员的风向标。科研论文并未解决生产中真问题，而是以能否发表所谓高影响因子的国际论文为目标，这在很大程度上背离了科研论文揭示问题、研究成果和学术观点交流的本质属性。

2) 科技项目高层化

优势资源总是集中于有管理头衔或有人才帽子的高层手中，个别从国家优势团队出来的青年科研人员很难有机会得到资助。

3) 成果奖励务虚化

科技成果奖励往往与一线生产脱离，一线解决真问题的科研成果需要得到重视。成果奖励没有专门的成果奖励调查委员会去考证其实用性。这种只注重形式的评价，导致科研更加形式化。

4. 科技人才发展与培养机制不完善

从创新人才队伍来看，2016～2018 年，山西高技术产业就业人数由 14.07 万人增至 15.03 万人，每一万人的平均研究与试验发展全时人员当量未实现增长，仍为 11.99 人·年/万人，创新人才投入和水平有待提高。目前，山西在人才发展与培养方面存在的问题主要有：对产业领军人才的支持力度不够，顶尖人才和团队比较缺乏，高水平研究机构和高端人才未做到引育并举。

1) 顶尖人才和团队比较缺乏

顶尖人才和科研团队建设重视度不够，缺乏国内知名的引领性人才和创新团队。科技的发展需要高质量的人才和科研团队。山西科技人才短缺，没有合适的人才政策，很多本省年轻人不愿意留在山西，外地的人才也没有引进来，没有人才就谈不上创新，因为创新主要是靠人才，而且人才越聚集越能够创造良好的创新环境。

同时，由于缺乏一流的高等院校和科研机构，导致山西科研人才总量不足。山西每年全省培养和引进的博士生数量，比不上一所一流院校的博士生数量。全省引进具有国内和国际高水平科研团队的进展较慢，尚未形成在全国乃至国际上知名的科技企业和科研成果。

2) 产业领军人才的支持力度不够

人才匮乏，引进乏力，主要原因是人才待遇不高。山西尖端人才、学科带头人和开放性人才等科技创新人才缺乏，究其根本原因在于人才激励机制作用不明显，技术的创新和推广人员、创新者的利益关系交叉少。因此，如要激活基层创新动力，激发科研人员研发激情，提高科研人员待遇，特别是提高对产业领军人才的支持力度就显得尤为关键。

3）高水平研究结构和高端人才未做到引育并举

缺乏专业的能真正引领社会经济的高科技人才和团队。高端人才引进难度较大，直接影响科研团队引领和创新能力。各个高校都在引进高端人才。但是人才引进后是否能够做到新引进人才和本土人才的协调发展与培育，直接影响着人才发展的积极性。促使引进人才与本土人才的相互交融、共同协作政策，探索二者的"同工同酬"政策方案，推动创新人才支持政策从引入环节向使用评价环节改变。建立高层次人才服务专员制度，解决各类人才服务政策落实"最后一公里"问题。

人才是第一资源，也是科技创新的最核心要素，山西大学的数量在全国排名在第 20 位左右，但每年培养的学生大部分都流向其他省市，再加上山西籍的学生也只有少数回到山西，需要在科技体制上有更多吸引人才的措施，从根本上解决山西人才的良性循环问题。

7.3.3 山西科技创新体制改革助力地方治理的路径

山西作为我国的能源大省，由于近些年产业结构单一、发展不合理的问题突出，改革创新和转型发展任务显得尤为迫切。鉴于此，制定山西科技创新体制机制改革的短期计划就非常有必要。从 2021 年到 2025 年，山西深化科技改革的基本目标主要表现为以下三个方面：

1. 一年架梁立柱

2021 年，科技创新生态建设加紧完成总体规划的具体化，出台完整、整体方案，树立目标，明确任务，制定出时间节点、路线图；围绕重点产业集群，绘制出蓝图，在全社会合理地分配创新资源，明确招商引资、招才引智的重点目标；加强对标自身、对标先进，借鉴更多先进示范经验，搭建完成创新机制体制、政策规划的框架；围绕着 14 大领先的产业集群，布局一批创新平台、专业学科、重大技术、示范园区、标志性项目、产业基金，构建健全完备的创新生态体系。

2. 三年点上突破

到 2023 年，要全面启动 14 大领先的产业集群创新生态建设，并在信息技术应用创新、新能源、新材料、大数据、轨道交通装备制造等更多新型产业实现引领。在突破关键重大技术的同时，也要建立省级、甚至国家级的创新平台，让更多的企业实现高科技水平。

2023 年，将建成国家级创新平台及分支机构 15 个、企业技术中心 1200 家、新型研发机构 50 个、山西省实验室 13 个、制造业创新中心 (试点培育) 10 家、中试基地 20 家、"智创城" 省级双创中心 10 个、专业化众创空间 30 家，对接国家战略的能力全面提升。取得国际先进的科技成果数量达到 100 项，创新型先进企业数量达到 100 家，高新技术企业数量突破 4000 家，每年新认定 "专精特新" 中小企业 300 户、培育 "小升规" 企业 700 户，规模以上工业企业的创新全覆盖，使得产业的基础能力和产业链的现代化水平已经显著提升。初步构建覆盖先进制造、绿色能源、数字产业全产业链的创新生态系统，其中 14 个标志性引领性产业集群形成比较完善的、具有比较优势和重要竞争力、影响力的创新生态系统。

3. 五年基本成型

到 2025 年，全社会 R&D 经费的内部支出占地区生产总值 (GDP) 的比重达到全国的平均水平，为创新活力的涌现搭建最初的平台，激发创新创业的潜力，激发创新动力，建立健全的高质量转型发展和现代化建设的一流创新生态。具体实施举措如下：

1) 简政放权，深化地方政府 "放管服" 改革

(1) 科技管理部门设立以产业为基础的专业处室。

根据改革方案设定 7 个产业科技处室、5 个服务支撑处室、1 个评价监督处室、2 个综合处室 (表 7-7)。产业处室主要包括：信创和大数据科技处、半导体与新材料产业科技处、能源与节能环保科技处、智能化应用科技处、大健康与生物医药科技处、现代农业科技处。

由产业科技处室根据项目指南征集建议凝练指南，上报山西省创新生态领导小组统筹决策，项目实施过程由科技项目专员跟踪服务。采用市场化方式，通过招标或协议委托的方式面向社会遴选第三方专业机构，让第三方专业机构评审项目，接受社会监督，推动项目落实。

服务支撑处室贯彻落实山西省创新生态领导小组的部署安排，结合处室职能，完成目标任务。

评价监督处室负责科技成果管理和验收，主要以成果转化、产业化实际成效作为评价标准，将工作绩效报告山西省创新生态领导小组。

(2) 降低对科研活动的干预，避免重复多头检查。

山西省科技厅把一般项目的管理权放权给立项单位。科技厅着重管理关系山西省发展的重大项目，20 万元以下的一般项目的管理与审计交由各立项单位自行负责。

表 7-7 山西省科技厅职能机构改革前后对比

改革前	改革后
办公室	综合办公室
战略规划处	
政策法规和行政审批处	
人事处	人事处
离退休人员工作处	
国际合作处	国际与区域科技合作处
外国专家局	科技人才与创新团队处
农村科技处	现代农业科技处
基础研究处	基础处
科技监督与诚信建设处	科技成果评价与监督处
智能化应用科技处	智能化应用科技处
重大专项处	大健康与生物医药科技处
高新技术处	能源与节能环保科技处
社会发展科技处	信创和大数据科技处
成果转化与区域创新处 资源配置与管理处	半导体与新材料产业科技处
	科技项目统筹推进处
	实验室与平台基地建设处
	综合前沿科技处

关于重大项目，应当制定出精细的年检查计划，在统一的集中时间内，开展各项的串联检查，以防在同一年度对相同项目进行重复、多头、低效率的检查；并通过大数据等信息技术，探索高效、简洁的方式，提高检查效率，以便促进科研活动的高效进行。

(3)简化科研项目申报、评审、验收程序。

为了深化科技体制的改革，提高科研人员研发积极性，山西省科技厅应改革现有的科研项目管理机制，精简科研项目管理申报流程，精简烦琐的材料，推行"材料一次报送"制度，让科研人员从繁杂的办事流程中解放，使得山西省的科技创新能力和科研办事效率极大提升。同时，还要细化评审专家的领域和研究方向，建立起评审专家的责任追究和诚信记录制度，提高评审过程及结果的公平公正性。

(4) 推进审批服务便民化。

推进审批服务的便民化，能够推进"放管服"改革，也能够推动地方政府治理能力。山西省科技厅可以通过推动部门数据共享，积极探索审批服务模式创新，推动审批要遵循"马上办、网上办、就近办、一次办"的原则，解决排长队、来回跑等问题，进而提高政府办事效率，建设让人民满意的政府。

(5) 健全鼓励创新、宽容失败及合理容错机制。

科技研究、科技创新是一个长期坚持和积淀的结果，尤其是基础研究，其周期长，在漫长的研究中，会降低科学家的价值。因此为了顾及科研人员的积极性和创新性，山西省科技厅急需建立适应研究特点、科学规律的评价机制，建立完善的容错机制，并激发科研人员探索的精神和未知的潜力。

建立科技、审计、财政、纪检监察等机关和部门的定期交流制度，健全符合山西省实际的科技创新容错机制。

(6) 构建科技资源开放平台与共享服务。

山西省科技厅应当建立起"山西省科技资源开放共享服务平台"，完善平台管理，纳入多元化的科技资源，向高校院所及企业等用户提供信息交流、智能在线、评论评价等共享服务，避免科技资源封闭、低效和重复，大力提高科技创新服务效应，逐渐形成多部门、多领域、多层次的多元化网络服务体系。具体举措包括：开放公共研发平台，开放共享科学仪器设备，给社会大众提供科技创新情报咨询、科技创新信息推送等服务。

2) 提升企业技术创新能力，助力地方经济发展

(1) 做优做强实验室，加快突破一批"卡脖子"技术。

加快创建省级实验室和工程技术研究中心等创新平台，确定"公参民""合伙制"等新型研发机构的组建方案，积极将平台引进来、走出去，促进现有平台强化升级，推动创建国家级或省部共建重点实验室等平台，加快覆盖山西省14个重点产业集群的实验室等平台体系建设，实现实验室对科技创新和转型发展的有力支撑。建立大型科研设施和仪器的共享机制，加快完善重大科技项目攻关制度，依托各类创新平台，推进"111"工程实施的百项关键技术研发，加快重点领域尤其是"卡脖子"技术的突破。

企业与高校院所共同建立，面向产业的实验室、创新中心、研究中心和新型研发机构，总投资超过了5000万元，其中企业投资超过3000万元的，直接纳入省级科技创新的平台管理。

(2)规模以上企业的科研立项视为省级科技计划项目。

提高科技项目企业的比重,运用政策鼓励、投入资金、加大补助等手段,将创新要素汇聚于企业。鼓励企业提出问题,高校院所解决问题,横向科研项目单项到位经费超过 50 万元的,在人才评价、评职称时视同省级科技计划项目。

(3)给予大企业在评奖、选人用人、职称评定等方面的自主权。

企业作为创新主体,要给予其充分自主权,鼓励其自主创新。给予企业在聘用人才、科研立项、成果评价等方面一定的权限,把科研创新真正交到企业手中。例如太原钢铁(集团)有限公司等大型企业,达到一定要求,企业评奖可以视为省级奖,作为其职称评聘的依据。

在省级的科技进步奖中,设置"产业突出贡献"类项目,对技术达到全球领先水平、形成名牌产品、实现国产化替代或突破技术壁垒进入国际市场、市场份额(技术推广)和产业化绩效在国内同行业中排名前列的标志性科技成果,可直接能提名省级科技进步一等奖①。

(4)完善科技企业孵化器综合绩效奖补政策。

完善科技企业孵化器的综合绩效奖补政策,对直接投资被孵化企业、孵化高新技术企业等绩效显著的,省级财政给予每家年度最高 200 万元的嘉奖。

(5)创新财政科技投入方式。

为了解决原有科技创新财政投入不足的问题,山西省科技厅可尝试通过财政补贴、信用担保、以奖代补等多元方式,吸收企业、社会(创投、信贷、保险等社会资本均可参与)和金融资本发展科技,从根本上扭转传统的"无偿补助"的财政投入方式,解决企业科技创新融资难的问题,进而提高财政资金的使用效益。

(6)支持企业走出去设立离岸创新中心。

鼓励企业走出舒适区,并设立离岸创新中心。山西省省属的国有企业当年的研发费用,则可以在经营业绩的考核中视作企业本年度的利润。

(7)加强中试基地建设,推动科研成果向现实生产力转化。

加大力度支持全省中试基地建设,2~3 年内建成 20 家左右中试基地,实现 14 个标志性产业集群且构造合理的中试基地体系,推动一批科技成果产业化。创新中试基地建设模式,能发挥龙头企业和开发园区的牵头、主导作用,建设一批集技术集成、熟化和工程化试验服务为一体的开放型科技成果中试基地。加强第三方中试评价机构和评价能力建设,进一步完善技术转移和产业化服务体系,有

---

① 要用好科技成果评价这个"指挥棒".(2021-06-08). http://paper.dzwwww.com/dzrb/content/20210608/Articel15002MT.htm。

力推动科技成果向现实生产力转化。

作为创新主体的高校科研人员，是促进科技成果的转化效率最优的重要通道。从高校的科研人员中选拔出深入企业的科技特派员。这些科技特派员可以通过深入了解企业的需求，从而使高校的科研更接地气。调动社会各方参与各类科技创新平台建设，探索以"公参民""合伙制"等形式组建新型研发机构，形成产学研利益共同体。

(8)推动战略性新兴产业集聚集群集约发展。

要抓住创新切入点，从基础条件好，潜力大的产业集群抓起，然后要围绕着14个战略性的新兴产业集群，打造科技创新的生态子系统。要面向产业链上下游、创新链相关方、供应链各环节，按照清单化、项目化的方式，精准地进行培育、攻关、招商、引智、支持；要强化战略意识、"抢滩"意识，重点选择大数据、信创、半导体等潜力大、前途广阔的产业集群突破，引领山西省构建健全的创新生态体系(杨文，2020)。高新区要提高服务意识，对先进团队、企业要以"一企一策、一事一议"为原则，量身定制出适应创新发展政策的服务。

3)扩大高校和科研院所自主权，赋予地方创新活力

(1)扩大高校、科研院所用人自主权。

高校和科研院所依据核定编制总量，根据相关规定和开展科研活动的需求，自行决定人才的聘用，对本土人才和引进人才平等对待。高校院所要进一步健全和完善人才管理机制体制，实现岗位的自主设定，实现"岗位能上能下、待遇能高能低、人员能进能出"。激励高校、科研院所的技术创新人员通过项目合作、在职创业等方式进行科研创新活动。

(2)扩大高校、科研院所岗位管理自主权。

高校和科研院所可以依据核定的编制总量，自主制订岗位设立、管理方法，自主确定岗位的结构。高校、科研院所可以自主招聘，打破僵硬的岗位总量、结构、比例等的限制，完成工作后，在依据权限消减或恢复原有岗位。促进基础条件完备的科研型事业单位的转型升级，加快转化为新型研发机构，并允许其设立混合所有制的运营公司，进而满足市场需求。

(3)高校、科研院所可自主决定科技成果转让、许可或作价投资。

省属的高校和院所可以拥有自主权限，来决定科技成果的去留与发展。高校、科研院所建立的技术转移服务机构，对科技成果的转化作出贡献的，可在转化净收入单位留成部分中提取高于或等于 15%的经费用于人员的奖励和机构能力的建设。

(4)开展科研院所正职领导持股改革试点。

经山西省委批准开展科研院所正职领导持股改革试点，对其所属的且具有独立法人资格的事业单位法定代表人作为科技成果主要完成人或对科技成果转化作出重要贡献的，通过股权奖励、支持。但奖励的股权在其任职期间，依据规定不能够交易股权。

(5)给予高校、科研院所科研项目和经费管理自主权。

科研项目人员获得更多权限。省级科研项目负责人在保持申报指标、研究方向不变的同时，自主规划研究的方案、技术路线，再由项目的牵头单位上报给上级管理部门备案。负责人也可以根据需求，独立组建团队，除项目负责人以外的参与人员和协作单位进行调整，将审批权下放到项目的牵头单位，并报给上级管理部门，以便留存备案。在省级科技计划基础研究和软科学研究领域，试点科研经费"包干制"，经费不再确定具体使用用途，由项目承担人根据项目具体情况据实使用，项目承担人所在单位应加强监督管理。落实公务卡的管理自主权，若项目承担单位不具备刷卡条件，在野外参加科考工作时，费用可由经手人员作出证明之后，不用公务卡结算。

在省应用基础研究计划中，选择出部分的管理规范、项目集中、设有内部审计机构的高校和科研院所，进行自主验收和结题的备案试行，试点单位依据规定，上报综合报告，发送备案资料。改革省科技计划(专项、基金等)间接经费的预算编制，不再由项目负责人编制间接经费预算，由项目管理部门直接审定。允许项目单位对国内出差旅行费用中的交通费、伙食费和有特殊情况无法获得发票的住宿费实行包干制，而标准及管理可以自主遵章进行制定。

(6)改进科研仪器设备耗材采购管理。

高校和科研院所如果要精简仪器设备的采购，对于急需的设备仪器，可以采用特殊的事情特殊对待、随时需要随时处理的机制，可不进行僵硬的招投标，以便提高采购效率。而对于特定的仪器设备，可按照程序，通过单一来源采购来保证采购的便捷、高效。

4)激发人才创新活力，夯实地方治理的人才基础

(1)对于高层次人才和紧缺人才，可按照个人贡献情况给予奖励。

对大数据、智能电网、新材料、煤机装备、生物医药等重点行业联盟急需、掌握"卡脖子"技术或者填补山西省学科空白的高层次人才和关键团队，可采取"一事一议"的方式量身定制出相应的扶持政策。对突破重大"卡脖子"技术、且作出显著贡献的人才，可直接给予省级科技计划项目的支持，并且可直接认定

为三晋学者或领军人才。

(2)完善弹性引才引智机制。

按年度编制的《山西省急需紧缺人才目录》，每年可吸纳大量的紧缺人才，以便让产业的人才充分发挥其潜能。

通过项目吸纳紧缺人才。围绕项目需求，整理出紧缺人才目录，采取"项目+人才"的模式，并有计划地引进急需紧缺科研创新领军人才及团队、科技创业投资人、高技能领军人才和高级企业经营管理人才。

通过顾问指导、项目委托、联合攻关、兼职服务、"候鸟式"聘用、专题服务等方式，加大"两院"院士等高端人才的引进力度。

加强与海内外企业和机构合作，从而引进关键领域急缺技术人才，引进不同层次技术人员，引进核心研发团队。

(3)健全创新人才激励机制。

对领先人才和团队通过实行年薪制、期权、协议工资、项目工资和股权、分红等多种的分配方式，打好激励组合拳，构建人才与企业"命运共同体"。进而加强引导创新创业，通过小突破、收获大奖励，推广多元化激励制度，促进科研人员保持创新活力。

(4)强化人才支持计划。

深入实施"青年拔尖人才""三晋学者"等支持计划，加强引进本土、高层次人才，完善人才交流制度，妥善处理人才的住房、养老问题，同时解决随迁子女的入学和配偶的就业，使得高层次人才在山西能够有归属感。

(5)推进人才评价改革。

全面深化科研院所、医院、高校的科研和人事制度改革，能够激励人才创新动力。改变片面地将论文、项目、专利、经费数量等与科技人才评价直接挂钩的做法，提高将技术创新、技术成果转化作为评价科技人才的比重。完善科技创新团队的评价办法，并实行通过合作解决重大科技问题为重点的整体性评价。对创新团队，要把研究发展方向、组织、协调、专业水平和团队建设等作为评价重点。加强"人人持证、技能社会"的建设，深化职称制度的改革，进一步下放职称评审权限。

构建以服务贡献、创新质量和科教结合绩效为导向的评价体系，并推行代表作评价制度。发挥同行评议的关键作用，采用个人评价与团队评价相结合，尊重团队参与者的实际贡献。

7.4 本章小结

　　科技创新是一个区域和一个国家社会经济发展的关键，而科技的创新却是离不开良好的创新生态和完备的体制机制。目前，山西科技创新水平与全国平均水平相比仍有一定的差距，因此山西必须推动深化机构改革，努力构建出系统完备、科学规范、运行高效的职能体系，才能创造科技发展新优势。

　　深化山西省科技厅体制机制改革，是山西省委省政府认真贯彻落实习近平总书记对山西工作的重要指示精神，结合山西当下的情形，因地制宜、量身定制出一项重要决策部署，也是推进国家治理体系和治理能力现代化的必然要求。本章通过对山西科技创新指数现状的分析，得出山西科技创新水平与全国平均水平相比仍有一定差距，通过具体分析山西科技创新机制体制面临问题的基础上，总结山西省科技厅机制重塑性改革的思路和具体方案。

第8章

加强地方科研院所建设，促进地方治理
——以地方研究院为例

8.1 科研院所改革促进地方治理的作用

8.1.1 有利于创新驱动发展战略的实施和创新型国家的建设

科研院所是科技创新的重要载体，在国家创新体系建设中占据重要地位。科研机构进行科技成果转化，把握创新活动全过程的"最后一公里"，推进技术成果转移与高新技术产业化，发挥国家政策优势，加快研究创新步伐，是实施创新型发展战略的重要手段。科研院所利用其知识优势和独特的人才培养模式培育造就了大批科技人才，成为落实创新型发展战略、建设创新型国家的中坚力量。科研院所通过适当的改革和发展充分调动科研人员的积极性，培养其创新能力。不断强化成果导向意识，简化科技项目管理流程，改革重大科技项目的立项审批和实施机制，通过简政放权不断提高高校和科研机构的自主性，给予创新领军型人才更大的研发自主权，增强研发动力和服务社会发展的能力，鼓励科技人才勇闯科研"无人区"，为建设创新型国家和世界科技强国做出贡献。

8.1.2 是创新的"助推器"，有利于促进科技创新升级

深化科技体制改革，推动区域科技创新体系建设，加快建成国家创新体系是党十八大以来持续推进的重要内容。科研机构是国家创新体系中不可或缺的关键组成部分，建设地方科研院所，让科研院所真正成为创新资源的集聚整合基地、研究创新的先导基地、支持和促进科技发展的核心基地以及行业技术发展的示范基地，通过与当地产业创新的高度融合，找寻企业共有"痛点"，开展针对性的课题研究，满足地区行业创新和产业升级的需要，高效推动区域创新发展。作为科技创新链条的重要一环，地方研发机构整合优化当地科技资源配置，保证高质量

的科技资源供给，探索原始研发成果和创新技术市场化的有效机制和模式，在服务党中央和国务院重大决策，服务地方大局，促进地方发展、经济繁荣，加快区域科技创新体系的转型升级中发挥着不可替代的作用。

8.1.3 有助于推进高科技产业化发展

科研院所在许多领域拥有高水平专业化的人才、先进的科研设备与条件以及领先的技术创新能力，在普通企业难以占据的高科技产品领域发展，在行业中发挥先导作用。院所针对市场需求开展研发创新，大力推广高新技术的应用，推进高科技研发成果向具有市场竞争力产品的有效转化，助力高科技技术成果商品化、产业化发展，激活现有科技资源；积极稳妥地开发符合国家产业政策、具有良好社会效益和经济效益的新项目，整合优势资源为产业所用，多层次加快创新与高科技产业的融合发展，不断推动高科技产业的转型升级，实现产业高质量发展；不断培育支撑地方研究院所整体经济发展的强势科技产业，实现科技与市场的高效有机融合，搭建科技成果转化平台，着力推动技术创新与产业化发展的紧密结合。与产业链上下游深入合作，形成多个产业集群，联合地方龙头企业、高校等建立专业化众创空间，服务创业企业和团队，持续做大做强高技术产业，推动高技术产业化发展。

8.1.4 助力于科技创新生态环境建设

地方研究院与其他地方研发机构构建地方创新中心，助力地方产业发展，协助企业攻关技术难题，本质上是在助推地方建立创新生态系统，打造科技产业化平台。地方研发机构是地方市场的组成要素，可以反哺当地市场，引导地方建立良好的市场环境。以研究创新为基础，以研发团队为黏合剂和催化剂，从区域创新能力培养入手，引进和激活创新生态系统的所有要素和各个阶段，重点推进地方产业化平台建设，培育产业平台化发展生态和以平台为基础的科技创新模式，是科技创新领域填补政府和市场空白，统筹推进协同创新治理的现实要求。就地方研发机构的职能发挥而言，除了进行知识产出与创新成果研发，还要发挥"科技平台"理念，提升企业的技术攻关能力，引导地方创新生态系统的形成，建立科学共同体引导地方创新生态系统建设，帮助搭建地方产业化平台，助力产业协同发展，共同维护良好的市场运行机制。地方科研院所不仅要提供"怎么做"的技术与方法，更重要的是帮助企业增强自主创新能力，协助培育区域创新发展能力。

8.1.5　提升科技治理效能，增强高质量科技竞争力

地方研究院作为联结中国工程院与地方政府合作的新型科技创新服务平台，是实现创新驱动战略的重要支撑。衔接中国工程院与地方机构，集聚大量工程科技资源、院士专家智慧资源以及地方决策资源，实现智慧与资源充分融合。打通科研院所与企业的链接，让知识技术、高层次人才、科技资源等高质量创新要素集聚于平台的研究院，密切关注企业创新发展，紧跟市场需求动态变化，通过战略咨询的方式开展联合攻关，挖掘、选择、重组区域创新要素，孕育出重大创新成果，帮助企业和社会解决技术难题，培育发展高新技术产业。同时，通过开展国际合作与交流，让院所自主研发与引进学习海外先进经验相结合，防止低水平重复研发，注重科技融合发展，实现在更高水平上的技术跨越，助力破解行业产业技术瓶颈问题，推动高新技术成果转化，促进地方产业转型升级、支撑地方经济高质量发展。

8.2　全面深化科研院所改革的思路

8.2.1　进一步提升科研院所在科技创新主体中的地位

通过法律、法规等多种形式，进一步明确省级科研院所在国家科技创新活动中的主体地位，明确其在国家科技创新体系建设中的重要作用。坚持由企业家和产业定题，科研人员与研究机构解决问题的创新路径，不断推动科技与经济的紧密融合。探索实体化改革，鼓励科研院所发展以集团化企业模式为基础的混合所有制经济。鼓励公益性科研院所在条件允许的情况下，充分利用在全国行业内的影响力，探索实施集团化企业发展模式，纵向整合行业内同类科研和业务。加强产业技术创新体系建设，以市场为导向，加快形成企业、高校、科研院所协同发展的创新科技研发体制机制。享受全面深化改革的政策，积极发展国有资本、集体资本、非公有资本等交叉持股、相互融合的混合所有制经济，允许混合所有制实行企业员工持股，形成资本所有者和劳动者利益共同体[①]，最大程度激发内部创新活力。

组建实体化运行机构，优化管控模式；明确责任部门，推进配套改革；加快资源整合优化，聚集技术创新人才，培育发展新动能；完善各项制度，强化治理

---

① 中共中央关于全面深化改革若干重大问题的决定. (2013-11-18) [2021-09-1]. http://www.audit.gov.cn/n4/n18/c4169/content.html.

能力；夯实党的建设，建立更加有效、通畅的工作机制，营造风清气正，努力实现地方研发机构高质量发展。其次要推进地方研发机构硬件设施的实体化建设，分期分批地为地方研发机构解决办公用房和办公设施；实现人员实体化，逐步配备专职或兼职科研秘书；另外，各个科研机构要制定好本机构发展规划，明确工作目标和方向。

8.2.2 加快扶持新型研发机构发展

纳入地方研究院，组建地方创新中心，引导支持企业、省内外高校、科研院所和地方政府等多方投资主体共建新型研发机构，鼓励地方科研院所组建产业技术研究院、区域内大型骨干企业组建企业研究院等新型研发机构，并在资金、人才和配套研发仪器设备方面给予支持。建立产业短缺人才目录清单，开展靶向人才引进与培育。对产业发展潜在的技术短板领域进行梳理并尽快制定相应突破计划。地方研究院要营造良好的创新文化氛围，培养研发人员的文化归属感，给予其最大程度的创新自由度，通过项目导向创新模式、首席专家主要责任制和特殊奖励制度，形成对高层次研发人才的吸引力。

新型科研机构在申请和承担各类科技项目时，应与国有科研机构同等对待。支持新型研发机构承担或参与重点实验室、工程实验室、技术创新中心以及工程研究中心等国家级创新平台及其下属机构的建设任务，创新体制机制，着力先行先试，吸纳高校、科研院所和企业等创新主体以加盟方式参与共性关键技术、战略性新兴产业核心技术以及前瞻性技术的研究与开发，建成以需求为引导、多元主体共建、统分结合、体系开放、水平一流的新型研发机制。

8.2.3 完善激励政策

改进激励政策，完善成果评价机制，建立重贡献、重水平的评价标准和激励政策。

一是改进管理方式。健全地方研究院建设管理领导机制，落实地方研究院建设领导小组和地方研究院管理委员会设置，加强对地方研究院建设的规划指导，扩大科研院所在人员选拔与任用方面的自主权。地方科研院所可以在核定的编制和职位范围内，自主制定和实施人员编制和招聘计划，自主组织公开招聘，并允许通过直接考核的方式招收高层次急需紧缺人才，招聘结果报主管部门备案。

地方研究院应结合院所发展方向，细化现行各项规章制度，强化人文关怀，提高人员创新意识，将管理体系打造成适合人才工作、学习与进行科研活动的优秀制度。要全面加强领导队伍建设，在院所工作中坚持党的统一领导，坚决履行好主体职责，选拔和配置优秀管理人才，落实各项管理机制。

二是扩展成果激励范围。适度提升科技成果在职称评聘、绩效奖励等评价体系中的比重，注重成果的实际应用价值，采用定量、定性相结合的方式进行评价。注重完善晋升评聘和人才评价机制，强化成果应用导向，将咨政成果由评价体系中的自选动作纳入到规定动作，对特别优秀或有特殊工作需要的人员，经组织审核同意后，可适当放宽工龄限制，建立以科研成果为主要评价指标的评价机制，侧重考核研究成果对实际决策和社会生活的影响力，激发科技人员创新动力与活力。

三是建立多元、稳定、可持续的经费保障机制，加大财政支出，形成良好的科技投入增长机制，保障科研院所的基本运营和人员经费开支；设立地方研究院建设专项资金，为地方研究院建设顺利高效开展提供有力保障。例如，在落实科研成果转化收入分配方面，推动地方院所建立健全科研成果转化收益管理和分配细则。科研人员（包含担任管理职务的人员）科技成果转化所得（收益或股权）将按相对较高比例分配至科技成果完成者及其团队，其余部分统一规划用于科研、知识产权管理以及相关技术的转让工作。

8.2.4　促进顶层设计和院所实际相结合

在科研院所改革的过程中，尊重各院所的管理运行规律，坚持宏观管理与落实院所自主权相结合的原则，在政府主导下，有序推进科研院所管理去行政化进程，实现行政管理的转型、升级与优化，健全规范研究院（所）长负责制，划分权力界限，在已经初步建立的现代化科研院所结构体系的基础上进一步推动高质量资源的重组与整合，实现科技与经济一体化发展，根据科研院所的地域与行业特点分类进行改革工作，不断探索能够帮助科研院所真正实现可持续发展的改革路径。

首先，地方研究院要在党的领导和既有的政策框架下，在服务党和国家的工作大局中谋划工作，要深刻把握国家治理现代化的重大部署，理清工作思路和工作要求，细化梳理地方研究院建设的方向、目的和任务，找准地方研究院充分发挥作用的着力点，突出问题意识，做好地方研究院建设顶层设计。

其次，在院所顶层设计上坚持政府支持和市场导向，通过发挥政府在市场资源配置中的基础性和调节作用，为科技融入经济铺平道路，积极响应国家和地方创新发展的战略需要，立足院所自身优势和特点，明确地方研究院建设的主攻方向、特色领域和布局，整合、拓展和提升多学科研究领域，提高社会服务的针对性和实效性，深入推进地方研究院体系建设。

最后，在院所改革中从各单位实际出发，积极探索与之匹配的人员聘用、绩效考核、奖惩规定等一系列激励和约束机制，在推进科技评价体系改革方面着重发力，进一步形成形式多样、结构合理的地方研究院组织形式，完善科技奖励评价和科研人才评价办法，健全以推进科技创新和促进科研成果推广转化为导向的用人制度和职称评聘制度，提高科研人员特别是骨干人员的创新积极性，营造良好的研究创新氛围。

8.3　地方研究院改革促进地方治理

8.3.1　地方研究院建设现状

自2018年3月中国工程科技发展战略湖北研究院(以下简称湖北研究院)成立以来，截至目前，中国工程科技发展战略地方研究院已在全国17个省市相继落地。各地方研究院围绕各自特色优势，为地方政府提供决策咨询，推动地方科技事业发展，尤其是为促进区域经济结构转型升级、地区经济可持续发展等方面发挥了重要战略作用。

1. 初步形成了促进地方治理的总体布局

湖北省省级人民政府根据实际需要，与中国工程院会商，共建地方研究院，院地双方在共建协议中明确经费安排比例，每年安排专项经费共同支持地方研究院建设与运行。目前，全国17个地方研究院大部分已有固定办公场所，地方研究院对中国工程院"顶天立地"战略体系的支撑作用初步显现。

从地方研究院的总体布局上可以看出，地方研究院呈"小而散"的状态，难以发挥科研工作的主导作用。当前，由于经济发展和教育水平的差异，以及各地方政府决策观念的不同，我国地方研究院的发展不平衡，如广东、江苏等经济社会相对发达地区的地方研究院会产生较大的影响力，可以发挥引领作用，实现地方决策服务。而大多数地方科研院发展较为缓慢，难以在实践中发挥带头作用，为服务地方经济发展做出贡献。

2. 各地方研究院建设条件各有异同

各地方研究院均有独立的办公地点和固定的工作人员,但各个地方研究院办公地点的面积、固定人员配备数量存在明显差异,尤其人员配备中专职人员较少,兼职人员居多。

各地方研究院均有依托单位，但依托单位不尽相同，有的以地方高校为依托，有的以地方科研院所为依托，有的以地方政府职能部门为依托，也有的是以他们共同为依托。

各地方研究院经费由院地双方共同支持，但各个地方研究院运行经费数额各不相同，且差距甚大。

各地方研究院研究人员学历相对较高，但各个地方研究院在人才引进方式、引进人才的保障措施、人员编制等方面各不相同。

3. 各地方研究院工作进展各有千秋

据调研，地方研究项目与地方政府联系密切，跨区域合作较少。地方研究院选题均来源政府规划或政府指定项目，很少出自国有企业或民营企业，且课题比较单一，目前还没有区域合作大型、重点项目。

地方研究院科技成果转化以咨询报告为主，科技成果实现转化率不足 10%，转化效果也一般，科技成果运用和转化效果有待于进一步提高。据调研，科技成果转化不足主要存在以下原因：一是科研人员的考核激励存在不同程度扭曲，对科技成果转化重视程度不足，导致地方研究院科技成果需求侧导向作用得不到发挥。目前对科研人员的激励措施主要是考核制，"重理论成果、轻成果应用"的问题普遍存在于考核的评价体系中。通常是把科技成果数量和经费作为核心价值评判标准，忽略了科技成果对社会生产发展的综合影响。这就导致科研人员将主要精力投入到了那些容易产生科技成果或易于发表的领域，并不会过多关注科技成果在实际生产经营中的应用效果，使得地方研究院科技成果往往与社会需求相脱节。这种科研支持形式虽然符合国家重点支持的研发方向和领域，但对科技成果转化和社会技术进步起不到应有的作用。二是科技成果转化的信息化建设滞后，无法及时反馈市场需求信息，市场机制不通畅。分散的信息决策与交易匹配是市场机制得以发挥作用的前提和基础。技术要素信息化建设滞后，技术要素需求无法被及时、准确地反映到市场中去，也就无法驱动技术供给者从事相关研发，加剧了科技成果与市场需求的结构性矛盾。虽然当前我国各地区基本都已建立了技术交流信息服务平台，但尚未在国家层面建立统一规范的交流信息网络。由于政出多门、地区保护等市场分割现象，各地区地方研究院平台间缺乏信息共享机制，技术交流过程中的信息不对称现象仍然非常普遍，这切断了技术供需主体之间的联系。另外，平台的组织管理体系尚不清晰，亟须构建一个整体的内部各个机构在纵向、横向之间关系明确的技术信息交流管理平台。

8.3.2　地方研究院取得的经验

1. 广东地方研究院重点项目、建设成效与经验

中国工程科技发展战略广东研究院(以下简称广东研究院)自 2018 年成立以

来，紧跟国家重大战略部署，聚焦广东重点领域、重点行业的工程科技问题，在战略咨询领域产生了一批高质量的研究成果。研究院项目选题方向精准、研究方法科学、研究内容覆盖面广、调研数据翔实、目标重点和路径举措分析到位，研究成果具有战略性、前瞻性、创新性，能为政府和相关部门的科学决策提供有益参考。在较好地完成了项目任务书里既定的目标任务的同时，经费使用又做到了合规合理，是广东省抓住机遇、解决问题、不断提高科学决策水平的重要参考和指导，对促进广东省高质量发展、提升区域核心竞争力具有极其重要的作用。

首先是针对影响广东省及粤港澳大湾区可持续发展和竞争力的重大工程科技发展问题开展战略研究，发展战略性支柱产业集群和战略性新兴产业集群。到2025年，瞄准国际先进水平，落实"强核""立柱""强链""优化布局""品质""培土"等六大工程，打好产业基础高级化和产业链现代化攻坚战[1]，重点解决发展过程中支撑点不多、新兴产业支撑不足、关键核心技术受制于人、高端产品供给不够、发展载体整体水平不高、稳产业链供应链压力大等困难和问题，培育若干具有全球竞争力的产业集群，打造产业高质量发展典范，为战略性产业集群发展绘出"路线图"。

其次是进行粤港澳大湾区国际科技创新中心建设的战略研究。研究项目围绕"一国两制"下粤港澳三地的现实情况和共同利益，深入推进大湾区科技体系的建设，加快体制机制创新，完善创新制度和优化政策环境，汇聚国际创新资源，在科研资源的共建、共享，人才资源的培养、引进、资格互认，科技成果转化等方面，不断深化粤港澳互利合作，探索在"一国两制"背景下的协同创新平台的建设，构建开放型融合发展的区域协同创新共同体，建设全球科技创新高地和新兴产业重要策源地，打造高质量发展的典范[2]。

最后是在应急管理、环境安全、卫生与健康管理方面，研究项目主要围绕加强应急管理体系建设、构建密集安全的灾害和公共卫生安全防控网络。应急管理、环境安全和卫生与健康管理是治理体系的重要组成部分，担负保护人民群众生命财产安全和维护社会稳定的重要使命[3]，研究院相关项目致力于为应急体系提供技术支持，提升应急体系运行效率，提高风险防控能力，保护环境，补齐公共卫生短板，保障公众健康，促进广东建立起高水平的灾害预警和防控机制，应对重大

---

① 广东省人民政府关于培育发展战略性支柱产业集群和战略性新兴产业集群的意见. (2020-06-17). http://gdii.gd.gov.cn/zcgh3227/content/post_3018355.html。

② 中共中央 国务院印发《粤港澳大湾区发展规划纲要》. http://www.moe.gov.cn/jyb_xxgk/moe_1777/moe_1778/201902/t20190219_369998.html。

③ 习近平在中央政治局第十九次集体学习时强调 充分发挥我国应急管理体系特色和优势 积极推进我国应急管理体系和能力现代化. (2019-11-30). http://politics.people.com.cn/n1/2019/1130/c1024-31483161.html。

突发公共卫生事件的能力达到世界一流水平。

目前，广东研究院确立的《广东省智能制造发展战略与实施路径研究》《粤港澳大湾区能源转型中长期情景研究》《大湾区广深港高速磁浮铁路建设发展战略研究》《广东省现代农业发展战略研究》《广东 JMRH 发展战略研究》5 个重大咨询研究项目，《广东新一代信息技术发展战略研究》《广东省新材料产业发展战略研究》《大湾区陆海统筹油气资源及装备产业发展战略研究》《广东省氢能产业发展战略规划研究》《基于粤港澳大湾区的科普创新发展战略研究》5 个重点咨询研究项目以及《智慧车列交通系统广东示范模式和发展路径预研究》专题项目中，除《大湾区广深港高速磁浮铁路建设发展战略研究》项目因设计方案调整申请延期至 2020 年底结题外，其余 10 个项目都按项目任务书的要求完成了研究报告。

在广东省委省政府的重视和各有关厅局的支持下，院省共建的广东研究院进行了很好的尝试，研究院工作抓得很紧，从项目立项到过程管理到后期服务都很规范，在各个地方研究院中表现突出，其成立至今的工作经验值得借鉴。

首先，广东研究院以"服务决策，适度超前"为战略咨询定位原则，以提升企业科技创新能力为宗旨，构建产学研合作服务机制与平台，为企业发展提供技术开发、技术服务、技术咨询、技术转移等全方位科技服务，破解行业产业技术瓶颈难题，通过企业进行学术成果转化，推进高校科技创新与产业经济发展相融合，推动地方产业转型升级，为区域经济高质量奠定基础。广东研究院以促进广东省产业可持续健康发展为导向，为地方政府提供咨询服务，依托集聚的学术实力和更多优质资源的良好互动，咨询工作质量得以提升，通过凝聚院士群体"跨行业、跨部门、跨领域"的综合优势充分发挥其创新引领作用，共同为大湾区建设和新时代广东省高质量发展贡献力量。

其次，广东研究院完善"院地"高效协同机制。在总结前期工作经验的基础上，秉承"院地共建、地方为主"的原则，在建立更灵活高效的研究院运作机制和模式方面进行探索完善，更好地打通科技为经济社会发展服务的通道，更好地服务、指导地方所面临的紧迫需求和长远战略需求，不断释放创新的活力。现已形成了"学术研讨+调研论证+决策建议"的决策咨询工作模式，对学术成果进行提炼，使学术成果落地为可操作的决策建议，进一步拓展了学术交流的内涵，而且延伸了学术交流活动的服务链。通过聚集专业知识，把对科技社会发展领域重要事项和热点问题的思考结合起来，从而有效地把学术交流活动中提出的共性问题提炼上升为有针对性、有实际意义的对策建议。在实践中，广东研究院不断加大学术交流成果的提炼和适用转化力度，鼓励和支持学术交流成果提炼，推动学术科研成果向实际决策咨询资源转化，提出更多有价值、可实践的对策建议。

最后,广东研究院坚持把项目成果落到政策制定上,落到创新发展上,落到区域和产业竞争力的提升上,推进研究成果的转化应用,缓解学术交流成果与政府决策、经济发展脱节的矛盾。加强与省直各有关部门的沟通对接,切实推进相应研究成果为各相关部门所了解掌握和转化应用。推动地方战略咨询研究项目落地、深化、细化,以科学咨询为广东省委省政府的科学决策提供依据,为广东的高质量发展提供精准优质的战略咨询服务、作出新的更大的贡献。

2. 江苏地方研究院建设重点与经验

江苏要深入实施创新驱动发展战略,必须以深化产业结构调整为改革主线,实现江苏产业结构从劳动密集型产业和资本密集型产业的低端价值链向知识和技术密集型产业的高端价值链跨越发展。

(1)坚持一个方向:江苏研究院健全市场导向的技术创新机制,发挥市场对技术研发方向确定、路线选择、要素价格、各类创新要素配置的引领作用,并加快建立科技创新项目确定、立项、实施和评价的市场机制。在技术创新项目立项上汲取企业的经验,在技术创新的经费投入上,也以企业投入为参考。

(2)突出两大功能:服务企业创新,引领产业发展

江苏地方研究院将继续立足于本省特色产业领域,探索创新要素资源整合,着重发展和服务知识技术密集型企业,持续强化科技服务的广度和深度,搭建具有江苏特色的双创服务平台,促进企业创新,带动材料、信息技术及生物医药等的产业发展。

(3)引导三类资源:高校优势学科创新平台、科研院所研发力量、国际一流创新成果。

一是高校优势学科创新平台。江苏省产业技术研究院(以下简称江苏省产研院)与学校深入合作,把山东大学苏州研究院打造成学校对接江苏和长三角区域的窗口,高效有序推进学校科技成果转化和重大项目落地,以江苏龙头企业需求为依托,凝练定义为研究生培养课题,面向未来,面向产业,联合开展人才培养。二是科研院所研发力量。江苏省产研院聚焦体制机制创新,充分发挥科技体制改革试验田的作用,系统梳理总结改革经验,以问题为导向,深化改革,永葆机制活力;聚焦产业技术创新,遵照产业技术创新的规律和科技管理规律,组织重大技术问题攻关要聚焦自身建设,发挥政府引导作用和市场决定作用的两个优势,探索更加有效的有利于创新的体制机制,为推进创新型省份建设和产业转型升级提供有力支撑。三是国际一流创新成果。江苏省产研院进行了产业技术创新支撑体系构建、在产业技术创新生态营造等方面设计新机制、启动新举措最终取得了

新成效，以及在先进材料、装备制造、信息技术、生物医药等领域取得的重大进展，努力向国际一流的新型研发机构和国家级创新基地进军。

（4）实施四项改革：一所两制、合同科研、项目经理、股权激励。

一所两制中的"一所"就是江苏省产研院膜科学技术研究所，"两制"是国家工程技术研究中心的高校运行机制和南京膜材料产业技术研究院有限公司的市场化运行机制（郭百涛等，2019）。国家工程技术研究中心的高校运行机制负责独立完成基础性、普适性的创新成果产出，如开发专利、撰写高质量论文，南京膜材料产业技术研究院有限公司的市场化运行机制则负责特性开发和成果落地转化，包括技术价值增值和培育衍生公司。

合同科研：财政对研究院不再按工作人员数量分配研究经费，而是采用市场机制来配置科研资金；不再实行科研项目包干制，改为根据绩效原则，通过考察研究院对企业履行合同的科研绩效给予补助。

项目经理：项目经理有组建研发团队、提出研发课题、配置研究经费的权力。中国工程科技发展战略江苏研究院（以下简称江苏研究院）还允许少受传统体制束缚的海外人才担任项目经理，从项目设立之初就明确划分所有权益。

股权激励：江苏地方研究院根据员工的岗位和业绩确定持股比例，员工以期权形式购买股票，加大对重点科研人员资金投入，可以适当调高技术人员占股比例。

江苏地方研究院与江苏省内细分行业领域的龙头企业共同打造"JITRI-企业联合创新中心"。"JITRI-企业联合创新中心"的决策咨询工作的出发点是为地方相关决策提供科学依据，紧紧把握决策需求。

首先，放眼全球资源——海外"组团"，精选项目。研究院积极探索创新资源集聚合作模式，在全球范围内吸引原创科技成果，在江苏进行针对性开发。了解企业的迫切需求，放眼全球，为江苏企业发展寻找技术支撑。作为江苏创新的"源头"所在，研究院一直在拓展国际"朋友圈"，硅谷、伦敦、斯图加特等8个全球创新活动最活跃的地区，都已与研究院共建"跨境平台"。

其次，聚焦龙头企业——共建创新中心，解决"卡脖子"技术。龙头企业的技术需求，往往是一个产业发展的"共性"需求，解决"卡脖子"技术，就抓住了产业升级的命脉。企业有需求，创新有方向。从2017年起，江苏省产研院开始调查并整合企业乐于出资解决的行业关键技术需求，并与龙头企业共创"联合创新中心"。目前，包括大全集团、江苏鱼跃医疗设备股份有限公司、法尔胜泓昇集团有限公司、常州市钱璟康复股份有限公司、康得新（KDX）复合材料集团股份有限公司等，都已与江苏省产研院共建"联合创新中心"，由企业出资，江苏产研究院对接全球创新资源，寻找解决方案。

行业技术需求"引上来",创新成果和项目"落下去"。龙头企业的技术需求,往往代表着一个产业的方向,在某些细分行业,龙头企业甚至可以带动地区产业的"半壁江山"。研究院致力于基础研究到产品开发的中间环节,将源源不断地为江苏传统产业现代化转型和前瞻性新兴产业发展提供技术支撑。

最后,推动高层次人才队伍建设。人才是"JITRI-企业联合创新中心"最核心的竞争力资源,优质人才是建设一流创新中心的重要保障。创新中心在不断完善竞争择优的选拔机制,采用社会功能公开招聘的合理竞争方式吸纳一批复合型人才,优化人才结构,提升综合研究实力。建立完善的人才培养激励机制,有目的性、有重点地选出一批带头模范人才,培育一批青年学术骨干,储备人才,消除人才的后顾之忧,为优秀人才脱颖而出提供保障。探索建立创新中心人才"旋转门"机制,打破体制束缚,实现人才在江苏省产业技术研究院、企业和政府之间自由顺畅流动,促进政府部门与科研机构的信息交互。实施"柔性引才"机制,减轻传统地域和体制压力,智力引进人才,使地方能够有效利用国内外优秀人才为重大战略课题研究提供帮助,推动高素质、宽领域的国际高端人才融入创新中心发展。

3. 山西研究院成果重点与经验

中国工程科技发展战略山西研究院(以下简称山西研究院)是中国工程院在全国与地方共建的第8个地方研究院,于2018年10月18日正式成立,是院地合作成立的非法人公益性学术研究机构和工程科技区域智库。

山西研究院是省院合作成立的非法人公益性学术机构、省院共建的工程科技区域智库,旨在围绕山西省经济社会及工程科技发展重大需求,组织院士专家开展战略研究,建设国内一流的工程科技思想库,为推进创新驱动发展、促进科学民主决策提供强有力的智囊支撑。成立山西研究院,是深入贯彻落实习近平总书记在中国科学院第十九次院士大会、中国工程院第十四次院士大会上的重要讲话和视察山西重要讲话精神的实际行动,是省院双方推进创新驱动、全面深化合作的重要成果。中国工程院是我国工程科学技术界的最高荣誉性、咨询性学术机构,长期以来在决策咨询、科技攻关、创新平台建设、人才培养引进等方面给予了山西大力支持。山西研究院的成立,将把省院合作推向更宽领域、更高水平。中国工程院和山西研究院聚焦山西省转型发展战略重点,围绕智能装备制造、新一代信息技术、新能源、新材料、节能环保、生物医药等重点领域,加强科技研发和战略研究。各位院士、专家在扎实开展科学研究的同时,积极为山西发展问诊把脉、建言献策,研究提出转型升级的创新重点、技术路径和产业化方向,对重点产业链项目布局、拟引进重大新兴产业项目开展分析论证，提供全方位的智力支持。

在山西研究院成立两年多的时间中，依据山西转型发展现状需求，山西研究院先后结合山西工业高质量发展、通航产业布局等发展规划，制定并启动了 29 大咨询研究项目，为山西转型发展提供重要的智囊支撑。

山西研究院经验：①创新工场建设。为加强研究院的战略咨询能力，对应山西本地"绿色能源转型""智能制造升级""数字产业培育"三大创新工场建设，拟增设固定专家智库。②信息化建设。山西研究院加强了信息化建设，开通了微信公众号，也利用报纸、期刊等传统媒体和微信、头条等新媒体对研究院进行宣传报道。③人才建设。山西研究院主要机构设置包括理事会、学术委员会、院行政等。理事会是研究院的最高决策机构，设顾问、理事长、副理事长和理事，共聘请理事 30 名，由中国工程院院士、山西省省直部门及高校的相关领导担任。学术委员会是研究院的学术指导机构，共聘请委员 27 名。其中，中国工程院院士 18 人、山西省内资深专家 9 人。④管理机制。山西研究院实行理事会领导下的院长负责制，负责研究院的日常管理工作，设院长、执行院长、副院长，研究院办公室依托在山西转型综改示范区发展战略研究中心。

8.3.3　地方研究院发展存在的问题

1. 地方研究院定位模糊

地方研究院是中国工程院与地方政府共建的公益性、咨询性学术机构，打通中国工程院与地方的链接。从国家层面讲，地方研究院协助中国工程院服务于国家科技重大决策；从地方讲，它以回应区域科技发展重大需求为目标，根据地方经济社会发展的需要，搭建合作平台，发挥院士作用，开展科技咨询服务，服务地方发展。

然而，地方研究院依托实体单位进行建设，支撑挂靠的第三方单位存在差异。在 17 所地方研究院中，依托高校的有七所，分别是天津研究院、海南研究院、安徽研究院、河南研究院、重庆研究院、云南研究院和吉林研究院，云南研究院由云南省科技厅主管，落户昆明理工大学，依托昆明理工大学创新发展研究院提供科技咨询工作。挂靠科协的有福建研究院、广东研究院两所机构，福建省科协直接作为福建研究院日常工作的承担部门，抽调工作人员组成工作班子集中办公。依托研究院的有宁夏研究院、江苏研究院、浙江研究院、湖北研究院、山东研究院。其功能定位模糊致使挂靠单位不一，人才招聘、人才培养存在障碍，成果转化效率低下等影响自身建设，很难协同提供地方特色的行业共性科技成果，研究成果地方关注度不一（表 8-1）。

表 8-1　全国各地方研究院依托单位状况

研究院名称	依托单位	研究院名称	依托单位
湖北研究院	湖北省院士战略咨询中心	海南研究院	海南大学
天津研究院	天津大学	广东研究院	广东省科协
宁夏研究院	宁夏科技发展战略和信息研究所	四川研究院	科技厅牵头，成都市科技局、四川（成都）两院院士中心共同参与
福建研究院	福建省科协	浙江研究院	浙江省科技发展战略研究院
重庆研究院	重庆大学	云南研究院	昆明理工大学创新发展研究院
安徽研究院	安徽理工大学	上海研究院	上海市中国工程院院士咨询与学术活动中心
山西研究院	山西综改示范区	吉林研究院	吉林农业大学
江苏研究院	江苏省产业技术研究院	山东研究院	青岛国家海洋科学研究中心
河南研究院	郑州大学		

明确的功能定位是地方研究院发挥其作用的根本保障。目前，工程科技发展战略地方研究院在技术创新与技术发展过程中，应当扮演什么样的角色；在发展模式上，与高等院校、孵化器、技术转移中心等组织机构差别究竟在何处；在对地方经济结构调整与产业升级过程中，如何做出自己的贡献等问题上，还与其他组织机构存在着不同的认识。在地方研究院建设过程中，虽然有一些令人眼前一亮之处，但是总体而言，思考得还是较为简单，并没有经过系统、完整的设计，有的甚至没有自己独立的思想，仅仅照搬其他研究院，没有结合自身地域、实际情况与社会发展需要进行研究院建设。在研究院的运作过程中，有的以集约型发展为主，有的作为孵化器对初创科技创新企业予以帮助，有的与传统的部门科研院所相差不大等。这是地方研究院对自身定位问题亟待改进的地方（王健，2011）。因此，地方研究院如果没有办法正确认识自身功能定位，仅仅局限于模仿建设，由于功能定位不清晰很难发挥衔接中国工程院与地方关系的桥梁作用，会导致其工作步伐和短期方向受到影响，很难协同提供地方特色的行业共性科技成果，研究成果地方关注度不一，难以服务地方科技决策，更难以发挥促进地方科技治理能力、服务地方发展的作用。

2. 地方研究院主体地位不明确

首先，地方研究院顶层设计模糊，主体定位不明确，多以当地高校、科协、科委等事业单位为依托实体进行建设，没有独立的法人实体机构。其次，与地方其他研发机构的互动交流较少(如地方大型科技创新企业研发部门)，导致获取到的信息较为片面，不能及时分享、交流对某项目的心得体会及灵感，可能错失了很多良机。最后，行政事务的处理，对人才招聘与培养、经费管理、项目成果转化等方面产生影响。在建立工程科技发展战略地方研究院的过程中，行政方面处理是否得当极为重要。如何合理地招募人才以获得研发过程中的核心竞争力，应当对人才给予什么样的条件待遇、给予什么样的编制，如何在项目经费申报、审核过程中与地方政府机构尽快达成一致等一系列问题，都是行政事务处理得当与否的直接体现。行政事务处理得当，能够使很多工作化繁为简，提高工作效率。反之，则会增加工作任务量，在不必要的事情上浪费时间，导致人员编制出现问题，专职人员、高端人才不足，院士资源不平衡，人才可能会流失；课题项目经费申报、审核等效率低下；项目成果转化进度慢等问题的产生。

3. 多主体协同沟通不畅

地方研究院成功与否，关键要看其对其他组织机构和个人的影响力。合作交流是提升地方研究院研究影响力的有效途径，合作交流显得尤为关键(初景利等，2018)。地方研究院与其他研发机构协调性不够，就难以发挥各自优势，达到提高影响力的目的。在信息技术高度发达的时代，各地方研究院缺乏将信息通过网络进行传播共享的思想观念，也就错过了最新技术动态与灵感共享的机会，导致消息闭塞，项目进展缓慢，影响科学研究的最终成果。各地方研究院目前尚未搭建信息化工作平台，也未建立工作联系组织，地方研究院缺乏与其他研发机构之间的信息、人员的合作交流，缺少与企业的成果对接和服务地方政府决策机制，难以实现技术与服务共同进步，整合各类科技创新成果为地方科技决策带来帮助，提升科技创新信息研究水平，更难以借助同研发机构的沟通合作以实现科技信息间的共享，也就无法提升科技创新能力并实现科技治理现代化。

4. 内部运行管理问题

咨询研究是地方研究院的主要职能，是协同攻关、院士恳谈等职能发挥的先导和基础。目前，地方研究院研究项目对接当地企业创新发展需求较少，选题均来源政府规划或政府指定项目，很少出自国有企业或民营企业，且课题单一，难以满足企业需求；没有形成一套完整的项目质量评价标准，缺少完整的咨询项目研究机制；没有搭建统一的项目发布平台，未畅通项目信息发布渠道，不能为地方研究院与科研院所与企业之间的沟通与交流提供便利。

地方研究院缺少一套完整的战略咨询成果转化机制，科技成果转化的呈现形式以咨询报告为主，转化方式以间接转化为主，成果落地困难。而且项目成果转化进度缓慢，各地方研究院科技转化效果尚在起步阶段。

8.3.4 地方研究院推进地方治理的路径

地方政府大力推进研究院发展，以期推动地方经济社会发展，是中国工程院身上背负的重大使命，是中国工程院作为国家最具权威的学术机构应尽的责任与义务，是中国工程院将工程科技战略咨询辐射到地方，建设"顶天立地"国家高端智库的必由之路[①]。因此，地方研究院推动地方治理的路径应表现如下几方面：

1. 强化"上通下达""顶天立地"的目标定位

地方研究院履行中国工程院使命，推动地方整体发展，是中国工程院身上背负的重大使命，是中国工程院作为国家最具权威的学术机构应尽的责任与义务，同时要时刻牢记"上通下达""顶天立地"的目标定位。

1)"上通"与"顶天"

突出"工程科技特色"，始终把握工程、科技与技术这条主线。充分利用中国工程院的院士资源，搭建合作平台，利用院士的咨询服务，发挥科技决策作用，融入中国工程院体系开展研究工作。履行中国工程院使命，根据地域等独特因素整体把控地方研究院不同阶段的工作重点，从技术创新项目合作、加快推进科研创新成果转化、大力推进创新技术企业建设等方面作为切入点，形成完整的地方研究院功能框架体系，将地方研究院作为地方经济社会发展与学科发展共同进步的创新平台，同时运用合理的方式及优惠的条件，吸引高端人才[①]。同时，在中国工程院指引下开展建设工作，贯穿落实相关章程，协助工程战略咨询研究的总体布局，准确把握国家和地方工程科技战略决策需求。

2)"下达"与"立地"

地方研究院应坚持以地方为主，以服务地方经济社会科技发展为主，以工程科技战略咨询为主。围绕地方需求，提供政府决策咨询，打通科技与经济社会发展服务的通道，更好地服务、指导地方所面临的紧迫需求和长远战略需求，不断

---

① 安徽省科学技术情报研究所. 2018. 我所参加中国工程科技发展战略地方研究院建设与发展座谈会. http://www.ahinfo.org.cn/content/detail/5c22ebdf7f8b9a552e793192.html。

释放其创新活力；助力地方科技发展，推进研究成果和高新技术转化，通过准确定位，将科技创新成果产业化，从技术上成为当地相关产业强有力的支撑；同时驱动有关产业技术更新换代，为地方经济发展带来福音；将过去科技创新与地方产业发展无法共存的问题完美解决，实现创新成果与市场所需无缝衔接（胡罡等，2014）。

对创新创业进行"孵化"，是地方研究院的一个重要职责。作为地方研究院，如何正确合理培育、孵化、衍生和集聚前沿技术企业，是需要关注的重点问题。地方研究院本质上属于一种新型研发机构，成功的关键在于如何将科技创新与创业结合，如何将科研创新成果转化为创业的动力，如何通过创业持续推动科研创新，这类研究院通常被我们称为"创业型科研机构"（曾国屏和林菲，2013）。同时，应当不断探索新的创新成果转化培育模式，"平台管理+项目公司"是应当深入探究的合理模式。在对初创公司给予政策倾斜、技术支持、资金援助等帮助的同时，建立专业、合理的企业管理服务平台，提供全面的管理服务保障，为科研创新团队提供良好的基础条件，进而促进创新技术成果产业化，以实现研究院造福地方的预期目标。

培养技术创新人才也是地方研究院的重要职能之一。地方研究院与高等院校可以进行深入合作，在高等院校完备齐全的学科教育资源的基础上，合作为地方输送高层次应用型人才，发挥高校培育人才过程中的优势，从地方经济、社会的不断发展中体现出地方研究院的重要作用；在院士工作站及企业博士后流动站的建设中，地方研究院也可以发挥出自己的优势，在人才引进及培养方面尽到自己的责任，进而促进产业水平不断提高；针对科技创新企业制定独特的创新技术技能及创新管理等培训，对培养企业工程技术人才、企业管理人才发挥独特作用；鼓励高校研究生积极投身地方产业化项目实践，以培养学生的工程实践能力，为今后地方产业发展积攒力量；大力引进具有丰富创新经验的高级研究人才成为技术管理者，促进技术创新成果快速转化（董樊丽等，2019）。

2. 坚持总体谋划，加强统筹引领与指导，建立法人实体机构

中国工程院坚持总体谋划，稳步推进，按照国家高端智库建设有关规定，指导地方研究院工作。地方研究院作为工程院在地方相继搭建的服务地方的重要平台，在履行职能项目推进效率上参差不齐，需要中国工程院的持续统筹引领与规划指导。未来要继续坚持制度建院、信息共享、人事协同。进一步深化各项制度和具体流程，畅通信息沟通渠道，加强工作调研与日常问题反馈，发挥好中国工程院对各地方研究院的引领和监督指导职能。

1) 规范制度建院

规范建立研究院的制度不仅仅要考虑地方研究院严格依章办事，中国工程院的指导地位同样十分重要。中国工程院要进一步完善各项规章制度和政策规划，指导地方研究院工作。第一，通过前一阶段地方研究院的项目推进绩效，利用一定的综合绩效评价方法，立足地方研究院"顶天立地"工程科技领域特色，准确把握地方研究院定位、目标、使命等信息，同时将国家中长期和地方"十四五"发展规划、国际科技形势变化作为短中长期规划的具体指引以便地方研究院在工作推动过程中更好地把握方向；第二，持续优化完善地方研究院项目、经费、人员管理办法等指导性文件，强化规章制度的差别性指导和可操作性提升，作为地方研究院统筹谋划工作的基本遵循；第三，健全监管制度，严格项目、经费监管办法，规范地方研究院的工作开展，提升依法依规工作水平；第四，加强组织保障，地方研究院要保障研究人员的办公条件及福利待遇，人员编制、科研经费、研究设备等都要有保障；第五，强化共建机制，坚持"院地共建、地方为主"，工程院院士、地方研究院和中国工程院要及时交换共享信息，随时掌握最新创新动态，明确共建单位、依托单位、协作单位等各方基本职责，建立通畅、高效的多方协调机制，例如可以建立地方研究院联合会，与中国工程院战略咨询联盟联合，定期交流心得体会，加强各研究院的沟通交流，推进地方研究院的建设与可持续发展①。

地方研究院要贯彻落实各项制度规划，在中国工程院指导下进一步顺畅运行机制。第一，坚持召开年度工作会议，结合新背景新方式新变化，创新会议方式，充分调动地方工作人员参与积极性；第二，在统一规划指导下，根据各地实际，创新各地方研究院工作运行管理制度，理清责任分工，规范工作流程，为工作标准化、规范化提供制度保障；第三，根据地方研究院定位、目标、使命，制订各阶段相应的工作方案、发展规划和年度计划，从战略咨询研究、技术协同攻关、院士行和院士恳谈等多方面进行部署安排，完善地方研究院的功能结构。

2) 构建合理的主体地位

地方研究院应成为独立实体法人机构。同时，应当保证组织的独立性；工作人员应为专职，每个人都有自己的职责任务，不能同时兼任数项工作，影响研究效率；科研经费应当保证充足；建立科学的工作制度②。作为科技创新的重要一环，

---

① 安徽省科学技术情报研究所. 2018. 我所参加中国工程科技发展战略地方研究院建设与发展座谈会. http://www.ahinfo.org.cn/content/detail/5c22ebdf7f8b9a552e793192.html。

② 中华人民共和国科学技术部. 2020. 科技部 财政部印发《关于推进国家技术创新中心建设的总体方案(暂行)》的通知. https://www.most.gov.cn/xxgk/xinxifenlei/fdzdgknr/fgzc/gfxwj/gfxwj2020/202003/t20200325_152543.html。

地方研究院原则上应为独立法人实体，并应当始终贯彻落实"既不养人、也不养事"的理念，针对不同领域采用不同的方案，采取"一事一议"方式，探索不同类型的组建模式。创新中心要坚持按规行事，实行理事会(董事会)决策制、中心主任(总经理)负责制、专家委员会咨询制，对企业、高校、科研院所及政府等主体的权利和义务要有正确清楚的认识。探索通过"一所(校)两制"等多种方式构建"科研与市场"协同衔接的运行机制。创新中心及所办企业中，属于党政机关和事业单位所办企业的，应按照有关要求，纳入经营性国有资产集中统一监管体系①。

3. 以项目为抓手，促进成果转化

地方研究院要坚持建立以问题为导向、以需求为引导、以科技咨询为基础、以学者为核心、以机构建设为重点、以项目为抓手、以信息化平台为载体，进一步完善形式多样、结构合理的组织形式。

第一，在选题征集阶段，建立基于问题导向的立项机制，咨询和攻关项目立项应紧扣地方重大需求和关键工程科技问题，聚焦地方党委、政府重大关切，征集具有科学性、战略性、针对性的研究选题。

第二，在项目申报立项阶段，邀请相关领导和院士专家，开展咨询研究项目专题培训，在项目申报和立项过程中，严格执行申报审批程序，规范项目申报流程。

第三，在项目研究阶段，建立项目研究过程动态评价机制，加强项目监督管理，实时跟进项目研究进展和阶段性研究成果检查，通过文字报告、现场汇报、实地走访等方式掌握项目研究和经费执行等情况，保障项目研究质量。

第四，在项目结题阶段，建立咨询研究项目成果质量评价机制，在学术委员会指导下开展结题验收工作，对研究成果的创新性、实用性等情况进行整体评估，关注其服务于政府决策的科学性、战略性。

第五，在项目结题后，持续跟进研究成果落实和转化情况，建立以市场需求引导和技术产业化为目标的绩效考评制度，对有重大意义的项目，考虑进行进一步研究。

作为成果产业化的推手，地方研究院以项目为抓手，加速研究成果转化，这也是研究院建立的目的之一。如何掌握好科技成果转化的"临门一脚"，并无缝衔接科技成果从理论研究到项目中试研究、再到产业化的整个过程，是需要关注的重点问题。融合创新要素，并因地制宜，根据地方经济社会发展需求建立起系统

---

① 中华人民共和国科学技术部. 2020. 科技部 财政部印发《关于推进国家技术创新中心建设的总体方案(暂行)》的通知. https://www.most.gov.cn xxgk/xinxifenlei/fdzdgknr/fgzc/gfxwj/ gfxwi2020/202003/t20200325 152543.html.

完善的科技成果转化机制与保障机制，为科技成果产业化打造专业的项目研究物理空间，提供资金、人才、运行保障等扶持政策和全流程管理服务，提供政策支持、管理咨询、金融服务、技术支持、人才培养与引进等全方位管理服务保障，为创新团队研究的开展提供一切便利的条件，为研究院科研团队实现科技成果转化提供必要的保障(董樊丽等，2019)。同时，地方研究院应采取资源开放共享、科技成果奖励、科研自主权等政策措施，按照相应政策进行税收减免，从而促进研究成果转化。

4. 按照注重实效原则，多方面促进科技创新成果的有效转化

地方研究院是地方高校为发挥其在科技研究中的优势，地方政府为积极推进新旧动能转换，两者寻求合作，发挥各自主体作用所建立的科技创新场所(董樊丽等，2019)。由于研究院建设模式多元、涉及方向广泛、功能结构丰富、业务范围广泛、服务对象突出、战略意义重大(刘纪达和王健，2020)，并且地方研究院是创新人才聚集、科技成果产出、产业绩效转化的承载平台，对科技创新成果的转化具有重要意义。此外，高质量技术成果的研发与推广、技术成果转移转化体系建设的可以使创新得到发展，区域经济得到推动(韩小腾，2021)；激发地方研究院的科技成果转化活力、科技成果有效供给，有利于地方壮大培育新动能、助推经济高质量发展(邓媚等，2021)，因此加强地方研究院建设与管理，推动科技成果有效转化对地方创新绩效产出、国家创新经济发展是十分重要的。所以按照注重实效原则，建立以成果转化为导向的绩效评价机制是地方研究院进行地方治理的重要路径之一。

正确认识科技成果与成果转化内涵，对科技成果实现有效转化具有重要意义。科技成果是一个具有中国特色的词汇，是我国科技管理研究与实践过程中所形成的专有称谓(邢晓昭等，2018)。从广义上讲，科技成果是指研究开发、研究开发成果转化和应用、科技服务三种科技活动所产生的成果(贺德方，2011)。而科技成果最重要的是要实现转化，产生社会效益和经济利益。科技成果转化是指"为提高生产力水平而对科技成果所进行的后续试验、开发、应用、推广直至形成新技术、工艺、材料、产品，发展新产业等活动"(沈健等，2021)。在正确认识科技成果与成果转化的内涵后，要对其进行深入分析、有序归类后，按其预计产生绩效，采取措施促进科技成果转化的实现。

一要制度改革，优化科技成果转化体制，进行创新资源有效配置。当前科技创新能力的高低成为各个国家综合国力的衡量指标之一，科技创新成为国家战略布局中的重中之重，科技创新成果的产出与转化离不开科创体制的配合，因此要对地方研究院的科技创新成果转化体制制度进行创新。要坚持"问题导向"原则，创新体制机制，形成针对"职务科技成果按份共有的科技成果所有"的制度体系(杨红斌和马雄德，2021)。依据分类评价、注重实效，重点对地方研究院科技计划项目等的评价制度，以及各类创新平台的绩效评价等进行政策制度改革(邓媚等，2021)。基于科技创新资源的稀缺性以及科技资源投入存在的"杠铃结构"，要加大对科技创新成果转化的资源投入，使成果转化率的实现达到最高限度(黄伟，2013)。合理分配对地方研究院所的基础研究、应用技术研究、技术改造等的资源投入比例，优化其资源配置(钱学程和赵辉，2021)。

二要激励创新，打破过度注重论文的传统，建立新型激励体制，激发科研人员的创新能力。地方研究院对科研评价体系要处理好论文和其他标准之间的关系，打破传统的"唯论文"论原则，要以科研成果的质量为主，考察成果在某领域的认可度以及对前沿科技、重要问题的突破情况(王少，2021)，根据突破情况的重要性程度，建立绩效评价机制。同时引导研究院进行内部制度改革，破除过度关注专利申请量和授权量而忽视科技成果质量和成果转化运用绩效等不良导向，重点突出创新质量和综合绩效(邓媚等，2021)。坚持"把论文写在祖国大地"原则，在涉及科研人员切身利益的制度架构和实际操作层面，加大科技成果转移转化的比重(杨红斌和马雄德，2021)。鼓励科研人员在地方研究院开展面向产业应用技术的研究，将其薪酬与工作实绩和贡献直接挂钩，激发科研人员工作热情，促进科技成果产业化(胡罡等，2014)。

三要对接市场，坚持需求导向、注重实效原则，提高科技创新成果转化的有效率。地方研究院所要对评价制度等基础改革进行完善，建立以质量、绩效、贡献为核心的评价导向，全面准确反映成果创新水平、转化应用绩效和对社会发展的实际贡献(李秀坤和尹西明，2021)。地方研究院要建立以需求为导向的科技成果转移转化机制，产出更多经得起市场检验、与产业发展紧密对接的高价值原创科技成果(邓媚等，2021)。打破地方研究院所与经济市场的制度壁垒，促使科技创新人才的自由流动，鼓励科研人员身份多元化，以市场需求为导向，形成科技资源向社会开放共享机制，提高科技成果转化率(郑洁红，2019)。建立市场、中介组织和科研院所三方参与的"定制化科研"机制，将满足市场需求的目标作为地方研究院进行科研的引导，从根源上破除科技成果转化的困境(刘瑞明等，2021)。

四要政策支持，地方政府要发挥其在科研成果转化过程中的主体作用，从多方面对地方科研院所进行科技成果产出与转化提供政策帮助。从财税政策方面来讲，政府应完善现行的财政补贴相关政策，优化科技规划体系，明确支持方向，并建立有效的监督机制(王乔等,2019),使政府财税政策支持在科技创新成果转化过程中发挥有效作用。从法律法规角度出发,地方政府要通过法律化、制度化的形式赋予地方院所科技成果改革的政策基础,构建促进科技成果转化的法律环境(石琦等,2021),并要加大科技改革相关政策的宣传,使地方研究院与科研人员对其有清晰认识,从而使相关法律法规的作用得到充分发挥。从社会环境建设的角度讲,地方政府提供科研项目补贴经费,提供金融供给;出台多部政策法规,提供制度支持;将市场、中介组织、地方研究院所联系起来,提供平台帮助等,为科技成果转化营造一个良好的社会氛围。

5. 利用现有渠道,加强地方研究院协同和服务机制建设

首先各方主体在科技成果转化过程中表现为非合作博弈,参与主体各自发挥的作用,可能使其陷入"囚徒困境",导致政策、平台、人才、资源等要素存在短缺问题(石琦等,2021)。其次促进科技成果转化需要不同主体的协同参与,但由于各协同主体的观念认知有偏差等,导致主体之间的协作配合度差(文学,2021)。此外科研院所参与协同创新不仅有利于提升自身科研水平,还有利于将研究与发展资源转向更高质量的科技产出(项诚和毛世平,2019)。更为重要的是,地方研究院实现科技创新成果高质量产出与有效转化,进行地方治理,促进区域发展离不开研究院所与政府、企业、组织、中介机构等多方主体的合作与协同,以及地方研究院的服务机制建设。基于此,利用现有渠道,加强地方研究院协同和服务机制建设对地方研究院进行地方治理是十分必要的。

第一,加强与 17 个地方研究院协同,融入中国工程院工程科技体系开展研究工作。当地的研究机构可以举办技术会议和学术研讨,增进 17 个研究机构之间的了解,以便建立更好的技术合作,并且在与多个地方研究院进行学术交流、论坛讨论、技术合作等,要改变当前普遍"重理论、轻实践"的情况,围绕着阻碍国家产业发展的核心共性技术展开研究,以创造出更多创新型的新技术(张艺等,2020)。由于中国工程院进行的重大科技项目是一个复杂体系,体系的各组成系统间存在着复杂的联系,其建设是一项复杂的体系工程(武志锋和刘伊生,2021),需要与地方研究院进行合作,从而去开展重大工程建设管理工作。要在中国工程院的指引下开展建设工作,以国家高端智库建设为引领,贯彻落实相关章程,协助中国工程院调整战略咨询研究的总体布局,准确把握国家和地区工程科技战略决策需求,开展工程科技的基础性、前瞻性、综合性理论研究(刘纪达和王健,2020),进一步融入中国工程院工作体系当中,围绕工程科技领域的热点、难点问题积极建言献策,以强大的科技实力为创新型国家的建设奠定技术基础,为建设世界科技强国提供技术支持,从而为服务区域经济发展和技术进步提供战略咨询

项目服务。

第二，强化与地方科研院所协同，打造地方创新中心。地方科研院所是科学研究和技术开发的基地，地方研究院应与地方科研院所这种拥有创新型人才与创新实力的创新组织建立紧密合作关系，开展协同创新和联合科技攻关，建设人才、学科和科研三位一体的地方协同创新中心(张忠迪，2020)。地方创新中心成立的宗旨是地方研究院通过与拥有强大创新能力的科研院所合作，并建立与大型骨干企业的合作关系，从而促进国家行业产业的核心共性技术研发和扩散(董媛媛和卢斌斌，2019)。并且地方创新中心围绕地方政府治理协同创新，以学科、科研、人才三位一体为依托，支撑区域经济社会又好又快发展。地方创新中心致力于地方政府治理的理论与政策、治理绩效、治理能力建设研究，成为地区创新中既能快速发展又能带动其他部门进步的增长极，并使区域创新的各个主体参与体制得到完善与发展，努力建成为地方政府治理领域国内一流的学术研究平台、人才培养基地。此外地方创新中心的根本任务是实现更高水平的协同创新增效，引导人才、科研、学科进行更深层次的协同合作，发挥参与主体的主体功能，实现更好的地方政府治理效果(徐占东等，2018)。

第三，对接地方政府，服务地方政府科学决策。地方研究院是中国工程院服务地方的重要平台(冒巍巍和陈方玺，2021)，并与政府、高校、科研机构和行业协会以及提供咨询、管理和法律等的专业服务机构通过各类合作建立关系网络(毛义华等，2021)，在促进科技成果转化、推进地方治理的过程中，要牢记建设初心和使命，积极推动与高校、政府、科研机构、社会组织等的多维互动。充分利用中国工程院和地方的各类研究资源，构建高水平研究团队，从人才培养、科研项目、成果资助等方面，制定一系列激励政策，加快科研转型，加强理论创新，组织申请与地方经济社会发展密切相关的品牌项目、重大项目、重点项目和学部项目，提供战略咨询服务，切实解决地方政府在工程技术方面的发展难题，推动建立形成"智库主导、政府保障、行业参与"的融合发展模式和"集成资源、重点突破"的良性发展格局。

第四，对接企业需求，推进科技成果转化，服务企业创新发展。科技成果长期以来转化不足的重要原因是与企业需求脱节，无法适应市场生产力发展的直接需要。同时科技成果转化市场的信息化建设滞后，导致科技成果的供需匹配信息长期分散割裂，无法发挥市场机制的匹配作用，导致科技成果转化效率不高。因此，要建立以需求为导向的科技成果转化机制，服务企业创新发展。一是要以企业实际生产与人民实际生活的困难与问题为导向，建立相关量化考核评价机制，更好地将科技成果服务于经济社会实际发展。二是要加强科技成果供需信息化建设。在硬的基础设施方面，针对目前我国技术要素交流市场网络体系不健全、技术要素交流市场机制不优化的突出问题，应该加快建设全国统一的技术要素交流信息平台，实施科技资源共享制度，创造技术市场主体平等获得信息的条件，降低信息获取的难度和成本。在软的基础设施方面，传统生产要素应加速构建以市场为主的配置机制，切实解决国内中小企业融资难的问题，避免企业的技术需求受到过大约束。三是建立企业、高校和地方研究院三方参与的"定制化科研"机制。进一步明确企业与高校和地方研究院项目研发与中试建设的体制机制，发挥企业"需求问题导向"，更好地引导高校与地方科研院所服务于企业的实际生产需求，从而从源头上打通科技成果转化的困境。

6. 构建三化建设机制

1) 把握地方特色，实现地方研究院品牌化

聚焦地方科技创新问题，围绕地方的领域聚焦、关键行业、重点产业中的科技问题展开研究，对标知名地方科研院所/研究院，提高影响力。地方研究院要搭建起科研成果和企业之间的连接纽带，实现科研成果与企业需求的精准对接，助力企业转型升级，推动研究成果融入社会、融入产业、融入发展。把握地方特色，打造地方研究院品牌化。地方研究院只有在一个专业化的细分领域持续耕耘，才可能积聚优势、发挥影响作用。这就决定了它必须走有特色、专业化的发展道路。在地方研究院改革初期，政府可以提供一系列的扶持政策和优惠措施，但随着思想和科技智力市场的规范与完善，真正能在竞争中存活下来的还是高质量的产品，地方研究院要准确把握地方政府工作的重点、难点和关系民生的重大事项，在政府关注和群众需求之间找到最佳契合点。首先，聚焦地方科技创新问题。围绕地方的领域聚焦、关键行业、重点产业中的科技问题展开研究。转变固有观念，勇于破旧立新，盘活现有资源，将基层组织力转化为科技创造力，提高科技创新的效率和质量，为研究院高质量发展、助力公司加快转型升级提供坚强保障。其次，对标知名地方研究院，提高影响力。经济全球化时代，深化国际交流合作、提升国际影响力越来越成为地方研究院建设的重要内容。联合国际、国内知名科研机构，扩大国际交流合作，对标知名地方研究院，对标"一带一路"倡议的技术需求，提高研究院的国际影响力。

2) 依靠新技术，实现地方研究院平台化

数据、信息与社会资源是智库研究的基础和前提，信息技术条件下，信息化建设显得尤为重要。

第一，搭建统一沟通联络平台，畅通信息沟通渠道，实现科技成果共享和专

业人才流动，为中国工程院与地方研究院、地方研究院与院士专家、地方研究院之间的交流协作提供便利。由于科技共性技术创新具有很大的不确定性，需要大量的资源和信息，所以必须加强创新项目团队同内部各职能部门的沟通和协作，使信息和资源得到共享，以实现各方共同参与解决问题、减少或消除冲突。可以通过在中国工程院官方网站增设或链接各地方研究院子网站，及时收集和发布政策法规、工作动态、研究项目等信息，实现信息充分共享。

第二，探索地方研究院电子化办公形式，建立地方研究院咨询项目信息化管理平台，完善网上填报系统，加强项目信息化管理，依托地方数据报送渠道和平台，实现智库成果共享。并且通过地方研究院项目信息化管理平台的搭建，要做到为科技项目带来价值提升：一是实现项目管理工作的流程化、规范化，全过程的可视化；二是统一管理项目，统筹资源，统一管理资产；三是提高数据的准确性和透明度，提供信息科技决策支持信息；四是建立高效率的信息沟通机制，极大地提高工作效率，加强管理力度；五是减少手工劳动，大大降低管理成本，提升管理效率；六是建立可积累的平台，持续优化和固化优秀的管理经验，加强执行力；七是有价值的项目数据被保存和共享，使科技知识能够有效地积累和分享。

第三，建立法律监督平台，保障科研成果与创新生态的打造。根据各地区地方研究院特点建立科技成果转移、转化工作体系，建立健全科技成果评定、考核评价、知识产权管理、收益分配等科技成果转移、转化管理制度，提高科技成果转移、转化流程的可操作性。及时出台促进科技成果转移、转化系列政策法规的规章制度，创造良好的科技成果转移、转化政策环境。指定或修订科技成果转移、转化相关管理队伍，为科技成果转移、转化提供制度保障，与政府企业社会各方形成合力，实现科技成果与金融资本市场的对接；指定科技成果转移、转化实施流程，提高科技成果转移、转化效率；组建包含技术、知识产权、商务、法务等专业人才的科技成果转移、转化队伍，为科技成果转移、转化工作提供全流程服务，联合其他研究院所，将不同地方研究院的科技成果转移、转化经验进行推广并互相之间提供支持帮助；设计多种科技成果转移、转化交易模式，制订个性化的交易模式。设立科技成果转移、转化项目的台账，对每项科技成果处置进行追踪，出台有利于科技成果转移、转化的文件，形成在奖酬经费分配、知识产权运营、成果转化管理、转化基金运行等方面的系统、规范的文件制度，完善科技成果转移、转化环境。

3）集中优势资源，实现地方研究院信息化

第一，建立地方研究院自己的数据库。数据包括所有用户可同时存取数据库中的数据，也包括使用者可以通过接口使用数据库获取的数据。确保数据的安全可靠，安全性控制，完整性控制，并发性控制，在同一时间周期内，可对数据实现多路存取，防止用户之间的不正常交互作用。建立统一的科技数据库，实现地方研究院科技信息有序采集、更新和应用，实现科技信息上下级业务部门间的纵向以及同级各部门间的横向交换、共享和公开，满足了各级部门的科技信息需要。同时，也加快科技系统内部局域网建设，科技系统使用统一办公平台，处理地方研究院内部协同办公业务。同时，通过统一的数据库建设，可以更高效地为地方企业制定战略规划、创新政策等提供决策参考，帮助企业充分吸纳高层次智力资源，深度融合各类创新主体资源来实现协同创新，使地方研究院能够全面掌握企业科技动态，把握企业重大需求，为地方企业提供科技信息、科技咨询等服务，为企业进行科学决策提供丰富的理论依据，有利于地方企业提高科技咨询质量，更好地培育和发展高新技术企业和战略性新兴产业。

第二，建立项目数据库。科研项目是科技事业发展的重要组成部分，对科研项目进行有效管理是科研事业发展的必然要求，也是科研事业健康发展的保障，科研项目信息反映了一个国家的科技部署、科研实力及研究重点的变化、科技创新的轨迹等。科研项目管理要求对立项、申报、验收、成果管理过程的相关数据资料进行管理、存档，以备后用。项目数据库对科技档案、科研项目数据、用户访问数据、网站日志等多种类型数据进行定时备份、离线备份、冗余备份，以便支持多种环境下的服务开展与应急恢复，保证平台运行和数据的安全，同时，项目数据库融会项目信息集成检索发现与即时统计分析功能，有效补充科技信息保障体系中项目信息缺失与快速分析难等问题。

第三，建立人才数据库。为保证信息系统各职能部门管理的专业人才库系统架构的统一及人才资源信息的无缝对接，按"统一规划，资源共享"的原则，采取分立系统和开放平台相结合的方式建设人次信息系统，按照人才数据库建设专项领导小组的总体部署，制定地方研究院科技人才数据库建设实施方案，制定各专业人才库入库基本标准。人才大数据研究院将把体制内和体制外、公开的与潜藏的人才大数据聚合起来，形成系列化的人才数据集，并通过深度挖掘、聚类分析、精细加工等，探寻和把握人力资源开发、使用和管理的内在规律性，避免数据信息触及保密、安全、个人隐私等法律问题，同时要监控各主体、各部门发布数据的数量和质量，确保数据发布工作的完整执行，满足各地区地方研究院对科技人才数据的使用需求，为组织人事和人力资源管理部门的人才决策、治理、评价和服务奠定基础。同时，为了避免人才比较单一的弊病，在如下几个方面扩展科技人才数据库建设的范围：①可在横向上扩展入库范围，横向上根据行业领域、专业性质的不同，建立若干个平行的专业人才库，不仅关注科研和基础研究人才，也将工程类人才、实用型人才、管理型人才、自主创业人才纳入人才库，建立一个涵盖多层次、多领域的科技人才数据库。②科技人才信息资源建设要同时关注国外科技人才和海外归国人才。③科技人才数据库建设除了关注高层次的科技人才之外，建议对潜在人才建立适当的信息跟踪机制，并在建库时给予适当的资助或者政策支持，逐步建立潜在人才信息库，对于科技人才成长才能进行更深入的研究。

8.4　本章小结

以地方研究院为例，加强地方科研院所建设，对促进地方治理具有重要意义。本章主要分为三个部分：科研院所改革促进地方治理的作用、全面深化科研院所改革的思路以及地方研究院改革促进地方治理的路径。首先，科研院所改革有利于创新驱动发展战略的实施和创新型国家的建设，作为创新的"助推器"，有利于促进科技创新升级，有助于推进高科技产业化发展与科技创新生态环境建设，提升科技治理效能，增强高质量科技竞争力；其次，本章从提升科研院所地位、加快扶持新型研发机构发展、完善激励政策、促进顶层设计和院所实际相结合的思路深化改革；最后，分析地方研究院建设现状、经验与问题，提出地方研究院推进地方治理的路径。

第 9 章
政 策 建 议

科技创新是驱动地方治理能力提升的有效手段。进入"十四五"时期，中国知识更新、科学创新和技术更新的步伐加快，科技创新推动地方治理能力的作用愈加日益凸显。因此，实现地方治理体系能力新提升，就必须坚持深入实施创新驱动发展战略，全面提升国家和地方科技创新能力的同时，有针对性地加强欠发达地方科技创新能力发展。本书在全面分析科技创新对地方治理体系能力的作用路径和结果、地方科技创新发展现状、国内外科技创新发展典型案例及我国科技创新战略导向、目标和重点领域的基础上，针对当前地方科技创新现状及存在的问题提出如下政策建议。

9.1 加大国家创新资源向欠发达地方倾斜力度

1. 加大创新优惠政策向欠发达地方倾斜力度

国家应依托地方特色，在欠发达地方设立创新发展特区，并给予地方政府和创新主体一定的政策特权，形成"一地一特区，一地一特色"的创新均衡发展格局。如在山西省设立煤炭产业创新发展特区，给予山西省政府对煤炭创新企业所得税自主征收特权，支持山西企业、高校等相关方构建煤炭产业技术国际合作、自由贸易、成果转化的绿色通道等。

2. 加大国家级创新平台向欠发达地方倾斜力度

国家应依托欠发达地方产业特色，优先建设和布局一批符合地方特色的国家级创新中心、创新孵化器、国际联合创新中心等。国家依托欠发达地方产业特色，重点发展一批立足地方、服务地方的特色高校和科研院所，并给予一定政策、资金支持。例如，在我国青海与西藏地区，设立与青稞产业利用相关的国家级创新平台，以地方大学与研究机构为基础，并积极引导国内外的顶级研究机构与企业参与其中，推动产业链的创新发展。

3. 加大国家级人才项目向欠发达地区倾斜力度

国家应依托欠发达地方产业特色和重点攻关领域发展方向，加大特色产业和重点攻关领域国家级人才项目分配比例，满足欠发达地方特色产业创新和重点领域攻关人才需求。地方根据自身需要，自主制定人才项目评选办法、管理方案等，实现人才项目地方评价。例如，在我国云南省，有色金属冶炼和稀土加工产业发展具有一定的基础。国家应对长期扎根基层、做出较大贡献的个人和集体在评价和奖励方面进行一定的倾斜与照顾。

9.2 进一步深化地方政府"放管服"改革

1. 进一步下放地方政府科技创新管理权限

①下放一般项目管理权限。国家和地方政府、企业等立项的一般项目由项目负责人自主管理，经费使用不设比例。②下放人才管理权限。国内、国际创新人才引进方式、待遇及评价方法由创新主体自主管理。③下放政府科研经费管理权限。地方下拨的科研经费由科研主体根据自身发展需要自主确定经费使用方式及比例等。

2. 进一步简化科研项目审批程序

精简科研项目申报要求和过程管理，减少不必要材料，推行"材料一次报送"制度，把科研人员从报表和报销等具体事务中解脱出来，提升科技创新能力和科研办事效率。同时，细化评审专家领域和研究方向，建立起评审专家的诚信记录和责任追究制度，提高评审公平公正性。

3. 进一步完善科技创新法治化管理

制定科技法案快速修改机制，能够迅速响应当下科技创新形势；制定科研活动由创新主体自主管理的法律条款，依法保障科研主体自主性；制定给予新产品进入市场绿色通道的相关法律条款，依法保障新产品快速进入市场使用；制定惩处阻碍科技创新的法律条文，依法保护国家创新环境安全。

4. 进一步加强地方政府科技创新专业化服务能力

设立从技术研发到成果转化全过程的专业处室。如产业科技处室、服务支撑处室、成果转化处室、评价监督处室等。产业科技处室根据产业特点设置专业性岗位，聘用行业专业人员，实现专业化管理，提升管理机构专业化水平。服务支撑处室在项目实施过程派出科技项目专员全程跟踪服务。成果转化处室依据自身建立的成果转化平台，通过招标或协议委托的方式推动科研成果快速转化。评价监督处室负责科技成果管理和验收，主要以成果转化、产业化实际成效作为评价标准。各处室各司其职，为科技创新提供专业化服务。实施管理，推行"以专管专"的管理模式，即聘请专业人才管理专业处室。

5. 推广新技术，减少科技创新过程中的人为干预

大力推广大数据、区块链技术、智能化技术等科技手段在地方治理中的应用，将权力转移于智能决策系统，减少人为因素干扰政策执行的问题，限制政府权力，释放创新活力。

9.3 做好创新发展顶层设计，加强地方政府责任担当意识

1. 借力工程院资源，做好地方产业发展顶层设计

由前述可知，地方研究院是为促进科学研究、人才培养与产业互动，打通基础研究、应用开发、成果转移与产业化链条，并将科技成果向现实生产力转化而设立的一种新型研发机构，其基本的运作模式是由高校、相关科研机构与地方政府合作创建。中国工程院地方产业研究院正是在这样的背景下应运而生的产物。地方政府积极与工程院展开合作，制定前瞻性和长远性的地方产业发展战略，地方政府依据工程院制定的地方产业发展战略为指导，科学布局地方创新资源。

2. 遴选首席科学家，做好基础研究和原始创新顶层设计

国内外相当多的成果经验已经表明，首席科学家制度对于推进科技创新特别是基础类科技创新有着非常好的应用效果。针对这种情况，地方应遴选国内外顶尖科学家担任重大基础研究、原始创新首席科学家。首席科学家结合地方特色，自主设计地方基础研究和原始创新攻关方向、自主确定科研团队、经费使用等。地方政府保障基础研究和原始创新研究经费不少于地方总科研投入的30%。

3. 建立科研项目容错机制，加强政府创新失败责任担当

建立探索型创新项目尽职免责机制。对在探索型创新项目创新过程中出现的一些偏差失误，只要不违反党的纪律和国家法律法规，勤勉尽责、未谋私利，能够及时纠错改正的，不做负面评价，免除相关责任或从轻减轻处理。建立探索型创新项目补偿机制。对因技术路线选择有误、未实现预期目标或失败的省级创新探索项目，项目承担人员已尽到勤勉和忠实义务的，经组织专家评议，确有重大探索价值的，继续支持其选择不同技术路线开展相关研究。

4. 建立共担风险和政府首购制度，加强政府创新扶持责任担当

地方政府采用阶段入股、风险补助等的方式鼓励地方企业研发、引进高新技术。政府不分享收益，仅阶段回收成本。建立创新产品政府首购制度。政府单位和国有企业利用国有资金采购同类型产品时，应优先采购本土创新产品。

9.4 进一步明确企业创新主体定位

1. 加强企业创新优惠政策，进一步明确企业投资主体定位

地方国有企业当年所发生的研发费用可在经营业绩考核中视同企业本年度利润。推行企业研发费用加计扣除政策。企业自主研发并实施转化的具有自主知识产权的重大科技创新成果，由省科技成果转化专项资金给予同等力度资助。企业开展研发活动实际发生的研发费用，未形成无形资产计入当前损益的，按规定据实扣除后，一定期限内再按照实际发生额的75%税前加计扣除；形成无形资产的，按照无形资产成本的175%再税前摊销。企业委托境外机构研发所发生的费用，按照费用实际发生额的80%计入委托方的委托境外研发费用，委托境外研发费用不超过境内符合条件研发费用三分之二的部分，可按规定在企业所得税前加计扣除。

2. 提升企业立项地位，进一步明确企业创新权力主体定位

推行企业项目"三自主"制度。规定省属大型企业项目由企业自主立项、自主管理和自主评价的"三自主"制度，地方管理部门不再干预，进一步明确企业评价主体定位。规定省属大型企业，自主立项项目等同于省级一般项目。单项经费超过1000万元的视同省级重大项目。同时规定省属企业不再申请政府省级科技项目，以此提升高校、科研院所参与企业项目攻关积极性，加强创新主体合作。

9.5 加大地方学研创新活力激发力度

1. 加大地方科技创新投入，提升创新活力

保障各级给予高校的财政科技拨款年均 10% 以上增幅。省级项目经费不低于 5 万元，倒逼地方政府加大科技投入。地市级、县级政府立项的经费超过 50 万元、100 万元科研项目视同省级一般项目，提升学研参与地方创新活力。

2. 扩大地方高校科研院所经费管理自主权

首先，改革纵向项目经费管理机制。改革间接经费预算编制和支付方式，不再由项目负责人编制预算，由项目管理部门(单位)直接核定并办理资金支付手续，资金直接支付给承担单位，由承担单位全权管理。科研项目完成任务目标并通过验收(结题)后，结余资金可留归项目组用于后续科研活动直接支出或由项目承担单位统筹用于科研活动直接支出。其次，改革横向项目经费管理机制。横向项目经费由高校自主确定使用范围和标准，不纳入单位预算。

3. 扩大人员聘用、岗位设置自主权

高校可根据国家有关规定，结合科技创新事业发展需要，在编制或人员总量内自主制订岗位设置方案和管理办法，确定岗位结构比例。建立能上能下、能进能出灵活用人机制的单位，可在编制内适当增加高级专业技术岗位比例，调整情况按管理权限报相关部门备案。允许高校和科研院所通过设置创新型岗位和流动性岗位，引进优秀人才从事创新活动。对单位引进的急需紧缺高层次人才，通过调整岗位设置难以满足需求的，经相关部门审批同意，设置一定数量的特设岗位，不受岗位总量、最高等级和结构比例限制，涉及编制事宜报机构编制管理部门按程序专项审批。完成相关任务后，按照管理权限予以核销。

4. 扩大职称评审自主权

高校按照国家规定自主制定职称评审办法和操作方案，按照管理权限自主开展职称评审，评审结果事后按要求报主管部门备案。部分条件不具备、尚不能独立组织评审的高校和科研院所，可自主采取联合评审、委托评审等方式。对引进的急需紧缺高层次人才和有突出贡献的人才，允许高校和科研院所在明确标准、程序和公示公开的前提下，开辟评审绿色通道，评审标准不设资历、年限等门槛。

5. 扩大科研项目基本建设自主权

省级有关主管部门指导高等学校编制五年基本建设规划，对列入规划的科研及其辅助用房等基本建设项目，不再审批项目建议书，加快审批项目可行性研究报告；在省和设区市政务服务中心设立高校院所基建项目并联审批综合窗口或委托代办中心，实施一门受理、分送相关、限时办结、一窗发证的并联审批机制。

6. 推行地方科研院所、创新孵化器等创新平台市场化运作模式

借鉴高新技术企业的管理制度，引入和建立新型的管理运营模式，如项目负责任制(PI)、股份制等。实行项目负责人年薪制、协议工资等多种分配方式。针对成果转化项目，推广成果转化期权和股权激励制度，且股份、期权能够自由流通。

9.6 加强欠发达地方创新主体协同能力

1. 打造"举国攻关"的地方创新中心

地方政府以地方研究院发布的产业发展战略为指南，依托地方大型企业设立各行业或产业地方创新中心。高校、企业和地方科研院所采取联盟、技术入股、人才入股等方式参与地方创新中心技术攻关，举国、举省之力展开基础创新、"卡脖子"问题攻关；地方创新中心对攻关成果实施自主评价，所评奖项等同于省级科技奖。

2. 构建科技资源开放平台与共享服务

建立"省级科技资源开放共享服务平台"，将所有符合条件的科技资源纳入平台管理，向高等院校、科研院所、企业等用户提供信息展示、在线服务、管理评价等共享服务，避免科技资源封闭、低效和重复，大力提高科技创新服务效应，逐渐形成跨部门、跨领域、多层次的网络服务体系。具体举措包括：促进公共研发平台的对外开放；构建大型科学仪器设备开放共享的长效机制；通过省科技信息资源平台，给社会提供科技情报咨询和科技信息推送等服务。

3. 激发产学研融合动力，打通成果转化"最后一公里"

产：对于企业引进国内外先进技术成果转化的，可按技术合同实际成交额的5%左右给予奖励；培育和壮大天使、风投、创投机构，发挥好各类产业基金作用，强化多层次资本市场支持，为成果转化融资创造条件。

学研：高校、科研院所等事业单位，职务发明成果在省内转化获得的转让收益用于奖励研发团队的比例提高到不低于 70%。在省外转化获得的转让收益用于奖励研发团队的比例不低于 50%。对按规定给予的奖励，不纳入单位绩效工资总量管理范畴。对于个人职务创新成果转化的，在相关单位取得转化收入后三年内发放的现金奖励，免除或减半计入科技人员当月个人工资薪金所得征收个人所得税；对财政资金支持的科研项目形成的科技成果，具有明确市场应用前景但两年内未转化的，在地方技术产权交易市场采取挂牌交易、拍卖等方式实施转化，转让 80%收益用于奖励研发团队。

4. 推行高校-企业联合人才培养模式

高校推行 3.5 年学校+0.5 年企业实践的教学+实践联合培养模式。规模以上企业按职工总数 2%安排实习岗位接纳高校学生实习，政府按照接纳人数给予企业一定的补助。

9.7 对标国际一流，加强欠发达地方国际化合作

1. 加强欠发达地方政府对国际合作的支持力度

支持大型企业在海外设立研发机构，被认定为"一带一路"联合实验室的，最高给予 500 万元配套支持。鼓励国际一流高校、科研机构、世界 500 强企业设立研发总部或区域研发中心，布局建设的高水平研究院符合地方发展特色的直接认定为省新型研发机构，评估优秀的省财政最高给予 1000 万元奖补，规定国际化合作项目视同省级项目。

2. 面向国际一流人才，推行开放人才战略

欠发达地方政府放眼世界，面向全球招聘国际一流学者担任行业首席科学家。高校、科研院所面向国际招聘国际一流科学家担任项目负责人，地方政府应给予绿色通道的保障制度。

3. 面向国际一流研发团队，推行科研项目揭榜制

鼓励企业将制约产业发展的薄弱环节、瓶颈问题梳理出来，张榜面向国内外征集国际一流的研发团队或解决方案。对于揭榜项目实行项目经费包干制，由项目负责人自主确定具体经费使用方式。

9.8 实施"识–育–引"三位一体的人才发展战略

1. 丰富人才评价方式，构建多元化分类人才评价体系

对基础型研究人才，采用同行学术评价机制，重点评价其是否具有解决重大科学问题的原创能力，以中长期研究目标为导向，鼓励持续研究和长期学术积累；对应用型技术人才，重点评价其是否具有技术创新与集成能力，其技术突破和成果转化情况，采用市场评价机制，由企业主体、专家及其用户共同评价其应用效应。对从事技术转移服务的人才，重点评价其知识产权和转移绩效；对于从事科技战略管理人才，重点评价其决策影响力和战略性思维。对社会公益研究人才，重点评价其社会服务水平和服务对象满意度；对实验技术人才，重点评价其支撑服务效果和创新能力。

2. 加强本土人才培育，充分释放其创新活力、潜力和动力

地方政府以科学发展规律为导向，制定科学的本土人才培养体系，树立尊重知识、重视创新的文化氛围，促进本土人才可持续发展。地方政府设立重点发展学科基金，重点培育一批满足地方特色创新的关键学科及人才。加强地方优秀青年创新人才培育，扩大地方青年科技基金支持力度和提升青年人才待遇。加强地方人才国际交流合作，设立国际人才交流活动快速审批或免审机制。国家针对欠发达地方设立创新人才个人所得税减免基金，对欠发达地方创新人才个人所得税超过 10%部分或全部予以基金补贴，补贴免征个人所得税。

3. 推行以项目引人才的人才引进模式

地方创新主体围绕科技和产业重大项目需求，整理出紧缺人才目录，有计划引进国内外科研创新领军人才及团队，引进的人才团队纳入省重大人才工程，并给予薪酬待遇、岗位设置、职务职称、科研立项和经费等方面支持。项目完成后，创新主体自主进行人才评价，给予后续支持。

9.9 本 章 小 结

科技创新是实现地方治理能力新提升的有效手段和重要途径。针对当前地方科技创新发展现状及存在的问题，从不同层面提出相应的政策建议。一是国家层面，应加强创新资源向欠发达地方倾斜力度；二是地方政府创新管理层面，应进一步深化"放管服"改革；三是地方政府创新服务层面，应做好创新发展顶层设计，加强地方政府责任担当意识；四是企业层面，应进一步明确企业创新主体定位；五是地方学研方面，应加大地方学研创新活力激发力度；六是多方协同层面，应建立地方创新中心、资源共享服务平台等加强欠发达地方创新主体协同能力；七是国际层面，应对标国际一流，加强欠发达地方国际化合作；八是人才层面，应实施"识-育-引"三位一体的人才发展战略。

参 考 文 献

埃莉诺·奥斯特罗姆. 2012. 公共事务治理之道. 余逊达, 陈旭东译. 上海: 上海译文出版社.

白春礼. 2014. 科研院所改革, 路在何方. 求是, (22): 20-52.

白俊红, 江可申, 李婧, 等. 2009. 区域创新效率的环境影响因素分析——基于DEATobit两步法的实证检验. 研究与发展管理, 21(2): 96-102.

白雪飞, 王雪艳. 2015. 产学研协同创新运行模式及优化策略. 沈阳师范大学学报(社会科学版), 39(4): 54-57.

包国宪, 赵晓军. 2018. 新公共治理理论及对中国公共服务绩效评估的影响. 上海行政学院学报, 19(2): 29-42.

包国宪, 周云飞. 2010. 英国全面绩效评价体系: 实践及启示. 北京行政学院学报, (5): 32-36.

彼得·德鲁克. 2009. 管理: 使命、责任、实务(使命篇). 王永贵译. 北京: 机械工业出版社.

曹凌燕. 2021. 演化博弈视角下的城市空气污染地方治理研究. 统计与信息论坛, 36(4): 72-83.

常晶. 2020. 多民族国家地方治理的复杂性、价值取向与体系构建. 比较政治学研究, (1): 14-35, 337, 338.

陈宝胜. 2015. 邻比冲突治理模式比较研究. 理论与改革, (3): 100-106.

陈红喜, 宋瑞, 袁瑜. 2020. 孵化器创新经营的指标体系研究——基于三螺旋理论和ANP方法. 技术经济, 39(4): 86-94.

陈劲, 阳银娟. 2012a. 协同创新的理论基础与内涵. 科学学研究, 30(2): 161-164.

陈劲, 阳银娟. 2012b. 协同创新的驱动机理. 技术经济, 31(8): 6-11, 25.

陈劲, 尹西明. 2018. 建设新型国家创新生态系统加速国企创新发展. 科学学与科学技术管理, 39(11): 19-30.

陈劲, 朱子钦. 2021. 探索以企业为主导的创新发展模式. 创新科技, 21(5): 1-7.

陈敏, 苏帆. 2020. 改革开放40年广东省科技人才政策发展历程研究. 科技管理研究, (7): 53-59.

陈强. 2020. 科技创新治理体系的"梁柱台基". 创新研究, https://mp.weixin.qq.com/s/mDWf7cSQzalBQx8hDIu-Ew.

陈仁霞. 2008. 联盟——德国高校发展新趋势. 世界教育信息, (4): 49, 50.

陈潭, 肖建华. 2010. 地方治理研究: 西方经验与本土路径. 中南大学学报(社会科学版), 16(1): 28-33.

陈伟, 杨增煜, 杨栩. 2020. 科技型中小企业技术创新模式选择研究. 学习与探索, (3): 111-117.

陈延良, 李德丽. 2018. 三螺旋理论视角下的政产学协同育人实践与模式构建. 黑龙江高教研究, (8): 87-90.

陈耀, 赵芝俊, 高芸. 2019. 中国省域农业科研机构科技创新能力测度及分析. 资源开发与市场, 35(3): 297-302.

程秋旺, 林榅荷. 2018. 乡村振兴战略背景下的乡村环境治理研究——以宁德古田凤亭村为例. 江西农业学报, 30(10): 132-136.

初景利, 栾瑞英, 孔媛. 2018. 国外高水平高校智库运行机制特征剖析. 图书馆论坛, 38(4): 8-16.

戴昌桥. 2011. 中美两国地方治理比较研究. 长春: 吉林大学.

戴维·奥斯本, 特德·盖布勒. 2006. 改革政府: 企业家精神如何改革着公共部门. 周敦仁, 译. 上海: 上海译文出版社.

邓媚, 王梦婷, 陈程. 2021. 广东省高校院所科技成果转化问题及挑战——基于科技成果转化年度报告的分析. 科技管理研究, 41(12): 100-106.

丁辉侠. 2014. 地方政府治理的内涵、特征与绩效评估纬度构建. 商业经济研究, (21): 103, 104.

丁轶. 2017. 等级体制下的契约式治理: 重新认识中国宪法中的 "两个积极性". 中外法学, (4): 22-52.

董樊丽, 杨剑英, 张兵. 2019. 高校地方研究院在创新驱动发展战略中的定位及对策研究. 科学管理研究, 37(3): 24-29.

董建忠, 王瑞萍, 董琛. 2019. 山西省科技创新政策体系优化对策研究. 山西科技, 34(5): 5-9.

董媛媛, 卢斌斌. 2019. 行业产业协同创新中心知识扩散网络演化特征与影响因素研究. 情报理论与实践, 42(11): 75-82.

樊纲, 王小鲁, 朱恒鹏. 2011. 中国市场化指数: 各省区市场化相对进程 2011 年度报告. 北京: 经济科学出版社.

范逢春. 2014a. 县级政府社会治理质量测度标准研究. 北京: 北京师范大学出版社.

范逢春. 2014b. 全球治理、国家治理与地方治理:三重视野的互动、耦合与前瞻. 上海行政学院学报, 15(4): 55-63.

范如国. 2014. 复杂网络结构范型下的社会治理协同创新. 中国社会科学, (4): 98-120, 206.

方卫华. 2003. 创新研究的三螺旋模型: 概念、结构和公共政策含义. 自然辩证法研究, (11): 69-72, 78.

付震宇, 陈锡周. 2020. 以提升企业创新能力为目标重塑产学研结合模式. 中国科技论坛, (7): 9-11.

傅家骥. 1998. 技术创新学. 北京: 清华大学出版社.

傅利平, 羊中太, 马成俊. 2017. 转型时期藏区社会治理机制创新研究——以热贡十二族社区为例. 西北民族研究, (1): 189-197.

高玉贵. 2005. 乡镇机构改革挑战与对策. 广州: 广东人民出版社.

格里·斯托克. 2006. 新地方主义、参与及网络化社区治理. 游祥斌译. 国家行政学院学报, (3): 92-95.

郭百涛, 王帅斌, 王冀宁, 等. 2019. 江苏省新型研发机构共建模式研究——基于江苏省产业技术研究院膜科学技术研究所案例分析. 科技管理研究, 39(12): 79-84.

郭湘楠. 2018. 基于团体理论模型的网约车规制政策问题研究. 广州: 华南理工大学.

韩小腾. 2021. 三螺旋理论视域下高校技术转移转化体系建设刍议. 科技管理研究, 41(16): 116-122.

韩兆柱, 单婷婷. 2015. 网络化治理、整体性治理和数字治理理论的比较研究. 学习论坛, 31(7): 44-49.

何华沙. 2014. 市场驱动型产学研合作理论与实践研究. 武汉: 武汉大学.

何思静. 2019. 全球价值链升级下中国创新驱动发展战略的实施对策. 中国商论, (12): 88, 89.

贺德方. 2011. 对科技成果及科技成果转化若干基本概念的辨析与思考. 中国软科学, (11): 1-7.

贺德方, 唐玉立, 周华东. 2019. 科技创新政策体系构建及实践. 科学学研究, 37(1): 3-10, 44.

贺娜. 2014. 公民参与县级政府公共决策问题及对策研究. 湘潭: 湘潭大学.

贺卫, 王浣尘. 2000. 试论公共政策研究中的模型方法. 中国软科学, 15(1): 32-34.

洪银兴. 2011. 科技创新与创新型经济. 管理世界, (7): 1-8.

洪银兴. 2013. 关于创新驱动和协同创新的若干重要概念. 经济理论与经济管理, (5): 5-12.

胡鞍钢. 2014. 中国国家治理现代化. 北京: 中国人民大学出版社.

胡罡, 章向宏, 刘薇薇, 等. 2014. 地方研究院: 高校科技成果转化模式新探索. 研究与发展管理, 26(3): 122-128.

胡海鹏, 袁永, 邱丹逸, 等. 2018. 以色列主要科技创新政策及对广东的启示建议. 科技管理研究, 38(9): 32-37.

胡敏杰. 2015. 作为治理工具的契约: 范围与边界. 中国行政管理, (1): 88-93.

黄柏玉. 2018. 我国地方政府治理问题探究. 智富时代, (4): 190.

黄流聪. 2017. 德国企业科技创新机制研究. 广州: 广东外语外贸大学.

黄强, 程旭宇, 刘祺. 2009. 地方政府社会管理能力绩效评价指标体系建构——基于网络治理的局限性. 福建论坛(人文社会科学版), (8): 136-139.

黄诗华. 2020. 我国科技创新绩效评价及影响因素分析. 大连: 辽宁师范大学.

黄伟. 2013. 我国科技成果转化绩效评价、影响因素分析及对策研究. 长春: 吉林大学.

黄小梅, 徐信贵. 2014. 近郊农村生态环境治理的博弈分析及机制设计. 重庆邮电大学学报(社会科学版), 26(3): 96-99.

霍国庆, 杨阳, 张古鹏. 2017. 新常态背景下中国区域创新驱动发展理论模型的构建研究. 科学学与科学技术管理, 38(6): 77-93.

姬兆亮, 戴永翔, 胡伟. 2013. 政府协同治理: 中国区域协调发展协同治理的实现路径. 西北大学学报(哲学社会科学版), (2): 122-126.

吉梅. 2017. 治理现代化视域下城市公共危机治理方式研究. 南京: 东南大学.

加布里埃尔·阿尔蒙德. 1987. 比较政治学: 体系、过程和政策. 曹沛霖, 等译. 上海: 上海译文出版社.

简·莱恩. 2004. 新公共管理理论. 赵成根, 等译. 北京: 中国青年出版社.

江必新. 2012. 中国行政合同法律制度: 体系、内容及其构建. 中外法学, (6): 1159-1175.

江博. 2018. 科技创新驱动: 我国北斗卫星导航与位置服务产业发展策略研究. 武汉: 武汉大学.

江苏省国际合作中心. 2020. 创新不止于发明: 德国产学研体系四大金刚详解. https://xw.qq.com/amphtml/20201012A0E3TH00.

姜同仁, 刘娜. 2015. 德国体育产业发展方式解析与启示. 西安体育学院学报, 32(2): 129-134.

姜扬, 范欣, 赵新宇. 2017. 政府治理与公众幸福. 管理世界, (3): 172-173.

蒋绚. 2016. 资源、机制与制度: 美国创新驱动发展研究与启示. 学海, (3): 151-159.

杰瑞·斯托克, 楼苏萍, 郁建兴. 2007. 地方治理研究: 范式、理论与启示. 浙江大学学报(人文社会科学版), 53(2): 5-15.

鞠连和. 2009. 论新公共管理理论的价值与局限. 社会科学战线, 32(10): 196-200.

康胜. 2003. 论科技创新与经济进步的互动关系. 科技进步与对策, 20(9): 89-91.

康晓光, 许文文. 2014. 权威式整合——以杭州市政府公共管理创新实践为例. 中国人民大学学报, 28(3): 90-97.

柯尔曼 J R. 2009. 地方能力简析. 刘剑译. 北京: 中国财经出版社.

克利斯·弗里曼, 罗克·苏特. 2004. 工业创新经济学. 华宏勋, 等译. 北京: 北京大学出版社.

李超, 安建增. 2015. 论我国地方政府治理的模式选择及其对策. 陕西理工学院学报(社会科学版), (1): 24-28.

李娟伟. 2016. 市场培育视角下科技协同创新模式的构建与完善. 西部论坛, 26(1): 45-53.

李俊霞, 温小霓. 2019. 中国科技金融资源配置效率与影响因素关系研究. 中国软科学, (1): 164-174.

李黎明, 谢子春, 梁毅劼. 2019. 创新驱动发展评价指标体系研究. 科技管理研究, 39(5): 59-69.

李林汉, 田卫民. 2020. 金融深化、科技创新与绿色经济. 金融与经济, (3): 68-75.

李娜娜. 2020. 构建科技创新多元投入的创新生态系统. 中国科技论坛, (9): 9-10.

李石柱, 李刚. 2002. 我国地区科技资源配置现状分析. 北京理工大学学报(社会科学版), (S1): 107-109.

李廷铸, 肖百冶. 2001. 关于成都市科技创新模式选择及其政府政策的思考. 成都行政学院学报(社会科学类), (3): 7-12, 66.

李万, 常静, 王敏杰, 等. 2014. 创新 3.0 与创新生态系统. 科学学研究, 32(12): 1761-1770.

李维宇, 杨基燕. 2015. 西方公共管理的理论转向及其对中国的启示. 云南社会科学, 35(4): 17-22.

李文彬, 陈晓运. 2015. 政府治理能力现代化的评估框架. 中国行政管理, (12): 18, 19.

李翔, 邓峰. 2019. 科技创新、产业结构升级与经济增长. 科研管理, 40(3): 84-93.

李晓娣, 张小燕. 2018. 区域创新生态系统对区域创新绩效的影响机制研究. 预测, 37(5): 22-28, 55.

李秀坤, 尹西明. 2021. 新发展格局下中国高校科技成果转化的机遇、挑战与对策. 国家教育行政学院学报, (7): 76-83.

李旭辉, 陈莹, 程刚. 2020. 长江经济带创新驱动发展动态评价及空间关联格局研究. 科学管理研究, 38(5): 109-115.

李亚鹏. 2017. 基于网络化治理理论的京津冀生态治理的府际关系研究. 秦皇岛: 燕山大学.

李燕萍, 毛雁滨, 史瑶. 2016. 创新驱动发展评价研究——以长江经济带中游地区为例. 科技进步与对策, 33(22): 103-108.

李晔梦. 2017. 以色列的首席科学家制度探析. 学海, (5): 170-173.

李晔梦. 2021. 以色列科研管理体系的演变及其特征. 阿拉伯世界研究, (4): 101-118, 159, 160.

李源. 2016. 广东科技创新对经济增长的驱动效应研究. 南方经济, (11): 125-132.

李志刚, 李瑞. 2021. 共享型互联网平台的治理框架与完善路径——基于协同创新理论视角. 学习与实践, (4): 76-83.

李治. 2008. 从新公共管理到新公共服务的理论发展. 湖北社会科学, 22(5): 28-32.

理查德·莱斯特. 1990. 欧洲社区演进历程. 北京: 社会科学出版社.

梁超. 2018. 基于扎根理论的协同创新演化路径与模式的探索性研究. 杭州: 杭州电子科技大学.

梁正, 李佳钰. 2021. 商业价值导向还是公共价值导向?——对数字创新生态系统的思考. 科学学研究, 39(6): 985-988.

林雨洁, 谢富纪. 2013. 基于协同创新理论的产业技术创新战略联盟伙伴选择研究. 科技与经济, 26(6): 6-10.

刘畅. 2019. 创新生态系统视角下企业家精神对创新绩效的影响关系研究. 长春: 吉林大学.

刘成, 李秀峰. 2020. "AI+公共决策": 理论变革、系统要素与行动策略. 哈尔滨工业大学学报(社会科学版), 22(2): 12-18.

刘刚. 2014. 中国经济发展的新动力. 华东经济管理, 28(7): 1-7.

刘刚, 刘晨. 2020. 人工智能科技产业技术扩散机制与实现策略研究. 经济纵横, (9): 109-119.

刘光容. 2008. 政府协同治理: 机制、实施与效率分析. 武汉: 华中师范大学.

刘荷. 2011. 我国省级地方政府角色冲突问题研究. 桂林: 广西师范大学.

刘辉. 2020. 跨界创新理论研究与现实分析——基于中国创新路径的探讨. 成都: 电子科技大学.

刘纪达, 王健. 2020. 高校国防科技创新地方研究院建设与发展模式. 中国高校科技, (4): 75-78.

刘静, 解茹玉. 2020. 创新生态系统: 概念差异、根源与再探讨. 科技管理研究, 40(20): 8-14.

刘瑞明, 金田林, 葛晶, 等. 2021. 唤醒"沉睡"的科技成果: 中国科技成果转化的困境与出路. 西北大学学报(哲学社会科学版), 51(4): 5-17.

刘诗白. 2001. 论科技创新劳动. 经济学家, (3): 4-14.

刘顺忠, 官建成. 2002. 区域创新系统创新绩效的评价. 中国管理科学, (1): 76-79.

刘伟忠. 2012. 协同治理的价值及其挑战. 江苏行政学院学报, (5): 113-117.

刘亚飞. 2018. 基于网络治理视角下政府公共服务供给研究. 徐州: 中国矿业大学

刘颖琦, 吕文栋, 李海升. 2003. 钻石理论的演变及其应用. 中国软科学, (10): 138-144.

刘志彪. 2011. 从后发到先发: 关于实施创新驱动战略的理论思考. 产业经济研究, (4): 1-7.

刘子曦. 2020. "牌子"先行与产业创新困境: 政产学协同创新平台的构建与运行. 武汉大学学报(哲学社会科学版), 73(6): 162-176.

柳剑平, 何凤琴. 2019. 基于三螺旋理论的多主体协同创新模式与路径——以江西赣江新区为例. 江西社会科学, 39(8): 75-81.

龙小宁. 2018. 科技创新与实体经济发展. 中国经济问题, (6): 21-30.

楼苏萍. 2010. 地方治理的能力挑战: 治理能力的分析框架及其关键要素. 中国行政管理, (9): 97-100.

芦苇. 2016. 新常态下科技创新的困境与出路. 经济问题, (6): 19-24.

鲁继通. 2016. 京津冀区域科技创新效应与机制研究. 北京: 首都经济贸易大学.

鹿斌, 周定财. 2014. 国内协同治理问题研究述评与展望. 行政论坛, 21(1): 84-89.

罗伯特·B·登哈特. 2003. 公共组织理论. 扶松茂, 等译. 北京: 中国人民大学出版社.

罗伯特·B·丹哈特, 珍妮特·V·丹哈特, 刘俊生. 2002. 新公共服务: 服务而非掌舵. 中国行政管理, 18(10): 38-44.

罗茨 R A W. 2000. 新的治理//俞可平. 治理与善治. 北京: 社会科学文献出版社.

罗雨泽, 罗来军, 陈衍泰. 2016. 高新技术产业 TFP 由何而定——基于微观数据的实证分析. 管理世界, (2): 8-18.

吕璞, 林莉. 2012. 开放式自主创新背景下校企合作模型及仿真. 科技进步与对策, 29(22): 112-117.

马得勇. 2013. 测量乡镇治理——基于 10 省市 20 个乡镇的实证分析. 中国行政管理, (1): 101-106.

马佳铮, 包国宪. 2010. 美国地方政府绩效评价实践进展评述. 理论与改革, (4): 20-25.

马一德. 2014. 创新驱动发展与知识产权制度变革. 现代法学, 36(3): 48-61.

迈克尔·波特. 2002. 国家竞争优势. 北京: 华夏出版社.

毛义华, 曹家栋, 方燕翎. 2021. 新型研发机构协同创新网络模型构建. 科技管理研究, 41(3): 76-82.

冒巍巍, 陈方玺. 2021. 高校产学研协同创新中校友资源的开发研究. 科学管理研究, 39(2): 80-85.

梅姝娥. 2008. 技术创新模式选择问题研究. 东南大学学报(哲学社会科学版), (3): 20-24, 126.

穆荣平, 蔺洁. 2020. 2019 中国区域创新发展报告. 北京: 科学出版社.

牛媛媛, 王天明. 2020. 知识密集型产业创新生态系统建设: 以荷兰 ASML 公司为例. 科技导报, 38(24): 120-128.

欧黎明, 朱秦. 2009. 社会协同治理: 信任关系与平台建设. 中国行政管理, (5): 118-121.

彭锻炼. 2015. 地方政府社会保险服务绩效评价指标体系构建与绩效测度. 中央财经大学学报, (1): 19.

彭国甫. 2005. 地方政府公共事业管理绩效评价指标体系研究. 湘潭大学学报(哲学社会科学版), 29(3): 16.

彭正银. 2002. 网络治理理论探析. 中国软科学, 17(3): 51-55.

钱学程, 赵辉. 2019. 科技成果转化政策实施效果评价研究——以北京市为例. 科技管理研究, 39(15): 48-55.

曲洪建, 拓中. 2013. 协同创新模式研究综述与展望. 工业技术经济, 32(7): 132-142.

任泽平, 华炎雪. 2018. 中国发展先进制造业的国际借鉴. 金融时报, 2018-05-14.

沙勇忠, 解志元. 2010. 论公共危机的协同治理. 中国行政管理, (4): 73-77.

邵传林, 王丽萍. 2017. 企业家创业精神与创新驱动发展——基于中国省级层面的实证研究. 当代经济管理, 39(5): 18-23.

邵传林. 2015. 政府能力与创新驱动发展——理论机制与中国实证. 社会科学, (8): 52-62.

邵彦, 许世建. 2021. 职业教育服务企业"走出去"协同办学共同体的构建——基于三螺旋理论的解释框架. 职教论坛, 37(3): 14-21.

邵宇. 2011. 论转型时期我国地方政府治理模式面临的挑战与创新. 岭南学刊, (2): 27-30.

申喜连, 仲敏. 2020. 政府绩效评估创新研究——基于服务型政府视域下对企业绩效评估的借鉴. 云南行政学院学报, 22(2): 159-165.

沈健, 王国强, 钟卫. 2021. 科技成果转化的指标测度和跨国比较研究. 自然辩证法研究, 37(7): 58-64.

沈荣华. 2015. 提升地方政府治理能力的三重逻辑. 中共福建省委党校学报, (1): 12-19.

施雪华, 方盛举. 2010. 中国省级政府公共治理效能评价指标体系设计. 政治学研究, (2): 56-66.

石琦, 钟冲, 刘安玲. 2021. 高校科技成果转化障碍的破解路径——基于"职务科技成果混合所有制"的思考与探索. 中国高校科技, (5): 85-88.

宋刚, 唐蔷, 陈锐. 2008. 复杂性科学视野下的科技创新. 科学对社会的影响, (2): 28-33.

宋彦成. 2017. 解码日本科技创新体系(一). https://www.sohu.com/a/211602734_563778.

宋兆杰, 曾晓娟. 2016. 俄罗斯军工综合体: 科技创新的重要平台. 科学与管理, 36(2): 15-20.

苏策, 何地, 郭燕青. 2021. 企业创新生态系统战略开发与竞争优势构建研究. 宏观经济研究, (4): 160-169.

苏屹, 李柏洲. 2012. 原始创新研究文献综述. 科学管理研究, 30(2): 5-8.

孙柏瑛. 2020. 城市治理的演化与转换. 北京日报, 2020-12-21(016).

孙萍, 王秋菊. 2012. 网络时代中国政府治理模式的新思考: "参与协商型"治理模式. 求实, (4): 60-62.

孙早, 宋炜. 2013. 中国工业的创新模式与绩效——基于 2003—2011 年间行业面板数据的经验分析. 中国工业经济, (6): 44-56.

谭英俊. 2009. 公共事务合作治理模式: 反思与探索. 贵州社会科学, (3): 14-18.

唐天伟, 曹清华, 郑争文. 2014. 地方政府治理现代化的内涵、特征及其测度指标体系. 中国行政管理, (10): 46-50.

唐兴霖, 尹文嘉. 2011. 从新公共管理到后新公共管理——20 世纪 70 年代以来西方公共管理前沿理论述评. 社会科学战线, 34(2): 178-183.

陶长琪, 彭永樟. 2018. 从要素驱动到创新驱动: 制度质量视角下的经济增长动力转换与路径选择. 数量经济技术经济研究, 35(7): 3-21.

田华文. 2017. 从政策网络到网络化治理: 一组概念辨析. 北京行政学院学报, 18(2): 49-56.

田培杰. 2014. 协同治理概念考辨. 上海大学学报(社会科学版), 31(1): 124-140.

万劲波. 2021. 完善国家科技创新治理体系的重点任务. 国家治理, (7): 6.

万立明. 2019. 新时代优化科技治理体系的思维逻辑. 国家治理. https://baijiahao.baidu.com/s?id=1627155357421918751&wfr=spider&for=pc.

汪仕凯. 2016. 国家治理评估的指标设计与理论含义. 探索, (3): 146-152.

汪长明. 2020. 坚持 "四个面向" 的理论逻辑. 学习时报, 2020-09-23(006).

王爱民. 2013. 治理风险视角的复杂项目危机成因及网格化治理研究. 软科学, 27(2): 41-44.

王成军. 2006. 中外三重螺旋计量比较研究. 科研管理, (6): 19-27.

王德起, 何晶彦, 吴件. 2020. 京津冀区域创新生态系统: 运行机理及效果评价. 科技进步与对策, 37(10): 53-61.

王国强, 黄园淅. 2016. 创新驱动: 世界各国的战略选择. 北京: 中国科学技术出版社.

王海燕, 郑秀梅. 2017. 创新驱动发展的理论基础、内涵与评价. 中国软科学, (1): 41-49.

王进富, 张颖颖, 苏世彬, 等. 2013. 产学研协同创新机制研究——一个理论分析框架. 科技进步与对策, 30(16): 1-6.

王君也. 2019. 自主创新道路的理论溯源及其比较研究. 财经问题研究, (8): 24-30.

王琳, 穆光远, 石斌, 等. 2017. 山西省科技计划管理体系改革成效及思考. 科技和产业, 17(4): 21-25.

王鹏, 曹兴, 龙凤珍. 2011. 区域自主创新能力研究综述. 学术论坛, 34(1): 128-133.

王乔, 黄瑶妮, 张东升. 2019. 支持科技成果转化的财税政策研究. 当代财经, (7): 28-36.

王少. 2021. 评价标准怎么立——破"五唯"后的思考. 天津师范大学学报(社会科学版), (4): 82-87.

王叔文. 2016. 网络时代社会协同政府治理模式构建——基于政务微信视角. 学习与探索, (3): 54-59.

王涛. 2018. 三螺旋理论视角下的产学研政策分析. 教育学术月刊, (5): 46-53.

王小鲁, 樊纲, 余静文. 2017. 中国分省份市场化指数报告(2016). 北京: 社会科学文献出版社.

王学军. 2019. 公共价值认同何以影响绩效: 理论框架与研究议程. 行政论坛, 26(2): 95-102.

王亚平, 任建兰, 程钰. 2017. 科技创新对绿色发展的影响机制与区域创新体系构建. 山东师范大学学报(人文社会科学版), 62(4): 68-76.

王一川. 2010. 城镇化进程中的地方治理模式创新. 上海: 复旦大学.

王玉婷. 2021. 简析科技创新与制度创新协同发展. 公关世界, (13): 47, 48.

王章豹, 韩依洲, 洪天求. 2015. 产学研协同创新组织模式及其优劣势分析. 科技进步与对策, 32(2): 24-29.

王志刚. 2020. 完善科技创新体制机制. 人民日报, 2020-12-14(009).

王卓. 2020. 基于创新生态系统的产业联盟协同创新机制研究. 哈尔滨: 哈尔滨理工大学.

魏春艳, 李兆友. 2020. 基于三螺旋理论的产业共性技术创新研究. 东北大学学报(社会科学版), 22(2): 9-16.

魏久聚. 2008. 区域创新系统自主创新行为研究. 合肥: 中国科学技术大学.

魏守华, 吴贵生. 2005. 区域科技资源配置效率研究. 科学学研究, (4): 467-473.

魏淑艳, 英明. 2015. 国家治理现代化视野下的中国政府治理模式探讨. 社会科学辑刊, (2): 57-63.

温淑芳, 柳长江, 王庆潭, 等. 2020. 山西省科技创新主体研发机构发展情况分析. 科技创新与生产力, (2): 5.

文森特·奥斯特罗姆. 2009. 社区治理的美国经验——2007年6月30日在中国政法大学"首届美国政治与法律学术节"的演讲. 和谐社区通讯, (4): 3.

文学. 2021. 高校科技成果转化体系的反思与建构——以协同理论为起点的探讨. 中国高校科技, (5): 89-92.

邬欣欣, 常庆欣. 2021. 科技自立自强的"四个面向": 习近平关于新发展阶段生产力发展规律的理论创新. 广西社会科学, (8): 10.

吴若冰, 马念谊. 2015. 政府质量: 国家治理现代化评价的结构性替代指标. 社会科学家, (1): 35-41.

吴卫红, 陈高翔, 张爱美. 2018. "政产学研用资"多元主体协同创新三三螺旋模式及机理. 中国科技论坛, (5): 1-10.

吴晓波, 胡松翠, 章威. 2007. 创新分类研究综述. 重庆大学学报(社会科学版), (5): 35-41.

吴玉良. 2008. 新公共服务理论视角下的公共行政伦理价值. 中州学刊, 30(2): 133-136.

武志锋, 刘伊生. 2021. 基于体系工程的重大科技项目决策博弈分析. 中国电子科学研究院学报, 16(7): 684-691.

夏红云. 2014. 产学研协同创新动力机制研究. 科学管理研究, 32(6): 21-24.

夏小江. 2006. 农村乡镇发展的体制性困境与出路: 一个来自基层干部的体验与思考. 武汉: 华中师范大学出版社.

项诚, 毛世平. 2019. 组织模式协同是否影响研究机构创新产出. 中国科技论坛, (12): 31-39.

项杨雪. 2013. 基于知识三角的高校协同创新过程机理研究. 杭州: 浙江大学.

肖建华, 游高端. 2011. 地方政府环境治理能力刍议. 天津行政学院学报, 13(5): 64-69.

肖琳, 徐升华, 杨同华. 2018. 企业协同创新理论框架及其知识互动影响因素述评. 科技管理研究, 38(13): 32-42.

肖文涛. 2006. 构建和谐社会与地方政府治理模式创新. 中国行政管理, (11): 98-101.

辛静. 2008. 新公共服务理论评析. 长春: 吉林大学.

邢梦雪. 2018. 网络化治理视角下的水污染治理研究. 杭州: 浙江工商大学.

邢晓昭, 李善青, 赵辉. 2018. 科技成果转化成熟度评价研究进展. 科技管理研究, 38(13): 71-76.

徐邦友. 2018. 改革开放四十年来地方治理体系的现代嬗变——基于浙江省地方治理实践的分析. 治理研究, 34(3): 71-81.

徐晨光, 王海峰. 2013. 中央与地方关系视阈下地方政府治理模式重塑的政治逻辑. 政治学研究, (4): 30-39.

徐奉臻. 2020. 从两个图谱看国家治理体系和治理能力现代化. 人民论坛, (1): 3.

徐增辉. 2005. 新公共管理研究. 长春: 吉林大学.

徐占东, 梅强, 陈文娟, 等. 2018. 基于多主体博弈的协同创新中心收益策略研究. 统计与决策, 34(17): 54-57.

许冠南, 周源, 吴晓波. 2020. 构筑多层联动的新兴产业创新生态系统:理论框架与实证研究. 科学学与科学技术管理, 41(7): 98-115.

许长青. 2019. 三螺旋模型的政策运用、理论反思与结构调整. 高等工程教育研究, (1): 121-128.

闫亭豫. 2015. 国外协同治理研究及对我国的启示. 江西社会科学, (7): 244-250.

燕继荣. 2011. 变化中的中国政府治理. 经济社会体制比较, (6): 135-139.

杨博. 2015. 论政府有效性. 武汉: 华中师范大学.

杨红斌, 马雄德. 2021. 基于产权激励的高校科技成果转化实施路径. 中国高校科技, (7): 82-86.

杨宏山. 2015. 整合治理: 中国地方治理的一种理论模型. 新视野, (3): 28-35.

杨宏山. 2017. 转型中的城市治理. 北京: 中国人民大学出版社.

杨宏山, 李娉. 2018. 中国地方治理的理论解释与比较分析. 治理研究, 34(3): 64-70.

杨华锋. 2013. 后工业社会的环境协同治理. 长春: 吉林大学出版社.

杨升曦, 魏江. 2021. 企业创新生态系统参与者创新研究. 科学学研究, 39(2): 330-346.

杨文. 2020. 全力打造一流创新生态 培育壮大新转型发展新动能. http://cpc.people.com.cn/n1/2020/0328/c117005-31652069.html.

杨阳. 2017. 新常态背景下中国创新驱动发展一般性理论模型研究——基于《科技创新论述摘编》分析. 华东经济管理, 31(2): 43-50.

杨志军. 2021. 地方治理中的政策接续: 基于一项省级旅游优惠政策过程的分析. 江苏社会科学, (12): 1-13.

叶继红. 2004. 科技创新的体制与运行机制: 以江苏为例. 中国科技论坛, (6): 55-59.

叶笑云, 许义平, 李慧凤. 2015. 社区协同治理. 杭州: 浙江大学出版社.

尹洁, 施琴芬, 李锋. 2020. 高新技术产业创新生态系统内部种群竞争演化机制研究. 统计与决策, 36(24): 161-165.

尹玲. 2021. 日本科技创新战略的发展与启示. 白城师范学院学报, 35(3): 68-74.

尹伟华, 张亚雄. 2016. 我国工业企业自主创新能力分析. 调研世界, (2): 3-9.

尤金·巴达赫. 2011. 跨部门合作: 管理"巧匠"的理论与实践. 周志忍, 张弦, 译. 北京: 北京大学出版社.

于凡修. 2017. 东北老工业基地创新驱动发展研究. 长春: 吉林大学.

于慎澄. 2016. 德国创新驱动战略的发展路径. 学习时报, http://www.qddx.gov.cn/n435777/n1364663/n1364670/161114165337879758.html.

于天琪. 2019. 产学研协同创新模式研究——文献综述. 工业技术经济, 38(7): 88-92.

俞可平. 1999. 治理与善治引论. 马克思主义与现实, (5): 38.

俞可平. 2000. 治理与善治. 北京: 社会科学文献出版社.

俞可平. 2008. 中国治理评估框架. 经济社会体制比较, (6): 1-9.

郁建兴, 任泽涛. 2012. 当代中国社会建设中的协同治理——一个分析框架. 学术月刊, 44(8): 23-31.

约瑟夫·熊彼特. 2009. 经济发展理论: 对于利润、资本、信贷、利息和经济周期的考察. 叶华译. 北京: 中国社会科学出版社.

约瑟夫·熊彼特. 1979. 资本主义、社会主义和民主主义. 绛枫译. 北京: 商务印书馆.

臧文杰. 2016. 网络化治理的本土建构路径探究. 徐州: 中国矿业大学.

曾保根. 2010a. 价值取向、理论基础、制度安排与研究方法——新公共服务与新公共管理的四维辨析. 上海行政学院学报, 11(2): 29-40.

曾保根. 2010b. 新公共服务理论的"四位一体"解构. 学术论坛, 33(4): 42-46.

曾凡军. 2012. 基于整体性治理的政府组织层级关系整合研究. 广西社会科学, 28(11): 109-114.

曾国屏, 林菲. 2013. 走向创业型科研机构——深圳新型科研机构初探[J]. 中国软科学, (11): 49-57.

翟青. 2009. 世界一流企业的创新模式研究——德国西门子集团的科技创新体系. 科技管理研究, 29(8): 468-471.

詹·库伊曼. 2000. 治理和治理能力：利用复杂性、动态性和多样性//俞可平. 治理与善治. 北京:社会科学文献出版社.

张成福, 党秀云. 2007. 公共管理学: (修订版). 北京: 中国人民大学出版社.

张慧. 2019. 俄罗斯航空工业持续推进数字化转型. http://www.81.cn/jskj/2019-05/14/content_9502639.htm.

张洁. 2021. 美国通过政府采购支持中小企业的做法及启示中国招标, (8): 36, 37.

张紧跟. 2016. 治理体系现代化: 地方政府创新的趋向. 天津行政学院学报, 18(3): 3-10.

张康之. 2014. 论主体多元化条件下的社会治理. 中国人民大学学报, (2): 2-13.

张锟. 2019. 依靠法治提升乡村治理能力. 贵州民族报, 2019-04-02(A03).

张来武. 2011. 科技创新驱动经济发展方式转变. 中国软科学, (12): 1-5.

张丽娟, 袁珩. 2018. 俄罗斯政府基础研究投入、布局和主要发展措施. 世界科技研究与发展, 40(6): 584-594.

张丽红, 陈柏强, 平媛. 2021. 科技创新平台协同运行机制影响因素研究——以北京市为例. 科技创新与应用, 11(19): 16-18.

张丽娜. 2013. 行业特色型高校协同创新的机制研究. 北京: 中国矿业大学(北京).

张利萍. 2013. 地方治理中的协同及其机制构建. 杭州：浙江大学.

张玲玲. 2017. 契约式治理在城管执法中的应用研究——以连云港市为例. 郑州: 河南大学.

张敏. 2018. 创新生态系统视角下特色小镇演化研究. 苏州: 苏州大学.

张群, 宋迎法. 2021. 网络治理的理论流变与发展图景.中共福建省委党校(福建行政学院)学报, 33(4): 78-87.

张荣峰, 章利华. 2006. 自主创新的理论、国际经验和模型构建. 世界经济与政治论坛, (4): 62-67.

张炜, 杨选良. 2006. 自主创新概念的讨论与界定. 科学学研究, (6): 956-961.

张艺, 龙明莲, 杜军. 2020. "双一流"大学与产业部门、科研机构的三螺旋互动成效. 中国高校科技, (10): 65-68.

张亦男. 2017. 胜利社区多元主体协同治理存在的问题及对策分析. 哈尔滨: 黑龙江大学.

张宇鹏, 牛伟伟. 2014. 应用精英理论政策模型试析大连 PX 项目政府决策. 赤子(上中旬), 14(16): 177.

张忠迪. 2020. 省级协同创新中心投入产出效率研究. 中国高校科技, (10): 25-28.

章文光, Ji Lu, Laurette Dubé. 2016. 融合创新及其对中国创新驱动发展的意义. 管理世界, (6): 1-9.

赵东霞, 郭书男, 周维. 2016. 国外大学科技园"官产学"协同创新模式比较研究——三螺旋理论的视角. 中国高教研究, (11): 89-94.

赵文平, 徐劲松. 2015. 丝绸之路经济带区域创新效率评价. 经济与管理研究, 36(11): 25-32.

赵小燕. 2013. 邻避冲突治理模式探讨. 法制与社会, (26): 198, 199.

赵豫生, 林少敏, 郑少翀. 2020. 大数据治理机构职能及其评价指标体系构建研究. 中国行政管理, (7): 70-77.

郑刚, 朱凌, 金珺. 2008. 全面协同创新: 一个五阶段全面协同过程模型——基于海尔集团的案例研究. 管理工程学报, 22(2): 24-30.

郑洁红. 2019. 资源配置市场化对高校科技成果应用的促进作用. 中国高校科技, (6): 19-22.

郑巧, 肖文涛. 2008. 协同治理: 服务型政府的治道逻辑. 中国行政管理, (7): 48-53.

中国科技发展战略研究小组, 中国科学院大学中国创新创业管理研究中心. 2019. 中国区域创新能力评价报告 2019. 北京: 科学技术文献出版社.

中国科技发展战略研究小组. 2019. 中国区域创新能力评价报告 2019. 北京: 科学技术文献出版社.

中国科学技术发展战略研究院. 2018. 中国区域创新能力评价报告 2018. 北京: 科学技术文献出版社.

中国社会科学院工业经济研究所课题组 张其仔. 2020. "十四五"时期我国区域创新体系建设的重点任务和政策思路. 经济研究参考, (18): 107-119.

钟俊杰. 2012. 基于两维语义的企业自主创新能力评价理论与应用研究. 安徽: 合肥工业大学.

周光辉. 2014. 推进国家治理现代化的有效路径: 决策民主化. 理论探讨, (5): 5-10.

周婧飏. 2017. 契约式治理: 公约在社区治理中的作用研究. 上海: 上海交通大学.

周倩, 胡志霞, 石耀月. 2019. 三螺旋理论视角下高校创新创业教育政策的演进与反思. 郑州大学学报(哲学社会科学版), 52(6): 54-60, 126.

周少来. 2013. 以治理现代化助推中国梦实现. 人民日报. 2013-11-22(005).

周伟, 练磊. 2014. 地方治理能力评价的价值取向. 学术界, (11): 180-187, 311, 312.

周伟, 练磊. 2015. 地方治理能力评价: 英美日的实践与启示. 安徽工程大学学报, (3): 18-22.

周伟. 2018. 地方政府间跨域治理碎片化: 问题、根源与解决路径. 行政论坛, 25(1): 74-80.

朱春奎, 申剑敏. 2015. 地方政府跨域治理的 ISGPO 模型. 南开学报: 哲学社会科学版, 248(6): 49-56.

朱迪·弗里曼. 2010. 合作治理与新行政法. 毕洪海, 陈标冲译. 北京: 商务印书馆: 143, 144, 545, 546.

宗利成, 李强. 2021. 美俄日三国国家科技创新政策比较研究. 亚太经济, (2): 74-80.

Adak M. 2015. Technological progress, innovation and economic growth: The case of Turkey. Procedia-Social and Behavioral Sciences, 195: 776-782.

Adner R. 2006. Match your innovation strategy to your innovation ecosystem. Harvard Business Review, 84(4): 98.

Akinwale Y O, Dada A D, Oluwadare A J, et al. 2012. Understanding the Nexus of R&D, innovation and economic growth in Nigeria. International Business Research, 5(11): 187-196.

Almond G A. 1988. The return to the state. The American Political Science Review, 82(3): 853-874.

Andergassen R, Franco N. 2005. Endogenous innovation waves and economic growth. Structural Change and Economic Dynamics, (3): 1-18.

Ansoff I H. 1957. Strategies for diversification. Harvard Business Review, 35(5): 113-124.

Arcidiacono G, Costantino N, Yang K. 2016. The AMSE lean six sigma governance model. International Journal of Lean Six Sigma, 7(3): 233-266.

Arrow K J. 1962. The economic implications of learning by doing. The Review of Economic Studies, 29(3): 155-173.

Audit Commission. 2008. CPA——The harder test: Scores and analysis of performance in single tier and county councils 2007. UK: Local Government National Report.

Borrás S, Edquist C. 2013. The choice of innovation policy instruments. Technological Forecasting and Social Change, 80(8): 1513-1522.

Bovaird T, Stoker G, Jones T, et al. 2016. Activating collective co-production of public services: Influencing citizens to participate in complex governance mechanisms in the UK. International Review of Administrative Sciences, 82(1): 47-68.

Bovaird T. 2004. Public-private partnerships: From contested concepts to prevalent practice. International Review of Administrative Sciences, 70(2): 199-215.

Broekel T, Brenner T, Buerger M. 2015. An investigation of the relation between cooperation intensity and the innovative success of german regions. Spatial Economic Analysis, 10(1): 52-78.

Cameron G. 1996. Innovation and economic growth. London: Centre for Economic Performance, London School of Economics and Political Science.

Chesbrough H, Crowther A K. 2010. Beyond high tech: Early adopters of open innovation in other industries. R&D Management, 36(3): 229-236.

Christensen, Jorgenson D W, Lau L J. 1973. Transcendental logarithmic production frontier. Review of Economics and Statistics, 55(1): 28-45.

Chursin A A, Dubina I N, Carayannis E G. 2021. Technological platforms as a tool for creating radical innovations. Journal of the Knowledge Economy, 13: 264-275.

Clarke D C. 2003. Corporate governance in China: An overview. China Economic Review, 14(4): 494-507.

Corning P A. 1998. "The synergism hypothesis": On the concept of synergy and its role in the evolution of complex systems. Journal of Social and Evolutionary Systems, 21(2): 133-172.

D'Antone S, Santos J B. 2016. When purchasing professional services supports innovation Industrial Marketing Management, 58(5): 172-186.

Dewangan V, Godse M. 2014. Towards a holistic enterprise innovation performance measurement system. Technovation, 34(9): 536-545.

Emerson K, Nabatchi T, Balogh S, et al. 2012. An integrative framework for collaborative governance. Journal of Public Administration Research and Theory, 22(1): 1-29.

Etzkowitz H, Leydesdorff L. 1995. The triple helix of university industry government relations: A laboratory for knowledge-based economy development. Glycoconjugate Journal, 14(1): 14-19.

Farrell M J. 1957. The measurement of productive efficiency. Journal of the Royal Statistical Society: Series A, (3): 253-281.

Freeman C. 1995. The "national system of innovation" in historical perspective. Cambridge Journal of Economics, 19(1): 5-24.

Fukuda K, Watanabe C. 2008. Japanese and US perspectives on the National Innovation Ecosystem. Technology in Society, 30(1): 49-63.

Garcia R. 2002. A critical look at technological innovation typology and innovativeness terminology: A literature review. Journal of Product Innovation Management, 19(2): 110-132.

Georg V K. 1998. Care in knowledge creation. California Management Review, 40(3): 133-153.

Gloor P A. 2006. Swarm creativity: Competitive advantage through collaborative innovation networks. New York: Oxford University Press.

Griliches Z, Lichtenberg F. 1984. Interindustry technology flows and productivity growth: A reexamination. Review of Economics & Statistics, 66(2): 324-329.

Grossman G M, Helpman E. 1994. Endogenous innovation in the theory of growth. Journal of Economic Perspectives, 8(1): 23-44.

Hagedoorn J, Cloodt M. 2003. Measuring innovative performance: Is there an advantage in using multiple indicators. Research Policy, 32(8): 1365-1379.

Haken H. 2006. Synergetics of brain function. International Journal of Psychophysiology, 60(5): 110-124.

Iansiti M, Levien R. 2004. Strategy as ecology. Harvard Business Review, 82(3): 68-81.

Janszen F. 2000. The age of Innovation: Making business creativity a competence, not a coincidence. London: Financial Times Management.

Ketchen D, Ireland R, Snow C. 2007. Strategic entrepreneurship, collaborative innovation, and wealth creation. Strategic Entrepreneurship Journal, (1): 371-385.

Kleinschmidt E J, Cooper R G. 1991. The impact of product innovation on performance. Journal of Product Innovation Management, 8 (8): 240-251.

Lee H Y, Park Y T. 2005. An international comparison of R&D efficiency: DEA approach. Asian Journal of Technology Innovation, 13 (2): 207-222.

Lucas R. 1988. On the mechanics of economic development. Journal of Monetary Economics, 22: 3-39.

Mao Q, Xu J. 2018. The more subsidies, the longer survival: Evidence from Chinese manufacturing firms. Review of Development Economics, 22 (2): 685-705.

Mcadam M, Mcadam R. 2008. High tech start-ups in university science park incubators: The relationship between the start-up's lifecycle progression and use of the incubator's resources. Technovation, 28 (5): 277-290.

Metcalf C J. 2011. Persistence of technological leadership: Emerging technologies and incremental innovation. Journal of Industrial Economics, 59 (2): 199-224.

Miles R E, Snow C C, Miles G. 2005. Collaborative Entrepreneurship: How Communities of Networked Firms Use Continuous Innovation to Create Economic Wealth. Stanford: Stanford University Press.

Miller W L, Dickson M, Stoker G. 2000. Models of local governance: Public opinion and political theory in Britain. Palgrave, 20 (2): 46-48.

Moore J F. 1993. Predators and prey: A new ecology of competition. Harvard Business Review, 71 (3): 75-86.

Nasierowski W, Arcelus F J. 2003. On the efficiency of national innovation systems. Socio-Economic Planning Sciences, 37 (3): 215-234.

Nelson R, Winter S G. 2005. In search of a useful theory of innovation. Research Policy, (5): 36-76.

Newman J E. 2001. Modernizing governance: New labour, policy and society. Sage Publications Ltd: 109.

Ostrom E. 2009. Beyond markets and states: Polycentric governance of complex economic systems. American Economic Review, 12 (8): 1-31.

Pierre J. 1995. Our Global Neighborhood: The Report of the Commission on Global Governance. London: Oxford University Press.

Pollitt C. 2003. Joined–up government: A survey. Political Studies Review, (1): 37-49.

Putnam R D, Leonardi D R. 1994. Making democracy work: Civic traditions in modern Italy. Contemporary Sociology, 26 (3): 306-308.

Rhodes R A W. 1998. Understanding governance: Policy networks, governance, reflexivity and accountability. Social Studies, 39(4): 182-184.

Romer, Paul M. 1986. Increasing returns and long-Run growth. Journal of Political Economy, 94(5): 1002-1037.

Rosenau J N, Czempiel E. 1995. Governance Without Government: Order and Change in World Politics. Cambridge: Cambridge University Press.

Rosenberg N. 1972. Factor affecting the diffusion of technology. Explorations in the Economic History, (10): 3-33.

Rosenberg N. 1982. Inside the Black Boxes. London: Cambridge University Press.

Rothwell R. 1992. Successful industrial innovation: Critical factors for the 1900s. R&D Management, 22(3): 221-239.

Şener S, Sarıdoğan E. 2011. The effects of science-technology-innovation on competitiveness and economic growth-science direct. Procedia-Social and Behavioral Sciences, 24: 815-828.

Sharma S, Thomas V J. 2008. Inter-country R&D efficiency analysis: An application of data envelopment analysis. Scientometrics, 76(3): 483-501.

Slyke D M V. 2007. Agents or stewards: Using theory to understand the government-nonprofit social service contracting relationship. Journal of Public Administration Research and Theory, 17(2): 157-187.

Solow M R. 1957. Technical change and the aggregate production function. The Review of Economics and Statistics, 39(3): 312-320.

Song X M, Montoya-Weiss M M. 1998. Critical development activities for really new versus incremental products. Journal of Product Innovation Management, 15(2): 124-135.

Thomas V J, Sharma S, Jain S K. 2011. Using patents and publications to assess R&D efficiency in the states of the USA. World Patent Information, 33(1): 4-10.

U.S. Government Printing Office. 1993. Government performance and results act of 1993. Washington: U.S. Government Printing Office.

Wallis J, Dollery B. 2002. Social capital and local government capacity. Australian Journal of Public Administration, 61(3): 76-85.

Wang E C, Huang W. 2007. Relative efficiency of R&D activities: A cross-country study accounting for environmental factors in the DEA approach. Research Policy, 36(2): 260-273.

Wanna J, Weller P. 2003. Traditions of Australian governance. Public Administration, 81(1): 63-94.

Youtie J, Shapira P. 2008. Building an innovation hub: A case study of the transformation of university roles in regional technological and economic development. Research Policy, 37(8): 1188-1204.